四川攀枝花苏铁国家级自然保护区
常见维管植物

杨 永 杨永琼 刘 冰 主编

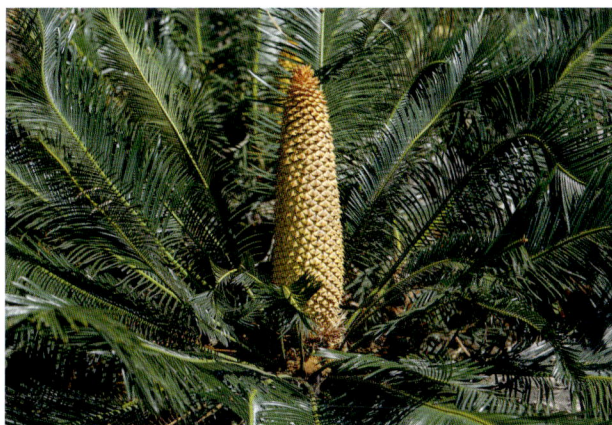

中国林业出版社
China Forestry Publishing House

内容简介

四川攀枝花苏铁国家级自然保护区保护中心与南京林业大学于2022年至2024年期间对四川攀枝花苏铁国家级自然保护区开展了生物资源综合科学考察。本书遴选了四川攀枝花苏铁国家级自然保护区维管植物125科451属662种。全书按最新的分类系统进行排列，石松类和蕨类为PPGI（2016），裸子植物为杨永等的分类系统（2022），被子植物为APGIV（2016），物种学名均按《中国植物物种名录》（2024版）进行了核对。同时为每种植物提供了分类地位信息、濒危和保护信息、形态特征简介、地理分布和1~3张展示特征的生态照片，便于读者利用本书进行物种识别。本书可供保护区工作人员、植物分类同行、教学实习和植物爱好者参考使用。

图书在版编目（CIP）数据

四川攀枝花苏铁国家级自然保护区常见维管植物 /
杨永, 杨永琼, 刘冰主编. -- 北京 : 中国林业出版社,
2025. 1. -- ISBN 978-7-5219-3114-3

Ⅰ. Q949.408-64

中国国家版本馆CIP数据核字第2025EC2587号

策划编辑：肖　静
责任编辑：葛宝庆　肖　静
装帧设计：北京八度出版服务机构
————————————————

出版发行：中国林业出版社
　　　　　（100009，北京市西城区刘海胡同7号，电话83143612）
电子邮箱：cfphzbs@163.com
网址：www.cfph.net
印刷：北京雅昌艺术印刷有限公司
版次：2025年1月第1版
印次：2025年1月第1次印刷
开本：889mm×1194mm　1/16
印张：23
字数：614千字
定价：220.00元

《四川攀枝花苏铁国家级自然保护区常见维管植物》

编写组

主 编

杨 永　杨永琼　刘 冰

副主编

沈传峰　杨 智　林江滨　叶丹丹

编 委

邓德洪　李 欢　余志祥　向镜如　周 彬

杨晓翠　杨意斌　彭泽宇　郭晓祥　李 蒙

张欣钰　缪 杰　邵成艳　叶玉羽　宋嘉怡

王露露　霍雪杰　屠悦宁　檀 超

摄 影

刘 冰　杨 智　杨 永　李 蒙　林江滨

李 垚　叶建飞　张欣钰　赖阳均　檀 超

陈 林　余志祥　严岳鸿

前　言

　　生物多样性保护已成为国际共识。2021年10月8日，由国务院新闻办公室发布的《中国生物多样性白皮书》将生物多样性保护上升为国家战略。《生物多样性公约》缔约方大会第十五次会议（CBD COP15）是联合国首次以生态文明为主题召开的全球性会议，分两个阶段进行：第一阶段于2021年10月在中国昆明举办，第二阶段于2022年12月在加拿大蒙特利尔举办，中国作为主席国，推动各缔约方达成了"昆明–蒙特利尔全球生物多样性框架"（简称"昆蒙框架"）。昆蒙框架设定了23个行动目标（至2030年）和4个远景目标（至2050年），为全球生物多样性的保护提供了新的目标和方向。我国地域广袤，地质历史和气候环境复杂多样，孕育了丰富的物种多样性。据《中国植物物种名录》（2024版），中国拥有植物485科4325属39202种和7547个种下类群，其中，受威胁物种占比10.39%，很多特有、子遗物种均在此列。我国生物多样性保护的压力大、任务重。

　　攀枝花苏铁（*Cycas panzhihuaensis* L. Zhou et S. Y. Yang）隶属裸子植物苏铁科，是现存苏铁科中最原始的种类之一，自然生长在金沙江及其支流的干热河谷中，是中国特有物种。该种是国家一级保护野生植物，被国家林业局（现国家林业和草原局）"六大林业工程"的"物种保护工程"列为15类重点保护物种之一，是生物多样性保护的旗舰种之一。攀枝花苏铁于1981年被正式描述和命名，其天然种群受到人为利用和生境丧失等因素的严重威胁，因此，该种在命名之后不久，四川省攀枝花市（原渡口市）人民政府于1983年3月就批准成立了渡口市攀枝花苏铁自然保护区。攀枝花苏铁是现存苏铁类中种群最大、分布最北的物种，该种的分类地位独特而重要，濒危历史和原因在濒危植物中比较典型，因此，该种在我国生物多样性保护行动中有着旗舰引领的意义。1994年4月和1996年5月，攀枝花市分别举办了我国首届苏铁植物研讨会和第四届国际苏铁生物学会议，旨在研讨如何保护好这个特有、濒危苏铁类物种。为了减少人为直接干扰破坏攀枝花苏铁天然种群，并促进当地自然植被恢复，从而更有效地保护攀枝花苏铁，1996年11月，国务院批准将渡口市攀枝花苏铁自然保护区越级晋升为国家级自然保护区，即四川攀枝花苏铁国家级自然保护区（以下简称"苏铁自然保护区"）。

苏铁自然保护区位于川、滇两省交界的横断山脉东南缘向云贵高原过渡地带，行政区域属攀枝花市西区及仁和区，涉及西区格里坪镇和仁和区布德镇（图1）。苏铁自然保护区东以巴关河、观音岩至胡家岩小路为界，与乌盐公路隔河相望；南与攀钢集团石灰石矿、大花地包包以及石华公路相邻；西以牛筋树梁子为界；北接团山包、丰家梁子，沿沟谷至巴关河为界，地理位置介于东经101°32′15″~101°35′46″、北纬26°36′31″~26°38′24″，南北长3.28km，东西宽5.82km，总面积1358.3hm²，其中核心区面积536.5hm²（民政核心区面积218.9hm²，格里坪核心区面积317.6hm²），实验区面积821.8hm²。苏铁自然保护区保护着攀枝花苏铁最大种群及其伴生物种。

植物区系是指一个地区的植物种类组成，对了解区域自然地理环境、生物演化、物种多样性保护十分关键。2010年，四川攀枝花苏铁国家级自然保护区保护中心（以下简称"苏铁保护中心"）与中

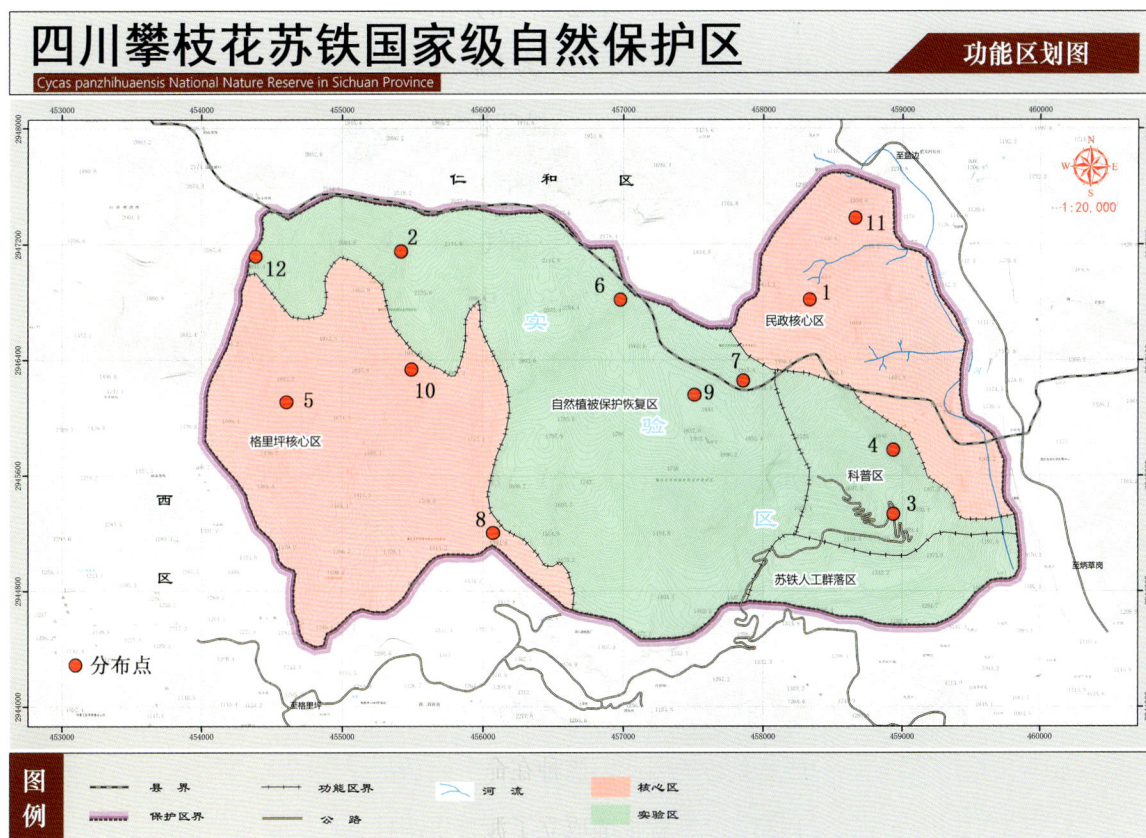

图1　四川攀枝花苏铁国家级自然保护区功能区划图

注：四川攀枝花苏铁国家级自然保护区主要物种分布点。1.澎水崖；2.丰家梁子；3.猴子沟；4.环形便道；5.金家村；6.庙子；7.牛坪子；8.四二四坟地；9.松坪子；10.硝厂沟；11.银厂沟；12.竹林坡。

国科学院植物研究所联合开展了苏铁自然保护区植物多样性调查和研究，并于2011年出版了《四川攀枝花苏铁国家级自然保护区彩色植物图志》。该图志收录苏铁自然保护区内自然分布植物种类110科343属480种，为苏铁自然保护区的科研和科普工作提供了重要的支持。

定期对苏铁自然保护区植物区系开展新的调查和研究十分有必要。首先，13年前的调查重点集中于植物生长季（7月至11月），尽管调查也比较仔细，标本采集较多，但在干季的植物花期和果期标本尚有不足。其次，13年来，苏铁自然保护区自然植被也发生了一些变化，如乔木物种的郁闭度增加、藤蔓植物繁盛、马缨丹等入侵种扩张等，这些变化是否导致植物种类增减，也需要调查和研究。最后，在过去的13年里，国际、国内植物学研究快速发展，尤其是借助DNA（脱氧核糖核酸）序列的分子系统学研究为分类学的发展奠定了重要基础，很多类群被修订。为了反映这些分类学研究进展，由国家植物标本资源库组织植物分类专家收集、整理并审核中国公开发表的植物物种数据，汇编了年度更新的《中国植物物种名录》，最新的《中国植物物种名录》（2024版）共收录118679条名称数据，其中包含46749个接受名称和71930个异名，分属于485科4325属39202种和7547个种下等级，还包含各名称所对应的原始发表文献和各接受名所对应的省级分布信息。该名录是我国植物分类学、生物多样性研究和保护的重要基础。在科和科以上水平的分类系统排列方面，维管植物的分类也发生了很多变化。2016年，《植物分类学报（*Journal of Systematics and Evolution*）》发表了蕨类植物的分类系统（PPG I，2016），《林奈学会植物杂志（*Botanical Journal of the Linnean Society*）》发表了被子植物分类系统 APG IV（2016）；2022 年，《植物多样性（*Plant Diversity*）》发表了裸子植物的新分类系统。这些分类系统对维管植物的科和科以上阶元进行了分类处理。总之，过去10多年里，维管植物在各分类阶元上都有很多更新和变化。因此，在对干旱季重点调查的基础上，依据新的研究进展对苏铁自然保护区植物种类进行新的梳理对于苏铁自然保护区的科研和科普工作都有重要意义。

2022年2月至2024年2月，苏铁保护中心联合南京林业大学开展了保护区生物资源的综合科学考察（图2）。项目组在丰家梁子、民政核心区、格里坪核心区、科普区和生态恢复区等地进行样线调查和采集的基础上，还调查了70个样方，共计采集植物标本1027份（保存在苏铁自然保护区），为苏铁自然保护区植物区系研究奠定了重要基础。项目组在室内对收集的植物标本和图像进行了鉴定，整合了2010年的本底调查名录，吸收了近年来的最新植物分类学研究成果，形成了苏铁自然保护区的最新植物物种编目，维管植物共计131科483属712种，包括国家重点保护野生植物8种，IUCN红色名录濒危（CR、EN、VU）植物30种，中国特有种190种，为深入了解苏铁自然保护区的植物区系和群落特征奠定了重要数据基础。本次综合科考时间主要集中在春天和夏天，而2010年的调查时间主要集中在夏天和秋天。因此，本次综合科考是对2010年调查结果的重要补充。

本书基于两次（2010—2011年和2022—2024年）综合科学考察成果，精选了维管植物125科

图2　四川攀枝花苏铁国家级自然保护区第二次生物资源综合科学考察队伍合影（2022年6月）

451属662种。本书记述了每种植物的中文科名、物种学名和中文名、特征描述、苏铁自然保护区内的分布和国内自然分布、必要的彩色图片，以及物种的保育信息（濒危等级和国家保护等级）等，为更好地研究和了解苏铁自然保护区植物多样性提供参考。

本书的特色体现在3个方面：一是系统性，本书基于两次综合科考成果，更全面地反映了苏铁自然保护区的植物区系特征；二是新颖性，应用了《中国植物物种名录》（2024版）对名称进行了校对，物种学名准确，采纳了最新的分类系统，吸收了新的分类学研究成果，同时，本书中红色名录濒危等级采用由中国生态环境部和中国科学院于2023年联合发布的《中国生物多样性红色名录：高等植物卷（2020）》，保护等级则依据我国2021年9月发布的《国家重点保护野生植物名录》，与之前关于苏铁自然保护区植物区系相关论著相比，各方面的数据和信息均已得到更新；三是实用性，本书图文并茂，鉴定特征和彩色图片反映了植物识别特征，还对中国特有种进行了标注（✦），为植物分类研究人员和爱好者识别苏铁自然保护区植物种类提供了一本实用的工具书。

本书收录的植物种类大部分由编写人员鉴定，一些类群的鉴定也得到了国内同行的帮助，包括陈又生（无患子科）、邓云飞（爵床科）、胡佳玉（蕨类植物）、李世晋（豆科）、李垚（壳斗科）、刘方谱（苦苣苔科）、鲁丽敏（葡萄科）、朱鑫鑫（马兜铃科）、彭昶（伞形科）、曾佑派（毛茛科）、张树仁（莎草科）等。同时，我们感谢纪运恒、武建勇和张寿洲的宝贵修改意见。

本书可供对金沙江干热河谷植物区系感兴趣的同仁、植物学和生态学教学实习人员和苏铁保护中心的工作人员参考使用。由于编者水平所限，疏漏之处在所难免，恳请读者指正。

编者

2024年12月

目 录

Lycophytes

石松类和蕨类植物

and Ferns

01

布朗卷柏 *Selaginella braunii* Baker

卷柏科 Selaginellaceae

多年生草本，旱生；直立，高10～45cm。主茎中部以上分枝，羽状；不分枝的主茎近四棱形，常被柔毛；具叶的枝背腹扁，两面有柔毛。叶除主茎上的外全部交互排列，二形；不分枝的主茎的叶常远离，一形；腋叶无脊，基部斜，下延，边缘近全缘。孢子叶穗单个顶生，致密，四棱柱形；孢子叶不同于不育叶，一形，无白色边缘，边缘具细齿；大孢子叶分布于孢子叶穗的下侧。小孢子囊圆形。

分布于格里坪核心区、环行便道、滤水崖等地。国内分布于西南、华南、华中、华东。

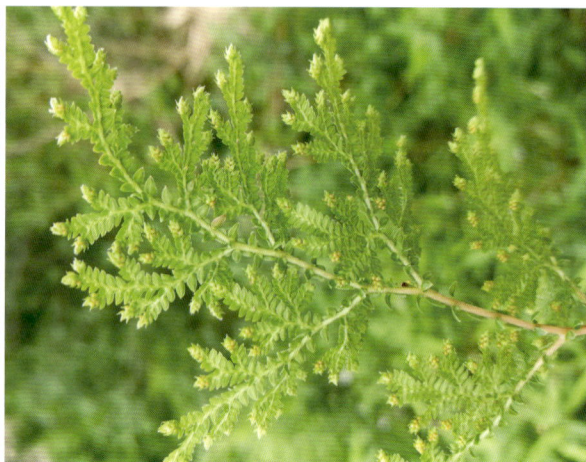

狭叶卷柏 *Selaginella mairei* H. Lév.

卷柏科 Selaginellaceae

多年生草本，土生或石生；直立，高10～40cm，具地下根茎。根茎上的叶鳞片状，粉色，边缘流苏状。主茎上部羽状分枝，无关节，红色（幼嫩时）或禾秆色。叶交互排列（除不分枝主茎上的叶外），二形(除不分枝主茎上的叶外)，叶质厚，表面光滑，明显皱褶，阴处幼枝呈红色光泽。孢子叶穗单个顶生，紧密，四棱柱形；孢子叶一形，无白色边缘；大孢子叶位于中部或下部。

分布于竹林坡、丰家梁子、环行便道等地。国内分布于西南。

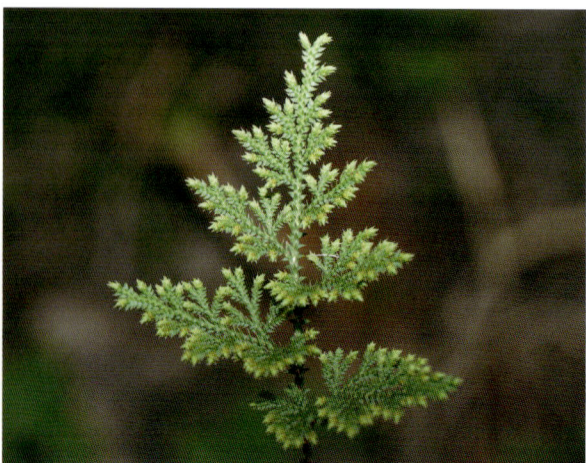

垫状卷柏 *Selaginella pulvinata* (Hook. et Grev.) Maxim.

卷柏科 Selaginellaceae

多年生草本，土生或石生，旱生"复苏植物"。茎呈垫状。茎和根缠在一起形成乔木状树干。主茎自近基部羽状分枝；具叶侧枝4～7对，二至三回羽状分枝。主茎的叶较分枝上的叶大；分枝腋叶对称，具缘毛；叶质厚，二形，全部交互排列。孢子叶穗单个顶生，紧密，四棱柱形；孢子叶一形。

分布于滤水崖、丰家梁子、猴子沟、环行便道、庙子、松坪子和竹林坡等地。全国广布。

疏叶卷柏 *Selaginella remotifolia* Spring

卷柏科 Selaginellaceae

常绿多年生草本，土生，匍匐，能育枝直立。根托沿匍匐茎和枝断续生长，由茎枝的分叉处上面生出。主茎近基部分枝，具不明显关节，禾秆色，一至二回羽状分枝，分枝稀疏。叶全部交互排列，二形，草质，表面光滑，边缘近全缘，不具白边。孢子叶穗单个顶生或侧生，致密，四棱柱形；孢子叶一形；孢子叶穗基部仅1枚为大孢子叶，其余为小孢子叶。

分布于丰家梁子、滤水崖等地。国内分布于华南、西南、华东、华中。

✦ 翠云草 *Selaginella uncinata* (Desv.) Spring

卷柏科 Selaginellaceae

　　多年生草本，土生，常绿。主茎先直立而后攀援状；主茎近基部羽状分枝，禾秆色，茎圆柱状，具沟槽，二回羽状分枝；小枝排列紧密。叶全部交互排列，二形。孢子叶穗致密，四棱柱形，单生于小枝末端；孢子叶一形，卵状三角形，边缘全缘，具白边，龙骨状。大孢子灰白色或暗褐色，小孢子淡黄色。

　　分布于滤水崖、环行便道、丰家梁子等地。国内分布于华南、西南、华中、华东、西北。

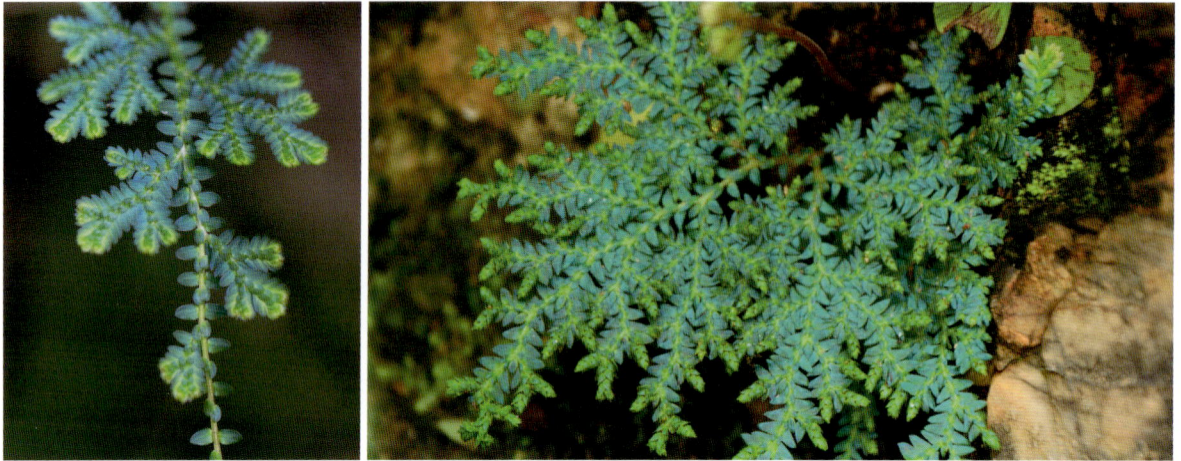

笔管草 *Equisetum ramosissimum* subsp. *debile* (Roxb. ex Vaucher) Á. Löve et D. Löve

木贼科 Equisetaceae

　　多年生草本，中等大或大型。根茎黑棕色，直立或匍匐。地上枝一形，绿色。主枝有脊10~20条；鞘筒短，下部绿色，顶部略为黑棕色；鞘齿10~22枚，早落或有时宿存。侧枝较硬，圆柱状，有脊8~12条，鞘齿6~10个。孢子囊穗短棒状，顶端有小尖突，无柄。

　　分布于硝厂沟、金家村、竹林坡等地。国内分布于华南、西南、华东、华中、西北。

钝头瓶尔小草 *Ophioglossum petiolatum* Hook.

瓶尔小草科 Ophioglossaceae

植株高15～25cm。根状茎短而直立，有一簇粗肥肉质的根，水平横走如匍匐茎，自先端生出新植。叶单生，总叶柄长9～15cm；营养叶为广卵形，长3～5cm，宽2～3cm，先端钝圆，基部圆形，多少下延，无柄，草质，网状脉相当明显。孢子叶自营养叶基部生出，长6～9cm；孢子囊穗长2.5～3cm，条形。

分布于竹林坡等地。国内分布于华南、西南、华东、华中。

乌蕨 *Odontosoria chinensis* (L.) J. Sm.

鳞始蕨科 Lindsaeaceae

多年生草本，土生。根状茎短而横走，粗壮，密被钻状鳞片。叶片卵状长圆形至披针形，四回羽状；羽片15～20对，互生；小羽片小，有齿牙，其下部小羽片常再分裂成具有1～2条细脉的短而同形的裂片。孢子囊群边缘着生，每裂片上1枚或2枚；囊群盖灰棕色，宿存。

分布于丰家梁子、竹林坡等地。国内分布于华南、西南、华东、华中、西北。

团羽铁线蕨 *Adiantum capillus-junonis* Rupr.

凤尾蕨科 Pteridaceae

多年生草本，石生。根状茎直立，短；鳞片暗褐色，披针形，全缘。叶簇生；叶柄基部被鳞片，向上光滑；叶片披针形，长8～15cm，奇数一回羽状；羽片4～8对，下部的对生，上部的近对生；不育羽片上缘具细齿牙；叶轴先端常延伸成鞭状，能着地生根。孢子囊群每羽片1～5枚；囊群盖长圆形，宿存。

分布于格里坪核心区、环行便道、滤水崖等地。全国广布。

鞭叶铁线蕨 *Adiantum caudatum* L.

凤尾蕨科 Pteridaceae

多年生草本，土生或石生。叶簇生；叶片披针形，长15～30cm，宽2～4cm，一回羽状；羽片28～32对，互生；叶轴先端常延长成鞭状，能着地生根，行无性繁殖。孢子囊群每羽片5～12枚；囊群盖圆形，被毛，全缘，宿存。

分布于猴子沟、环行便道、松坪子等地。国内分布于华南、西南、华东、华中。

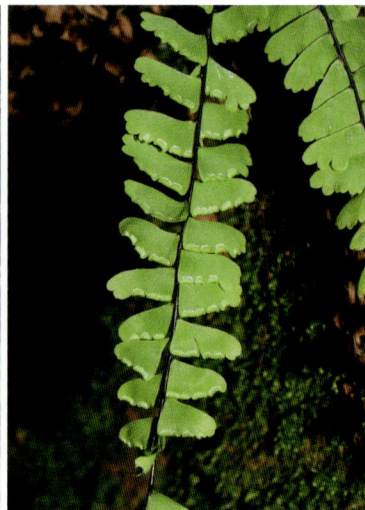

✦ 月芽铁线蕨 *Adiantum refractum* Christ

凤尾蕨科 Pteridaceae

　　多年生草本，石生。叶簇生；叶柄基部密被鳞片，向上光滑；叶片长卵形，长10～15cm，通常二至三回羽状；羽片4～5对，互生，一回奇数羽状或二回羽状；小羽片4～5对，互生。孢子囊群每羽片2～4枚；囊群盖圆肾形，膜质，宿存。

　　分布于格里坪核心区等地。国内分布于西北、华东、西南、华中。

银粉背蕨 *Aleuritopteris argentea* (S. G. Gmel.) Fée

凤尾蕨科 Pteridaceae

　　多年生草本。根状茎直立或斜升，先端被棕色鳞片。叶簇生；叶柄基部疏被棕色披针形鳞片；叶片五角形，长宽几相等，羽片3～5对，基部三回羽裂，中部二回羽裂，上部一回羽裂；叶下面有乳白色粉末。孢子囊群由3个至数个孢子囊组成；囊群盖连续，膜质，黄绿色，全缘。

　　分布于丰家梁子、庙子等地。全国广布。

大理碎米蕨 *Cheilanthes hancockii* Baker

凤尾蕨科 Pteridaceae

　　多年生草本。根状茎短而直立，被鳞片，鳞片二色，钻形至披针形。叶簇生；叶片五角形，长5～15cm，宽5～9cm，三回羽状；羽片5～7对，基部一对最大，二回羽状；末回羽片边缘波状或粗圆齿状。孢子囊群生于小脉顶端，离生；囊群盖肾形、半圆形或长圆形，彼此分离，棕色，边缘多少不整齐或全缘。

　　分布于丰家梁子等地。国内分布于西南、西北。

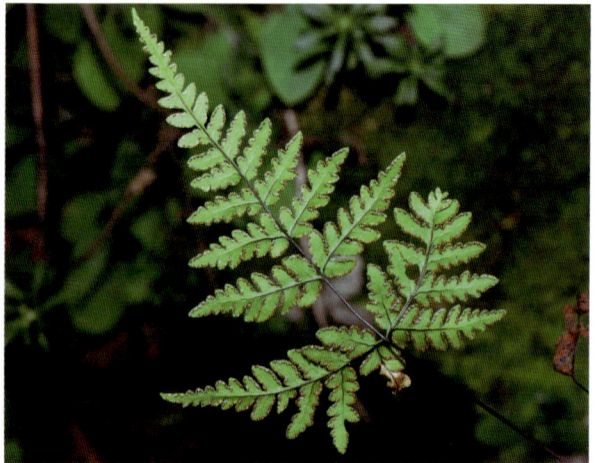

旱蕨 *Cheilanthes nitidula* Hook.

凤尾蕨科 Pteridaceae

　　多年生草本。根状茎斜升至直立，被暗黑色鳞片。叶簇生；叶片长圆形，长4～12cm，中部以下三回羽裂；羽片3～5对，近无柄，基部一对最大，二回深羽裂；小羽片4～6对。孢子囊群生小脉顶部；囊群盖连续，膜质，褐色。

　　分布于滤水崖、猴子沟、环行便道、庙子、牛坪子、格里坪核心区等地。国内分布于华南、西南、华东、华中、西北。

野雉尾金粉蕨 *Onychium japonicum* (Thunb.) Kunze

凤尾蕨科 Pteridaceae

多年生草本。根状茎长而横走，疏被披针形鳞片。叶散生；叶片卵状三角形，四回羽状细裂；羽片10～15对，互生，基部一对最大，长9～20cm，长圆状披针形，三回羽裂；末回能育小羽片或裂片有不育的急尖头；末回不育裂片短而狭。孢子囊群长3～6mm；囊群盖条形，全缘。

分布于庙子、滤水崖、丰家梁子、松坪子、竹林坡等地。国内分布于华南、西南、华东、华中、西北、华北。

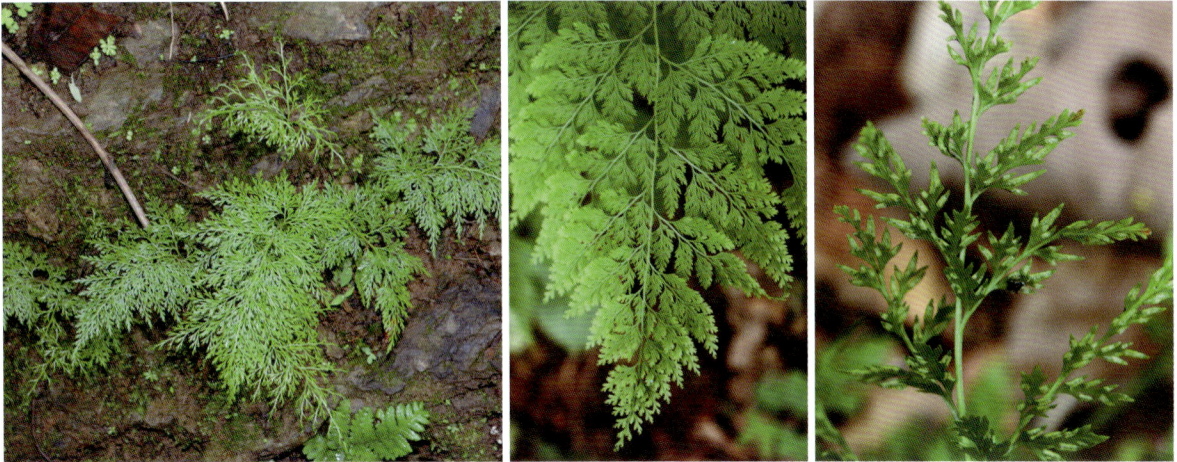

金毛裸蕨 *Paraceterach vestita* (Hook.) R. M. Tryon

凤尾蕨科 Pteridaceae

多年生草本。根状茎粗短，横卧，密覆锈黄色长钻形鳞片。叶丛生；叶片披针形，长10～25cm，一回奇数羽状复叶；羽片10～17对，全缘；下面密被棕黄色绢毛。孢子囊群沿侧脉着生，隐没在绢毛下。

分布于竹林坡、滤水崖、丰家梁子、环行便道等地。国内分布于西南、西北、华南、华北、华东。

欧洲凤尾蕨 *Pteris cretica* L.

多年生草本。根状茎短而直立或斜升，被黑褐色鳞片。叶簇生，二形或近二形；叶片卵圆形，长10～30cm，宽6～20cm，一回羽状；叶边缘有小锯齿，顶生三叉羽片的基部常下延于叶轴，其下一对也多少下延；能育叶较长。

分布于丰家梁子、竹林坡等地。国内除东北外广布。

✦ 狭叶凤尾蕨 *Pteris henryi* Christ

多年生草本。根状茎短，先端被黑褐色鳞片。叶簇生，一形或略呈二形，不育叶短于能育叶；叶片长圆状卵形，一回羽状；羽片4～6对，对生；能育边缘全缘，不育边缘有浅锐锯齿。孢子囊群狭条形，沿能育羽片的叶缘延伸；囊群盖条形，膜质，全缘。

分布于丰家梁子、竹林坡等地。国内分布于华南、华中、西北、西南。

蜈蚣凤尾蕨 *Pteris vittata* L.

凤尾蕨科 Pteridaceae

　　多年生草本。根状茎直立，短而粗壮，木质，密被蓬松的黄褐色鳞片。叶簇生；柄坚硬；叶片倒披针状长圆形，长20～90cm或更长，一回羽状；顶生羽片与侧生羽片同形，侧生羽片多数，可达40对，基部扩大并为浅心脏形，其两侧稍呈耳形。几乎全部羽片能育。

　　分布于苏铁自然保护区全区。国内分布于华南、西北、西南、华东、华中。

毛轴蕨 *Pteridium revolutum* (Blume) Nakai

碗蕨科 Dennstaedtiaceae

　　多年生草本，高达1m以上。根状茎横走。叶远生；柄长35～50cm，幼时密被灰白色柔毛，老时脱落；叶片阔三角形，三回羽状；羽片4～6对，对生，二回羽状；小羽片12～18对，对生或互生，平展；裂片约20对，通常全缘，下面被灰白色或浅棕色密毛。叶轴、羽轴及小羽轴密被柔毛。

　　分布于丰家梁子、松坪子等地。国内分布于华中、西南、华东、西北、华南。

云南铁角蕨 *Asplenium exiguum* Bedd.

铁角蕨科 Aspleniaceae

多年生草本，高5～25cm。根状茎直立，密被鳞片。叶密集簇生；叶片条状披针形，先端为深羽裂，或往往延伸成鞭状，着地生根，向下为一回羽状至二回羽状；羽片10～20对，下部的对生，向上互生。孢子囊群近椭圆形；囊群盖狭椭圆形，膜质，全缘。

分布于丰家梁子等地。国内除东北外广布。

疏叶蹄盖蕨 *Athyrium dissitifolium* (Baker) C. Chr.

蹄盖蕨科 Athyriaceae

多年生草本。根状茎短，横卧或斜升，先端和叶柄基部密被鳞片。叶簇生；能育叶阔披针形，长15～40cm，宽5～12cm，一回羽状，羽片浅裂至二回羽状；羽片互生。孢子囊群圆形或椭圆形，生于小脉中上部，略靠近叶边，每小羽片或裂片5～6对；无囊群盖。

分布于丰家梁子等地。国内分布于西南、华中、华南（广西）。

肿足蕨 *Hypodematium crenatum* (Forssk.) Kuhn

肿足蕨科 Hypodematiaceae

　　多年生草本。根状茎粗壮，横走，连同叶柄基部密被鳞片。叶近生；叶片卵状五角形，长10～30cm，三回羽状；羽片8～12对，基部1对二回羽状；一回小羽片6～10对；末回小羽片羽状深裂。孢子囊群圆形；囊群盖，宿存，肾形，大，膜质，背面密被柔毛。

　　分布于苏铁自然保护区全区。国内除东北外广布。

基生鳞毛蕨 *Dryopteris basisora* Christ

鳞毛蕨科 Dryopteridaceae

　　多年生草本，高60～80cm。根状茎直立，短；根状茎和叶柄基部的鳞片紧密，亮棕色，卵状披针形。复叶丛生；叶柄深麻花状，具纵槽，被披针形深棕色鳞片，脱落后留下明显的疤痕；叶片长圆状披针形，二至三回羽状，先端渐尖；羽片约20对，长圆状披针形，基部最宽，截形，无梗，先端渐尖；小羽片8～10对，互生，长圆状披针形，先端钝，侧面具三角形齿。孢子囊群生于小羽片上部；囊群盖被锈毛，肾形至圆形，宿存。

　　分布于丰家梁子等地。国内分布于西南。

金冠鳞毛蕨 *Dryopteris chrysocoma* (Christ) C. Chr.

鳞毛蕨科 Dryopteridaceae

多年生草本，土生。根状茎短而直立，密被鳞片；鳞片先端毛发状，常扭曲。叶簇生；叶片卵圆披针形，长20～80cm，二回羽状深裂；一回羽片约20对，披针形，基部截形；小羽片约13对，两侧边有缺刻状锯齿。孢子囊群生于裂片下部小脉上；囊群盖大，圆形至肾形，成熟时完全覆盖孢子囊群。

分布于丰家梁子等地。国内分布于西南。

粗齿鳞毛蕨 *Dryopteris juxtaposita* Christ

鳞毛蕨科 Dryopteridaceae

多年生草本。根状茎短而直立，被褐棕色鳞片。叶簇生；叶片卵状长圆形，二回羽状；羽片约13对，近对生，一回羽状；小羽片11～13对，基部1对最大，圆头并有粗齿，羽状半裂，其上各小羽片渐缩短，基部多少与羽轴合生。孢子囊群满布叶背面，每小羽片有5～6（8）对；囊群盖圆肾形，褐色，易脱落。

分布于丰家梁子等地。国内分布于华中、西南、西北。

肾蕨 *Nephrolepis cordifolia* (L.) C. Presl

肾蕨科 Nephrolepidaceae

多年生草本，土生或附生。根状茎直立，被淡黄褐色长披针形鳞片。叶柄暗，密被鳞片；叶片条状披针形或狭披针形，一回羽状；羽片40～120对，披针形，基部通常不对称，下部羽片钝。孢子囊群成1行位于主脉两侧，新月形，稀圆肾形；囊群盖褐色。

分布于矿山迹地植被恢复区。国内分布于华东、西南、华南、华中、华北。

棕鳞瓦韦 *Lepisorus scolopendrium* (Ching) Mehra et Bir

水龙骨科 Polypodiaceae

多年生草本，高15～30cm。根状茎横走，密被鳞片。叶片狭披针形，长12～45cm，干后两面呈红褐色，边缘近平直或微波状。孢子囊群圆形或椭圆形，常生于叶片上半部，位于主脉和叶边之间。

分布于丰家梁子等地。国内分布于华南、西南、华东。

✦ 华北石韦 *Pyrrosia davidii* (Giesenh.) Ching

水龙骨科 Polypodiaceae

多年生草本，附生，高5～20cm。根状茎横卧，密被狭披针形鳞片；鳞片盾状，边缘具缘毛或细齿。叶一形；叶片狭披针形，长3～15cm，向基部渐狭，先端急尖或渐尖，全缘，下面密被星状毛。孢子囊群均匀密布叶片下面，无盖，幼时被星状毛覆盖呈棕色，成熟时孢子囊开裂而呈砖红色。

分布于丰家梁子等地。全国广布。

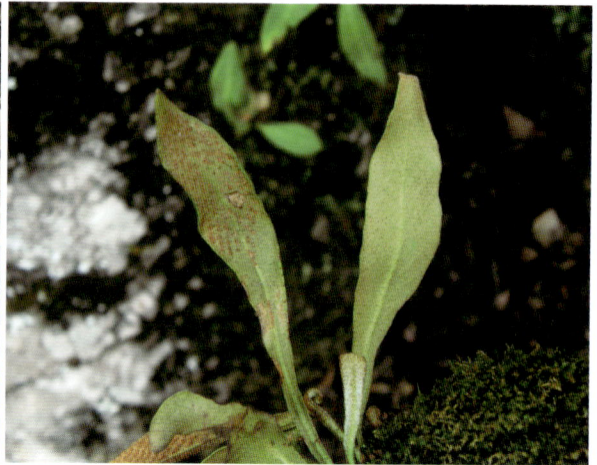

紫柄假瘤蕨 *Selliguea crenatopinnata* (C. B. Clarke) S. G. Lu et al.

水龙骨科 Polypodiaceae

多年生草本，土生。根状茎细长而横走，密被鳞片；鳞片披针形，具缘毛，先端渐尖。叶柄紫色，无毛；叶片三角状卵形，羽状深裂或基部达全裂；侧裂片3～8对。孢子囊群圆形或椭圆形，在裂片中脉两侧各1行，居中或靠近中脉着生。

分布于丰家梁子等地。国内分布于华中、西南、华南。

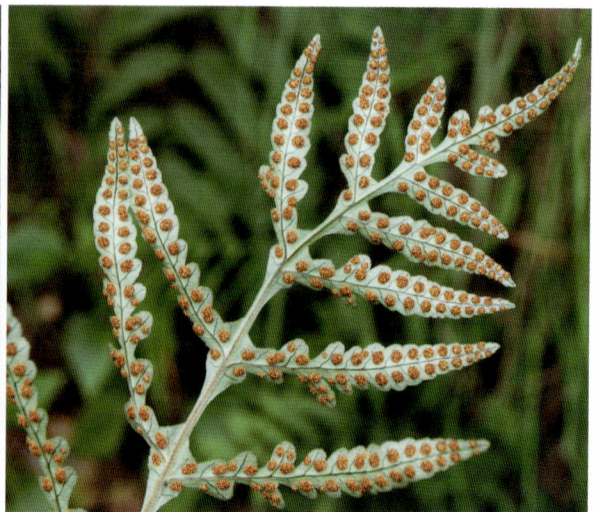

多羽节肢蕨 *Selliguea mairei* (Brause) Christenh.

水龙骨科 Polypodiaceae

多年生草本，土生，高50~70cm。根状茎横走，密被鳞片。叶近生或远生；叶柄光滑无毛；叶片一回羽状，卵状披针形；羽片可多达12对，全缘或波状；叶两面光滑无毛。孢子囊群在羽片中脉两侧各多行或各1行；多行孢子囊群通常极小，单行孢子囊群较大。

分布于丰家梁子等地。国内分布于华中、西北、华南、西南。

三出假瘤蕨 *Selliguea trisecta* (Baker) Fraser-Jenk.

水龙骨科 Polypodiaceae

多年生草本，土生。根状茎横走，密被鳞片；鳞片卵状披针形，边缘具缘毛，先端渐尖。叶近生，一形；叶柄长6~12cm，禾秆色，疏被柔毛；叶片羽状分裂，顶裂片长于侧裂片；侧裂片1~3对，阔披针形，边缘全缘或略呈波状。孢子囊群圆形，较大，在中脉两侧各1行，生于中脉与叶缘之间或略靠近中脉。

分布于丰家梁子等地。国内分布于西南。

裸子植物

sperms

✦ 攀枝花苏铁

Cycas panzhihuaensis L. Zhou et S. Y. Yang

国家一级保护 易危（VU）

苏铁科 Cycadaceae

小乔木。树干圆柱形，不分枝或2叉分枝，高达2.6m，径可达45cm，顶端密被绒毛。树皮呈棕色至深灰色。大型复叶，长65～150cm，一回羽状，羽片70～120对；叶柄两侧具3～17对短刺，基部密被棕色绒毛。雄球花黄色，长圆柱形，常微弯，长25～50cm；小孢子叶楔形，先端阔圆形，具短尾尖。雌球花球形或半球形，紧密；大孢子叶密被黄褐色绒毛，先端篦齿状分裂，顶裂片钻形，较侧裂片长。种子近球形，略侧扁，橙黄色，径2.5～3.5cm，顶端具短尖；种皮骨质层光滑，具短刺尖。

除丰家梁子外，苏铁自然保护区内均有分布，集中分布在民政核心区和格里坪核心区。国内分布于西南。

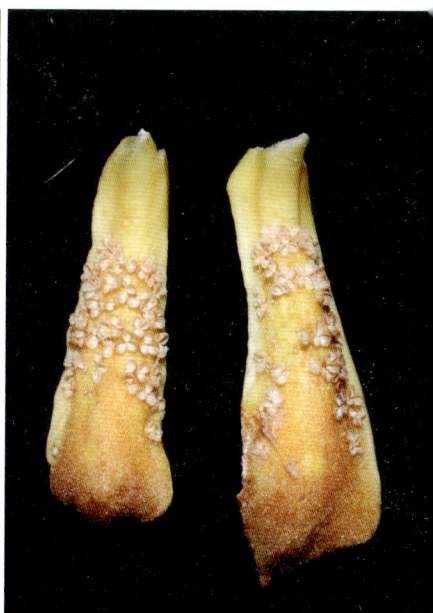

✦ 刺柏 *Juniperus formosana* Hayata

柏科 Cupressaceae

乔木。树冠塔形或圆柱形。树皮纵裂成长条薄片脱落。小枝下垂，三棱形。叶3枚轮生，条状披针形或刺形，长1.2~2cm，宽1.2~2mm，上面微凹，中脉微隆起，绿色，两侧各有1条白色气孔带。雄球花圆球形，径4~6mm。球果近球形，径6~10mm，熟时淡红褐色，被白粉。种子半月圆形，具3~4条棱脊，顶端尖。

分布于庙子、竹林坡、丰家梁子等地。国内分布于华东、西南、西北、华南、华中。

云南油杉 *Keteleeria evelyniana* Mast.

松科 Pinaceae

　　乔木，高可达40m。树皮粗糙，暗灰褐色，成块状脱落。枝条开展；一年生枝干后呈粉红色，通常有毛，二、三年生枝无毛。叶条形，在侧枝上排列成2列，长2～6.5cm，宽2～3cm，先端有钝尖头。球果圆柱形，长9～20cm；中部种鳞斜方状卵形，上部向外反曲，边缘有明显的细小缺齿；苞鳞先端呈不明显的3裂。种翅中下部较宽，上部渐窄。

　　分布于竹林坡、科普区、庙子、丰家梁子、松坪子等地。国内分布于西南。

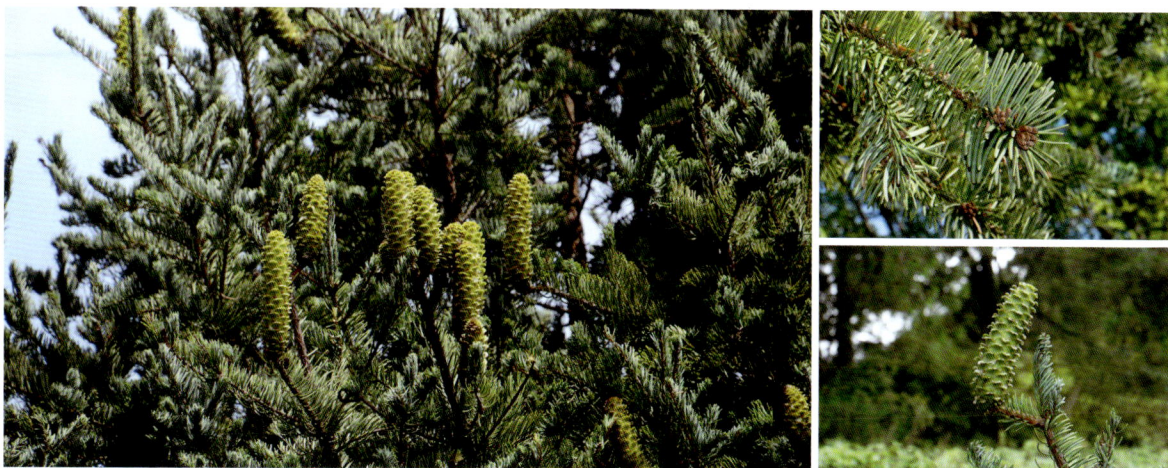

✦ 云南松 *Pinus yunnanensis* Franch.

松科 Pinaceae

　　乔木，高可达30m。树皮深纵裂，成不规则鳞状块片脱落。枝开展；一年生枝淡红褐色，无毛，二、三年生枝上苞片状的鳞叶脱落露出红褐色内皮。针叶通常3针一束，长10～30cm，径约1.2mm。雄球花圆柱状，长约1.5cm，生于新枝下部的苞腋内，聚集成穗状。球果成熟前绿色，熟时褐色或栗褐色，鳞盾通常肥厚，有短刺。种子近卵圆形。

　　分布于松坪子、丰家梁子、竹林坡等地。国内分布于华南、西南。

Angio

被子植物

sperms

红睡莲 *Nymphaea alba* var. *rubra* Lönnr.

睡莲科 Nymphaeaceae

多年生水生草本。根茎横走。叶漂浮水面，革质，近圆形，基部裂片稍重叠、全缘或波状，两面无毛；叶柄盾状着生，无毛。花浮于水面，芳香，径10～20厘米；萼片4枚，披针形，具5脉；花瓣20～25片，粉红或玫瑰红色，椭圆形至卵状椭圆形，内层渐小，并渐变态为雄蕊；内轮花丝和花药等宽；柱头辐射裂片14～22枚。浆果卵形或近球形。种子椭圆形。

分布于矿山迹地植被恢复区。国内分布于华中、华南、华东、华北、西南。

✦ 铁箍散 *Schisandra propinqua* subsp. *sinensis* (Oliv.) R. M. K. Saunders

五味子科 Schisandraceae

落叶木质藤本，全株无毛。叶卵形，长7～11cm。花橙黄色，常单生或2～3朵聚生于叶腋；花被片9枚，椭圆形；雄蕊6～9枚，黄色，雌蕊群卵球形；心皮密生腺点。聚合果具10～30枚成熟心皮。种子肾形，种皮灰白色。

分布于竹林坡等地。国内分布于西北、西南、华北、华中。

✦ 川滇马兜铃 *Aristolochia chuandianensis* Z. L. Yang

马兜铃科 Aristolochiaceae

多年生草质藤本。根数条，细柱状。茎多分枝，被短柔毛。叶互生，三角状卵形或卵状心形，先端圆钝，基部深心形。花单生于叶腋；花被管基部膨大近球形或卵形，中部狭而直立，喉口处具紫色条纹，花被舌片卵状披针形，先端微凹；合蕊柱盘状，雄蕊6枚，无花丝；柱头6枚裂片三角形。蒴果卵球形。

分布于竹林坡等地。国内分布于西南。

✦ 优贵马兜铃 *Aristolochia gentilis* Franch.

马兜铃科 Aristolochiaceae

草质藤本。有结节状的块根。茎圆柱形，无毛。叶圆心形或肾形，无毛，掌状脉。花单生于叶腋；花被基部膨大呈球形，向上急收成一长管，管口扩大呈漏斗状；花药贴生于合蕊柱近基部，并与其裂片对生；子房圆柱形，6棱；合蕊柱顶端6裂。蒴果球形，从基部向上开裂。种子卵状心形，背面平凸状，腹面凹入，具疣状突起小点，暗灰色。

分布于丰家梁子、竹林坡、松坪子等地。国内分布于西南。

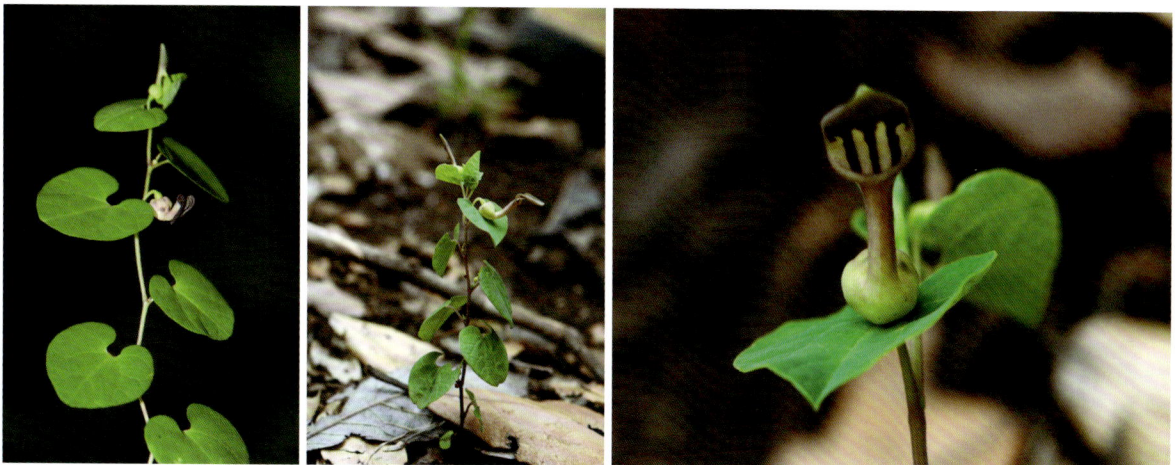

✦ 中甸马兜铃 *Aristolochia zhongdianensis* J. S. Ma

易危（VU）

马兜铃科 Aristolochiaceae

缠绕草本。茎圆柱状，具条纹，无毛。叶柄长1cm；叶片三角状心形，脉掌状，2对出自基部，基部耳形，先端急尖。花梗上升，长约1cm，无毛；小苞片钻形，着生于花梗近基部；合蕊柱6裂。蒴果椭球形，从基部向上开裂。种子卵球状心形。

分布于竹林坡等地。国内分布于西南。

白兰 *Michelia* × *alba* DC.

木兰科 Magnoliaceae

常绿乔木，高达17m。枝广展，呈阔伞形树冠；树皮灰色；枝叶有芳香；嫩枝及芽密被淡黄白色微柔毛，老时毛渐脱落。叶薄革质，长椭圆形或披针状椭圆形，先端长渐尖或尾状渐尖，基部楔形，上面无毛，下面疏生微柔毛，干时两面网脉均很明显；叶柄疏被微柔毛；托叶痕几达叶柄中部。花白色，极香；花被片10片，披针形；雄蕊的药隔伸出长尖头；雌蕊群被微柔毛；心皮多数，通常部分不发育，成熟时随着花托的延伸，形成蓇葖疏生的聚合果。蓇葖果熟时鲜红色。

分布于矿山迹地植被恢复区。

✦ 多毛青藤

Illigera cordata var. *mollissima* (W. W. Sm.) Kubitzki

莲叶桐科 Hernandiaceae

　　藤本。三出复叶；小叶卵形，全缘，密被柔毛。聚伞花序排列成近伞房状，生于叶腋；花黄色；花萼管密被短柔毛，萼片5；花瓣与萼片同形；雄蕊5，附属物棒状；柱头扩大成波状的鸡冠状；花盘上有腺体5。果具4翅，2大2小，被稀疏的短柔毛。

　　分布于猴子沟、环行便道、银厂沟、松坪子、硝厂沟、滤水崖等地。国内分布于西南。

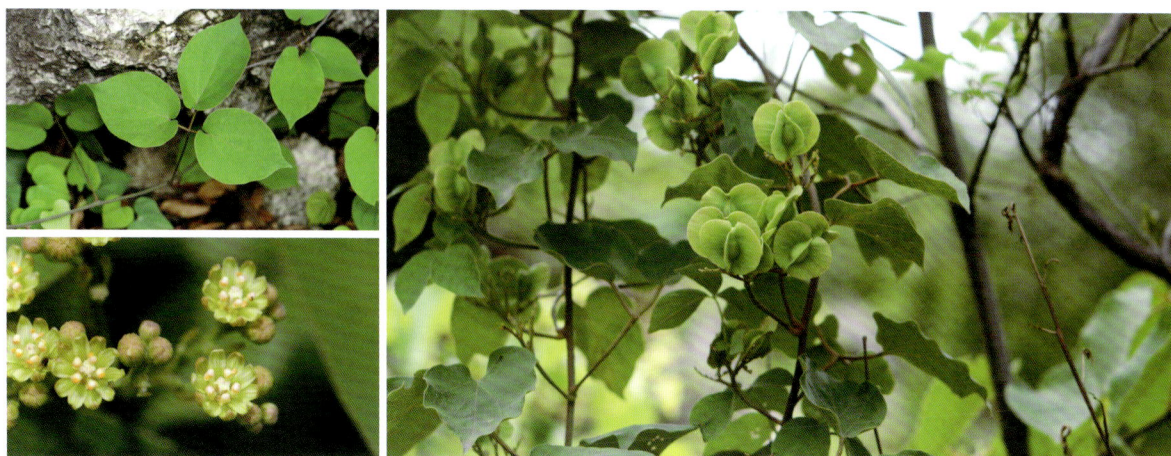

云南樟 *Camphora glandulifera* (Wall.) Nees

樟科 Lauraceae

　　常绿乔木，高5～20m。树皮具樟脑气味。叶互生，叶卵状椭圆形，羽状脉或偶有近离基三出脉，侧脉每边4～5条，脉腋具腺窝；叶柄近无毛。圆锥花序腋生；花梗短，无毛；花被被毛，裂片6枚，宽卵圆形；能育雄蕊9枚，花丝被短柔毛，花药4室，第一、二轮雄蕊花丝无腺体，第三轮雄蕊花丝近基部有1对具短柄的心形腺体；退化雄蕊3枚，位于最内轮，长三角形；子房卵珠形，无毛，柱头盘状。果球形，黑色；果托狭长倒锥形，边缘波状，有纵长条纹。

　　分布于竹林坡等地。国内分布于西南。

樟 *Camphora officinarum* Boerh. ex Fabr.

樟科 Lauraceae

常绿大乔木，高可达30m。树冠卵形。枝、叶及木材有樟脑气味。树皮黄褐色，不规则纵裂；枝条圆柱形，淡褐色，无毛。叶互生，卵状椭圆形，边缘全缘，上面绿色或黄绿色，下面黄绿色或灰绿色，两面无毛或下面幼时略被微柔毛，侧脉及支脉脉腋有明显腺窝，窝内常被柔毛。圆锥花序腋生，具梗，与各级序轴均无毛或被灰白色至黄褐色微柔毛；花绿白色或带黄色；花梗无毛；花被外面无毛或被微柔毛，内面密被短柔毛，椭圆形；能育雄蕊9枚，退化雄蕊3枚；子房球形，无毛。果卵球形或近球形，紫黑色。

分布于矿山迹地植被恢复区。国内分布于华南、西南、华东、华中。

✦ 新樟 *Neocinnamomum delavayi* (Lecomte) H. Liu

樟科 Lauraceae

常绿灌木或小乔木，高2～5m。枝条纤细，圆柱形，老时变无毛。叶互生，卵圆形，幼时两面密被细绢毛，老时近无毛，三出脉。团伞花序腋生，具4～6朵花；花被裂片6枚，两面密被锈色绢质短柔毛，三角状卵圆形，外轮较小；能育雄蕊9枚，第一、二轮雄蕊花丝无腺体，花药长方形或卵状长方形，药室4，几横排成一列，上2室内向，下2室侧外向，第三轮雄蕊花丝基部有1对具长柄的圆状肾形腺体，花药4室，上2室小，侧外向，下2室大，外向；退化雄蕊近匙形或卵圆形；花柱短，柱头盘状。果卵球形，熟时红色；果托高脚杯状。

分布于滤水崖、丰家梁子、庙子、牛坪子、松坪子、竹林坡等地。国内分布于西南。

✦ 雅砻江楠 *Phoebe legendrei* Lecomte

樟科 Lauraceae

常绿乔木，高10m。小枝疏被柔毛、后变无毛。叶革质，披针形或倒披针形，长9～12cm，宽3～3.5cm，先端渐尖，下面近于无毛或沿脉上有柔毛，中脉两面突起；叶柄长约1cm。花序疏散；花被片6枚，两面密被灰白色长柔毛；能育雄蕊9枚，第一、二轮雄蕊疏被灰白色长柔毛，无腺体，第三轮密被灰白色长柔毛，具2枚近无柄的腺体；退化雄蕊三角形。果卵形，长7～9mm，宿存花被片松散，先端外倾。

分布于竹林坡等地。国内分布于西南。

魔芋 *Amorphophallus konjac* K. Koch

天南星科 Araceae

多年生草本。块茎扁球形。花叶不同期。叶片绿色，3裂，1次裂片二歧分裂，2次裂片二回羽状分裂或二回二歧分裂，小裂片互生。花序柄长50～70cm；佛焰苞漏斗形，苍绿色，杂以暗绿色斑块，边缘紫红色；肉穗花序比佛焰苞长1倍，雌花序圆柱形，紫色；雄花序紧接；附属器圆锥形，中空，深紫色；子房2室，胚珠极短，无柄，柱头边缘3裂。浆果球形，成熟时黄绿色。

分布于潕水崖等地。国内分布于西北、西南、华东、华中、华南。

一把伞南星 *Arisaema erubescens* (Wall.) Schott

天南星科 Araceae

多年生草本。块茎扁球形。叶1枚，极稀2枚，叶柄有时具褐色斑块；叶片放射状分裂，裂片无定数。花序柄比叶柄短；佛焰苞绿色，背面有清晰的白色条纹，或淡紫色至深紫色而无条纹；肉穗花序单性；雄花序有少数中性花；雌花序具多数中性花。浆果红色。

分布于丰家梁子、牛坪子、松坪子等地。国内除东北外广布。

✦ 岩生南星 *Arisaema saxatile* Buchet

天南星科 Araceae

多年生草本，高20～35cm。块茎近球形。叶1～2枚，叶片鸟足状分裂，裂片5～7枚，侧裂片近无柄。花序柄有纵条纹；佛焰苞黄绿色、绿白色或淡黄色，长5～10cm，管部圆柱形，喉部边缘无耳，檐部近直立，椭圆状披针形至披针形；肉穗花序单性，雄花花药2～4枚，药室近球形；雌花柱头具短柄，胚珠3枚。浆果近球形。种子1枚。

分布于苏铁自然保护区全区。国内分布于西南。

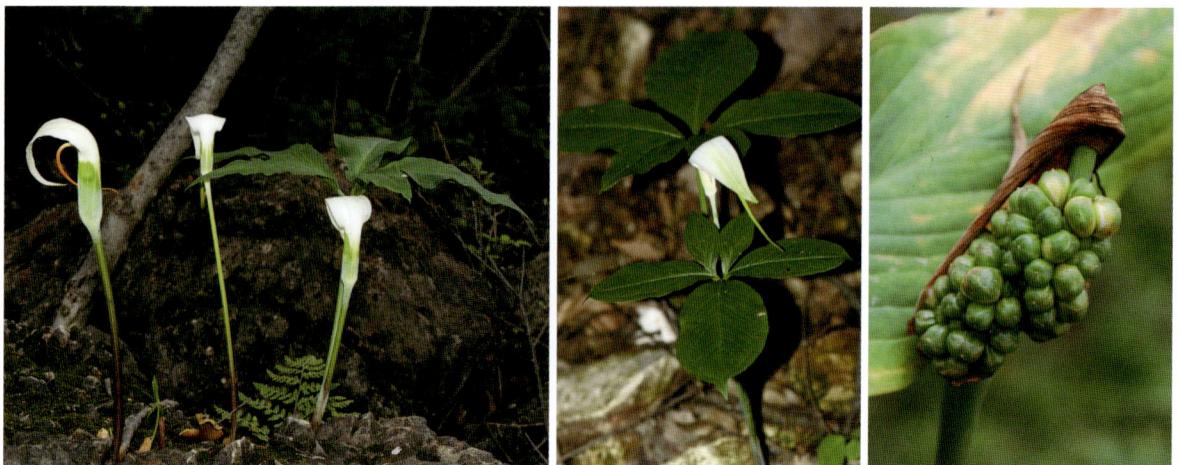

山珠南星 *Arisaema yunnanense* Buchet

天南星科 Araceae

多年生草本，高10～30cm。块茎扁球形。叶1～2枚，成年植株叶片3全裂。花序柄比叶柄长1倍，稀短于叶柄，绿色；佛焰苞绿白色，背面中央饰以浅绿色纵条纹；肉穗花序单性，雄花通常有雄蕊2枚；雌花柱头扁球形，胚珠3枚。浆果红色，常大部分不育。种子通常2～3枚，卵球形，红色或红褐色。

分布于松坪子、丰家梁子、庙子、牛坪子等地。国内分布于西南。

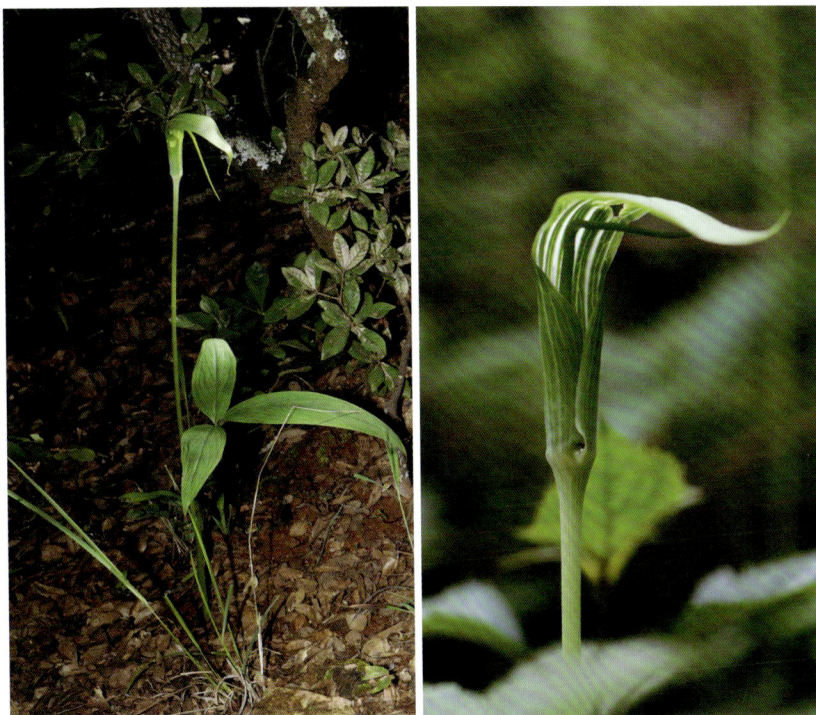

裂叶喜林芋 *Philodendron bipennifolium* Schott

天南星科 Araceae

多年生常绿草本植物，高80～100cm。叶柄长40～50cm；叶羽状深裂，革质；实生苗幼年期的叶片呈三角形，随着后期生长，羽裂缺刻愈多且愈深。肉穗花序稍短于佛焰苞；佛焰苞乳白色；花单性。种子外皮红色。

分布于矿山迹地植被恢复区。

春羽 *Thaumatophyllum bipinnatifidum* (Schott ex Endl.) Sakur. et al.

天南星科 Araceae

　　多年生常绿草本。具匍匐短茎。叶片生于茎顶，为宽心脏形，羽状深裂；叶柄粗壮，较长，绿色。肉穗花序，总梗短；佛焰苞外面绿色，里面黄白色；花单性，无花被。浆果。

　　分布于矿山迹地植被恢复区。

✦ 岩菖蒲 *Tofieldia thibetica* Franch.

岩菖蒲科 Tofieldiaceae

　　多年生草本，高10～40cm。具根状茎。叶基生或近基生，2列，两侧压扁，有几条纵脉，宽3～7mm。总状花序；花梗长5～12mm；花白色，斜立或上举；子房矩圆状狭卵形；花柱3枚，分离。蒴果倒卵状椭圆形，不下垂，上端3裂不到中部，宿存花柱较短，长0.3～1.5mm。种子一侧具一纵贯的白带（种脊）。

　　分布于丰家梁子等地。国内分布于西南。

✦ 尖头果薯蓣 *Dioscorea bicolor* Prain et Burkill

濒危（EN）

薯蓣科 Dioscoreaceae

　　缠绕草质藤本。茎右旋，无毛，无刺。叶对生或互生，近圆形，长4～13cm，全缘，两面无毛，基出脉7～9条。雌雄异株；雄花序穗状，单一，1～3个着生于叶腋，雄花的外轮花被片有紫褐色斑点，雄蕊6枚，花药与花丝近等长；雌花序穗状，单生于叶腋。蒴果三棱状椭圆形。种子四周有膜质翅。

　　除丰家梁子外，苏铁自然保护区内均有分布。国内分布于西南。

✦ 高山薯蓣 *Dioscorea delavayi* Franch.

易危（VU）

薯蓣科 Dioscoreaceae

　　缠绕草质藤本。块茎长圆柱形，向基部变粗，垂直生长。掌状复叶，叶片倒卵形、宽椭圆形至长椭圆形。雄花序为总状花序，1个至数个着生叶腋；花序轴、花梗有短柔毛；雄花花被外面无毛。雌花序为穗状花序，1～3个生于叶腋。蒴果三棱状倒卵长圆形或三棱状长圆形，外面疏生柔毛。种子着生于每室中轴顶部，种翅向蒴果基部延伸。

　　分布于丰家梁子等地。国内分布于西南。

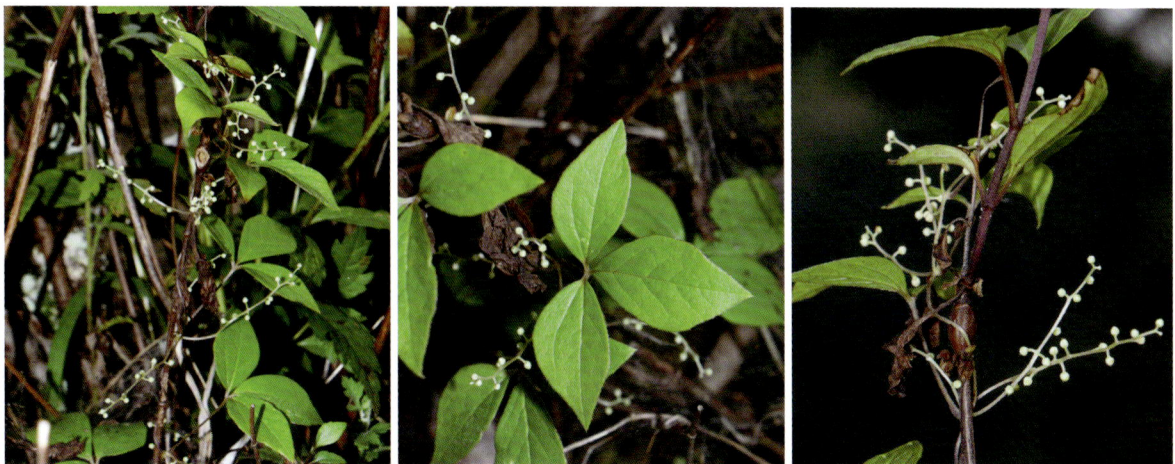

毛芋头薯蓣 *Dioscorea kamoonensis* Kunth

薯蓣科 Dioscoreaceae

缠绕草质藤本。块茎通常近卵圆形。茎左旋，密生棕褐色短柔毛。掌状复叶有3～5枚小叶；小叶全缘。叶腋内常有肉质球形珠芽。花序轴、小苞片、花被外面密生棕褐色或淡黄色短柔毛。雌雄异株；雄花序总状，或再排列成圆锥状，常数个着生叶腋；雌花序穗状，1～2个着生叶腋。蒴果三棱状长圆形。

分布于猴子沟、庙子、牛坪子、格里坪核心区、环行便道、防火步道、滤水崖等地。国内分布于华中、华东、西南、华南。

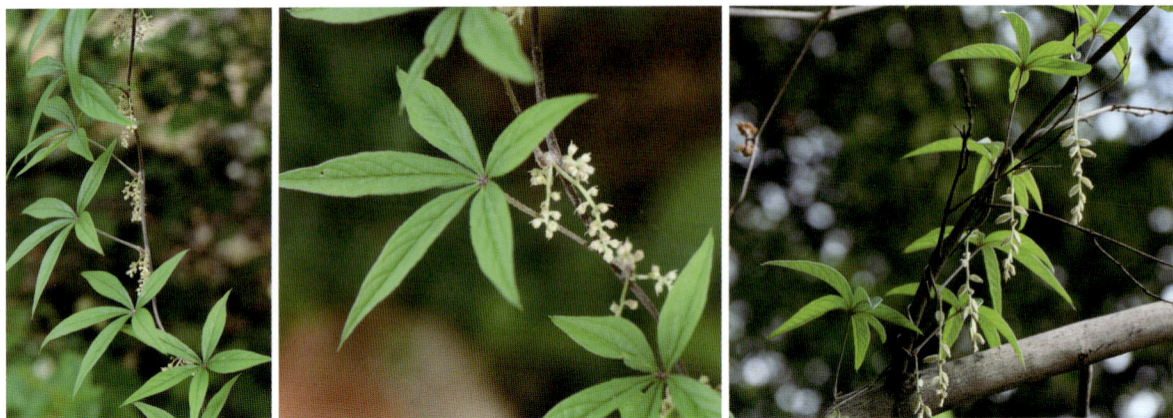

✦ 柔毛薯蓣 *Dioscorea martini* Prain et Burkill

极危（CR）

薯蓣科 Dioscoreaceae

缠绕草质藤本。茎左旋，被白色曲柔毛。单叶互生；叶片心形，长6.5～12cm，表面光滑无毛，背面及叶柄被白色曲柔毛。雌雄异株；雄花2～5朵组成小聚伞花序，若干小花序再排列成穗状花序，常2～4个着生叶腋；雌花序穗状，柱头3裂。蒴果反折下垂，三棱状长圆形，全缘。种子生于蒴果近基部，具种翅。

分布于矿山迹地植被恢复区。国内分布于西南。

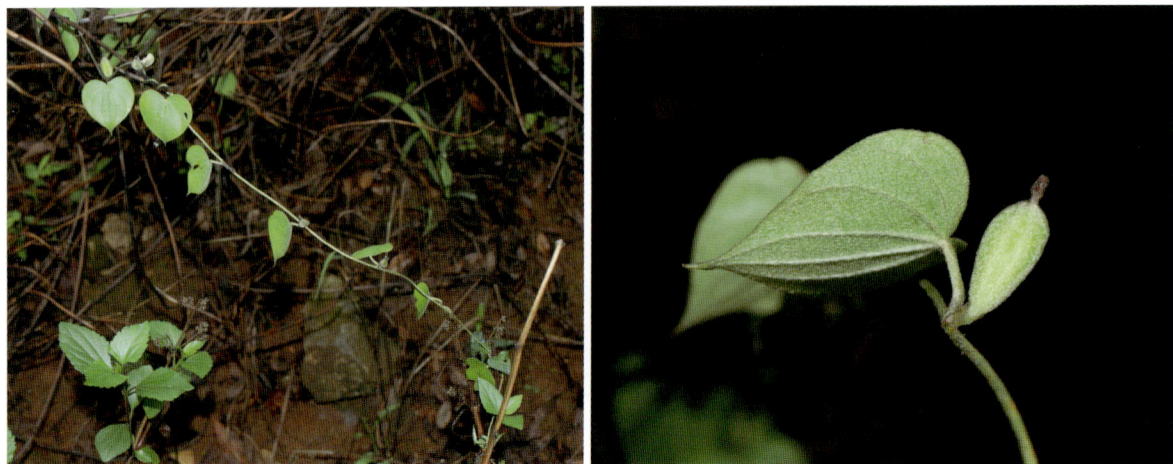

✦ 小花盾叶薯蓣 *Dioscorea sinoparviflora* C. T. Ting et al. 濒危（EN）

薯蓣科 Dioscoreaceae

缠绕草质藤本。根状茎横生；茎左旋，无毛，具短刺。单叶互生；叶片阔三角状卵形或卵圆形。雌雄异株；雄花序单生或2～3个簇生于叶腋，雄花无梗，花被紫红色，雄蕊6枚；雌花序与雄花序相似，退化雄蕊常呈丝状。蒴果反折，具长柄，倒卵球形或长圆状椭球形，表面常有白粉。种子生于蒴果中部，具翅。

分布于猴子沟、环形便道、防火步道、松坪子等地。国内分布于西南。

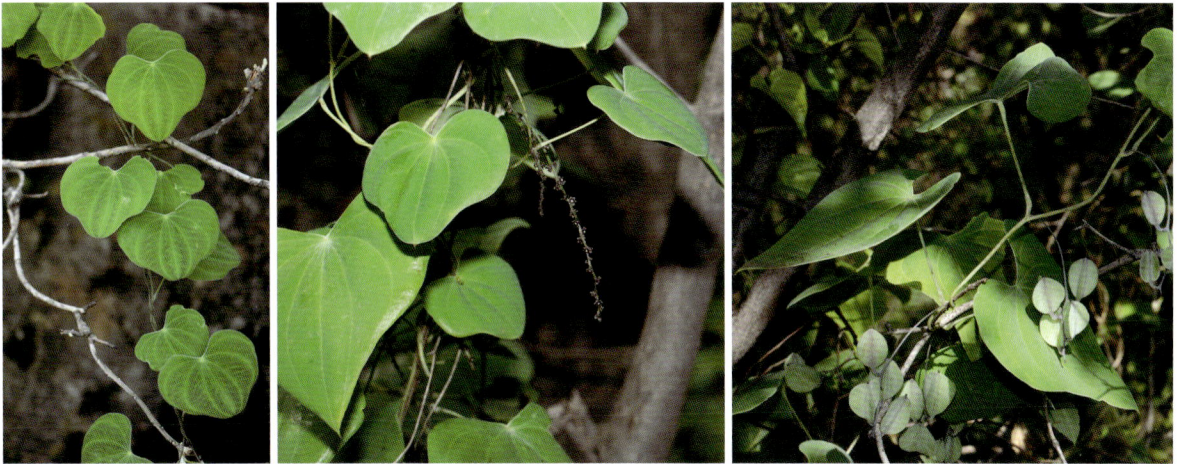

毛胶薯蓣 *Dioscorea subcalva* Prain et Burkill 濒危（EN）

薯蓣科 Dioscoreaceae

缠绕草质藤本。块茎圆柱形，垂直生长；茎左旋，有曲柔毛，后变无毛。单叶互生；叶片圆形或卵状心形，长4.5～11cm。雌雄异株；雄花2～6朵组成小聚伞花序，再排成穗状花序，雄蕊6枚，花药背着，内向；雌花序穗状；柱头3裂。蒴果反折或开展，光滑无毛，全缘或浅波状。种子生于蒴果近基部，种翅向蒴果顶端延伸成宽翅。

分布于苏铁自然保护区全区。国内分布于华中、西南。

云南百部 *Stemona mairei* (H. Lév.) K. Krause

易危（VU）

百部科 Stemonaceae

多年生攀援性草本。块根肉质，长圆状卵形。茎攀援状，圆柱形，具纵条棱。叶对生或3～4枚轮生，条形或狭披针形，长1.5～7cm。花被白色，有时带粉红色；雄蕊花丝短；子房细小，斜卵形；胚珠6枚。蒴果卵形。种子卵圆形。

分布于滤水崖、环行便道等地。国内分布于西南。

扇叶露兜树 *Pandanus utilis* Bory

露兜树科 Pandanaceae

常绿乔木，高达18m，或为灌木状。多分枝，干光滑，支持根粗大。叶螺旋生长，直立，长披针形，革质，叶缘及背面中脉有细小红刺。花单性异株，芳香；雄花序下垂。聚花果圆球形或长圆形，下垂。

分布于矿山迹地植被恢复区。

七叶一枝花 *Paris polyphylla* Sm.

国家二级保护 易危（VU）

藜芦科 Melanthiaceae

多年生草本，高35～100cm。根状茎密生多数环节和须根。茎通常带紫红色。叶5～10枚，椭圆形或倒卵状披针形，长7～15cm。外轮花被片绿色，3～6枚，狭卵状披针形；内轮花被片条形，通常比外轮长；雄蕊8～12枚；子房近球形，具棱，花柱粗短，具4～5个分支。蒴果紫色，3～6瓣裂开。种子多数，具鲜红色多浆汁的外种皮。

分布于丰家梁子等地。国内除东北外广布。

✦ 短蕊万寿竹 *Disporum bodinieri* (H. Lév. et Vaniot) F. T. Wang et Tang

秋水仙科 Colchicaceae

多年生草本，高30～70cm。根状茎粗，横走。茎上部分枝。叶椭圆形或卵状披针形，长5～15cm。伞形花序有花2～6朵，顶生；花被片白色或黄绿色；雄蕊内藏或与花被等长。浆果近球形，黑色，直径5～10mm。种子3～6枚。

分布于丰家梁子等地。国内分布于华中、西南。

山慈姑 *Iphigenia indica* (L.) A. Gray ex Kunth

易危（VU）

秋水仙科 Colchicaceae

多年生草本，高10～25cm。具球茎。茎多少具小乳突。叶条状披针形，长7～15cm，基部鞘状，抱茎。伞房花序具2～10朵花；花被片深紫色，条形至狭倒披针形；雄蕊的花丝具乳突；柱头裂片反折。蒴果倒卵球形至长圆形，长6～8mm。

分布于苏铁自然保护区全区。国内分布于华南、西南。

✦ 滇百合 *Lilium bakerianum* Collett et Hemsl.

百合科 Liliaceae

多年生草本，高45～150cm。鳞茎宽卵形至近球形；鳞片白色。茎具小乳突。叶散生于茎的中上部，条形或条状披针形，长4～8cm。花1～3朵，钟形；花被片白色，淡绿色，粉色，或紫色，内有紫红色斑点，蜜腺无小乳突；雄蕊聚集。蒴果矩圆形，长约3.5cm。

分布于滤水崖、环形便道、庙子、牛坪子、竹林坡等地。国内分布于西南。

头蕊兰 *Cephalanthera longifolia* (L.) Fritsch

兰科 Orchidaceae

地生兰，高20～50cm。茎直立，下部具3～5枚排列疏松的鞘。叶4～7枚，叶片披针形或长圆状披针形。总状花序具2～20朵花；花白色；萼片具5脉；花瓣近倒卵形；唇瓣2裂。蒴果椭球形。

分布于丰家梁子等地。国内分布于西北、华中、西南、华北。

火烧兰 *Epipactis helleborine* (L.) Crantz

兰科 Orchidaceae

地生兰，草本，高20～70cm。茎具2～3枚鳞片状鞘。叶4～7枚，互生；叶片卵圆形、卵形至椭圆状披针形，长3～13cm。总状花序常具3～40朵花；苞片叶状，下部的长于花2～3倍或更多；花绿色或淡紫色，下垂，较小；唇瓣中部明显缢缩，下唇兜状，上唇近基部两侧各有一枚长约1mm的半圆形褶片。蒴果倒卵状椭球形，疏被短柔毛。

分布于丰家梁子等地。国内分布于东北、华北、西北、华东、华中、西南。

美冠兰 *Eulophia graminea* Lindl.

兰科 Orchidaceae

地生兰。假鳞茎卵球形、圆锥形、长圆形或近球形。叶3～5枚，在花全部凋萎后出现，条形或条状披针形，长13～35cm。花葶从假鳞茎一侧节上发出；总状花序直立，常有1～2个侧分枝，疏生多数花；花橄榄绿色，唇瓣白色，具淡紫红色褶片；中萼片倒披针状条形；侧萼片与中萼片相似；唇瓣3裂；蕊柱无蕊柱足。蒴果下垂，椭球形。

分布于环行便道等地。国内分布于华东、华南、西南。

毛唇美冠兰 *Eulophia herbacea* Lindl.

濒危（EN）

兰科 Orchidaceae

地生兰。叶2枚，披针形，长约20cm。花叶同期；花葶侧生；总状花序直立，疏生数朵花；萼片和花瓣黄绿色；唇瓣白色，近卵状长圆形，基部有距，3裂；侧裂片近卵形，内弯并多少围抱蕊柱；中裂片宽长圆形，先端截圆形；距绿色，囊状圆柱形；蕊柱无蕊柱足。

分布于滤水崖、环行便道、牛坪子等地。国内分布于华南、西南。

大花地宝兰 *Geodorum attenuatum* Griff.

兰科 Orchidaceae

地生兰。假鳞茎块茎状，近椭圆形，横卧。叶3～4枚，倒披针状长圆形，先端渐尖，基部收狭成柄。花葶明显短于叶。总状花序俯垂，具2～4朵花；花白色，唇瓣中上部柠檬黄色；萼片长圆形或卵状长圆形，先端短渐尖或近急尖；侧萼片略斜歪；花瓣卵状椭圆形，略短于萼片，先端近急尖；唇瓣近宽卵形，凹陷，基部具圆锥形的短囊，囊口有1枚2裂的褐色胼胝体；蕊柱宽阔而短，基部有短的蕊柱足。

分布于科普区等地。国内分布于华南、西南。

✦ 厚瓣玉凤花 *Habenaria delavayi* Finet

兰科 Orchidaceae

地生兰，高9～35cm。块茎肉质，长圆形或卵形。茎直立，基部叶密集排列呈莲座状。叶片圆形或卵形，稍肉质。花序总状，具7～20朵花；花白色；中萼片直立，具3脉；侧萼片反折，具3脉；花瓣条形；唇瓣近基部3深裂；距下垂，从纤细基部向末端逐渐增粗呈棒状；退化雄蕊近无柄，半圆形。

分布于丰家梁子、庙子等地。国内分布于西南。

✦ 四川玉凤花 *Habenaria szechuanica* Schltr.

兰科 Orchidaceae

　　地生兰，高20～30cm。茎直立或斜升，圆柱形，基部具2枚近对生的叶。叶片平展，阔卵形或圆形，稍肉质。总状花序直立，具3～7朵花；花较大，黄绿色；中萼片直立，与花瓣靠合呈兜状；侧萼片反折；花瓣直立，2浅裂；唇瓣反折，基部之上3深裂，中裂片条形，侧裂片叉开，条状披针形，前部渐狭呈丝状，近末端常卷曲；柱头窄棒状。

　　分布于丰家梁子等地。国内分布于西北、西南。

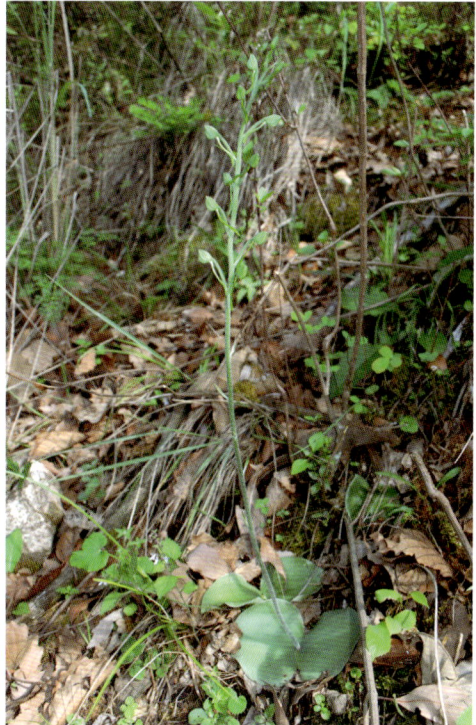

✦ 川滇玉凤花 *Habenaria yuana* Tang et F. T. Wang

兰科 Orchidaceae

　　地生兰，高40～57cm。块茎长圆形，肉质；茎直立，粗壮，具5～6枚疏生的叶。叶片卵形或卵状椭圆形，长2.5～9cm。花序总状，具7～9朵花；花大，淡绿色；中萼片直立，具5脉，先端钝；侧萼片张开，具5脉；花瓣直立，与中萼片靠合呈兜状；唇瓣在基部以上3深裂，裂片具缘毛，侧裂片条形，外侧边缘为篦齿状深裂，裂片9～10条，丝状；距下垂。

　　分布于丰家梁子等地。国内分布于西南。

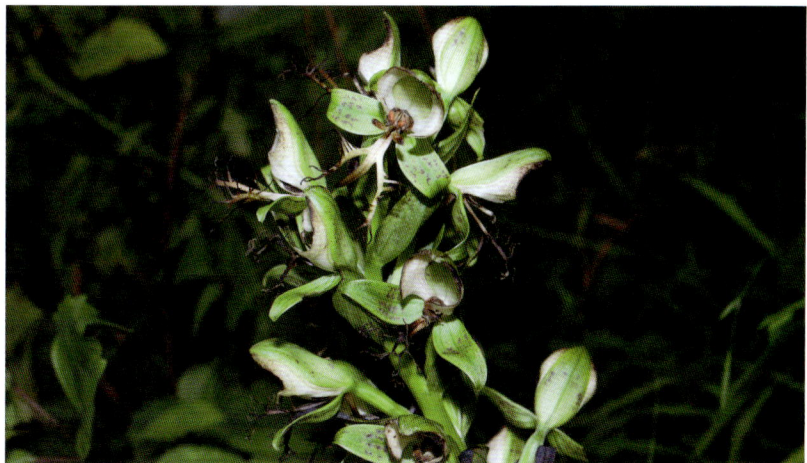

✦ 扇唇舌喙兰 *Hemipilia flabellata* Bureau et Franch.

兰科 Orchidaceae

　　地生兰，高15～28cm。块茎狭椭球形；茎在基部具1枚膜质鞘，鞘上方具1枚叶。叶片心形至阔卵形，上面绿色并具紫色斑点，下面紫色。总状花序具3～15朵花；苞片披针形；花紫红色至白色；中萼片3或5脉；侧萼片3脉，先端钝；花瓣宽卵形，具3脉；唇瓣基部具明显的爪，爪以上扩大成扇形或近圆形，边缘具不整齐细齿，先端截形或钝；距直或稍弯曲。蒴果圆柱形，长约3cm。

　　分布于丰家梁子等地。国内分布于西南。

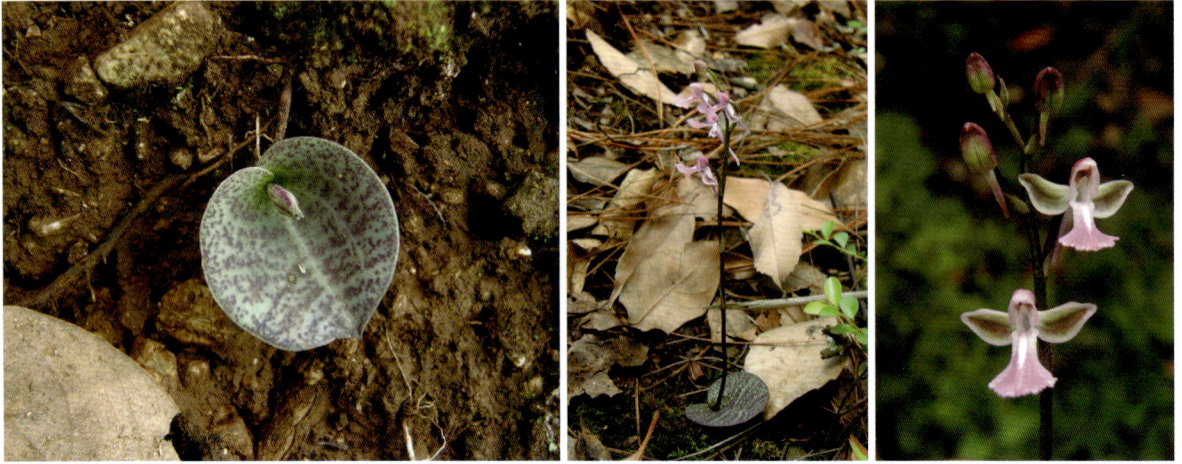

✦ 一掌参 *Peristylus forceps* Finet

兰科 Orchidaceae

　　地生兰，高15～45cm。块茎卵状长圆形；茎直立，被短柔毛，其上疏生2～5枚叶。叶片椭圆状披针形或披针形。总状花序具多数花；花绿色；中萼片直立，卵形，具3脉，先端钝；侧萼片长圆形，张开，具1或3脉；花瓣卵状披针形，常具1脉；唇瓣全缘；距倒卵球形，下垂。

　　分布于牛坪子等地。国内分布于西北、华中、西南。

鸟足兰 *Satyrium nepalense* D. Don

兰科 Orchidaceae

地生兰，高20～70cm。块茎椭球形；茎基部具膜质鞘，具1～3枚叶。叶片椭圆形、卵形或卵状披针形，长4～19cm，宽2～5.5cm，向上渐小，先端急尖或渐尖，边缘多少呈皱波状。总状花序总梗无毛，具数枚叶状苞片；花粉红色，无毛；中萼片狭长圆状椭圆形；侧萼片长圆形至近卵形，近先端边缘具细缘毛；花瓣背面有龙骨状突起；唇瓣兜状，近球形，背面有龙骨状突起；距2个，纤细，下垂，或退化为囊状；蕊柱内弯。

分布于丰家梁子等地。国内分布于华中、西南。

✦ 云南鸟足兰 *Satyrium yunnanense* Rolfe

濒危（EN）

兰科 Orchidaceae

地生兰，高11～35cm。块茎椭球形至近卵球形。叶片卵形，长3.5～11cm，宽2～5cm。总状花序总梗长5～25cm，无毛；花黄色至近金黄色；中萼片和侧萼片长圆形；唇瓣位于上方，兜状，近半球形，背面具龙骨状突起，内面基部有毛；距2个；蕊柱直立。

分布于丰家梁子等地。国内分布于西南。

小金梅草 *Hypoxis aurea* Lour.

仙茅科 Hypoxidaceae

多年生矮小草本。根状茎球形至圆柱形，肉质。叶基生，4～12枚，条形，长7～30cm，宽2～6mm，被黄褐色长柔毛。花序有1～2朵花；苞片小，2枚；花被黄色；花被片6枚，长圆形，被褐色长柔毛，宿存；雄蕊6枚，花丝短；子房下位，3室，柱头3裂。蒴果棒状，成熟时3瓣裂。种子多数，近球形，表面具瘤状突起。

分布于丰家梁子、竹林坡等地。国内分布于西南、华东、华中、华南。

鸢尾 *Iris tectorum* Maxim.

鸢尾科 Iridaceae

多年生草本。根状茎粗壮，二歧分枝。叶基生，黄绿色，宽剑形。花茎高20～40cm，顶部常有1～2个侧枝；苞片披针形或长卵圆形，2～3枚，绿色，草质，边缘膜质；花蓝紫色；花被筒细长，上端喇叭形；外花被裂片圆形或宽卵形，顶端微凹，中脉有鸡冠状附属物；内花被裂片椭圆形，爪部细；雄蕊花药鲜黄色，花丝细长，白色；花柱顶端裂片四方形，有疏齿。蒴果长椭圆形或倒卵圆形。种子梨形，黑褐色。

分布于矿山迹地植被恢复区。

山菅兰 *Dianella ensifolia* (L.) Redouté

阿福花科 Asphodelaceae

　　多年生常绿草本，植株高可达 1～2m。根状茎圆柱状，横走。叶剑形，长 30～80cm，宽 1～2.5cm，革质，边缘和背面中脉粗糙。圆锥花序，分枝疏散；花常多朵生于侧枝上端；花被片平展，条状披针形，白色、绿白色、淡黄色至青紫色；雄蕊短于花被片，花丝上部膨大。浆果近球形，深蓝色，具 5～6 枚种子。

　　分布于矿山迹地植被恢复区。

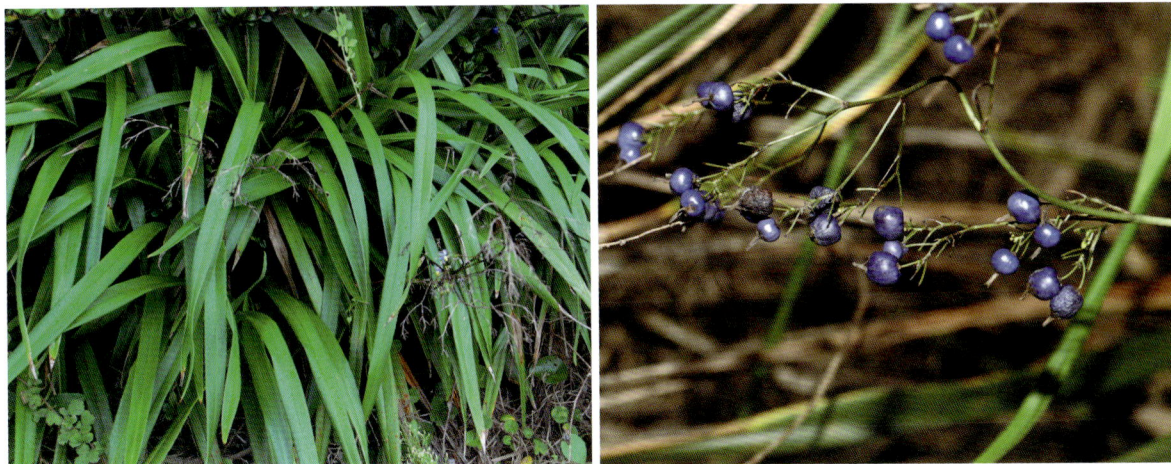

萱草 *Hemerocallis fulva* (L.) L.

阿福花科 Asphodelaceae

　　多年生草本。根近肉质，中下部有纺锤状膨大。叶长条形。花无香；花茎直立中空，高 60～100cm；花序具花 6～10 朵，组成双蝎尾状聚伞花序；花橘黄色至橘红色；花被管较粗短，长 2～4cm，上部开展而反卷；内花被裂片下部一般有橘红色或紫色的斑块。蒴果椭圆形。

　　分布于矿山迹地植被恢复区。国内分布于华中、华南、华东、华北、西南、西北。

山麻兰 *Phormium colensoi* Hook. f.

阿福花科 Asphodelaceae

多年生常绿草本，高可达1m以上。叶片剑形，背面具白霜；叶片下半段两侧沿中脉纵向折叠，叶面位于折叠的内侧。花茎高1m，圆锥花序红紫色；花肉质，深红或黄色。蒴果直立。

分布于矿山迹地植被恢复区。

✦ 滇韭 *Allium mairei* H. Lév.

石蒜科 Amaryllidaceae

多年生草本。鳞茎常簇生，圆柱状；鳞茎外皮黄褐色，纤维状。叶近圆柱状，具细的纵棱，沿棱具细糙齿。花葶具2条纵棱，紫色；佛焰苞总苞单侧开裂，宿存；花序由2个小的伞形花序组成，每一小伞形花序基部具1枚苞片；花喇叭状开展，淡红色至紫红色；花丝钻形，近等长，基部约1mm合生成环，并与花被片贴生；子房两端缢缩，先端稀收缩成喙，柱头3裂。

分布于丰家梁子等地。国内分布于西南。

水鬼蕉 *Hymenocallis littoralis* (Jacq.) Salisb.

石蒜科 Amaryllidaceae

多年生草本。叶10～12枚，深绿色，剑形，先端尖，基部渐狭，多脉，无柄。花茎扁平；佛焰苞状总苞片，基部极阔；花茎顶端生3～8朵花，白色；花被管纤细，长短不等，花被裂片条形，通常短于花被管；雄蕊杯状体钟形或阔漏斗形，有齿；花柱约与雄蕊等长或更长。

分布于矿山迹地植被恢复区。

紫娇花 *Tulbaghia violacea* Harv.

石蒜科 Amaryllidaceae

多年生球根花卉，高30～50cm，丛生状。叶半圆柱形。聚伞花序顶生，花茎细长，自叶丛抽生而出，包含花10余朵；花粉紫色，芳香。

分布于矿山迹地植被恢复区。

龙舌兰 *Agave americana* L.

天门冬科 Asparagaceae

多年生植物。叶呈莲座式排列，通常30～40枚，大型，肉质，倒披针状条形，长1～2m，叶缘具疏刺，顶端有1个硬尖刺。圆锥花序大型，多分枝，长达6～12m；花黄绿色；雄蕊长约为花被的2倍。蒴果长圆形。

分布于四二四坟地、银厂沟、竹林坡等地。国内分布于华中、华东、西南、华南、西北。

剑麻 *Agave sisalana* Perrine

天门冬科 Asparagaceae

多年生植物。茎粗短。叶呈莲座式排列，刚直，肉质，剑形，长1～1.5m，上面凹，下面凸，叶缘无刺，顶端有1个硬尖刺，初被白霜，后渐脱落而呈深蓝绿色。圆锥花序粗壮；花黄绿色，有浓烈气味；雄蕊6枚；子房下位，3室；柱头稍膨大，3裂。蒴果长圆形。

分布于四二四坟地、银厂沟、竹林坡、潲水崖等地。国内分布于华中、西南、华南、华东、西北。

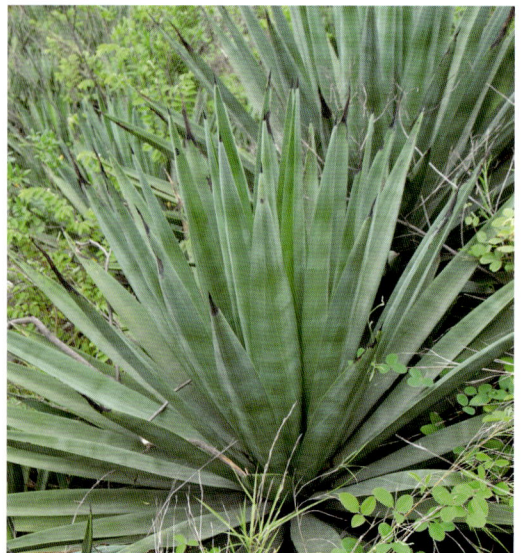

✦ 密齿天门冬 *Asparagus meioclados* H. Lév.

天门冬科 Asparagaceae

　　多年生草本，直立，高达1m。根在距基部4～8cm处成纺锤状膨大。茎具棱并密生软骨质齿；叶状枝通常每5～10枚成簇，近扁的圆柱形，略有几条棱。鳞片状叶基部稍延伸为近刺状的距，无明显的硬刺。雄花每1～3朵腋生，绿黄色；花丝中部以下贴生于花被片上。浆果熟时红色，直径5～6mm，通常有1～2颗种子。

　　分布于庙子、牛坪子、松坪子、竹林坡、丰家梁子、环行便道等地。国内分布于西南。

绵枣儿 *Barnardia japonica* (Thunb.) Schult. et Schult. f.

天门冬科 Asparagaceae

　　多年生草本。鳞茎卵形或近球形；鳞茎皮黑褐色。基生叶通常2～5枚，狭带状，长10～40cm。花葶通常比叶长；总状花序具多数花；花紫红色、粉红色至白色，小；雄蕊生于花被片基部；子房基部有短柄，表面多少有小乳突，3室，每室1枚胚珠。蒴果倒卵球形，长3～6mm。种子黑色。

　　分布于丰家梁子等地。国内除西北外广布。

酒瓶兰 *Beaucarnea recurvata* (K. Koch et Fintelm.) Lem.

天门冬科 Asparagaceae

常绿小乔木或灌木，高 2~3m。茎干直立，下部肥大，状似酒瓶；茎干具有厚木栓质树皮，灰白色或褐色，龟裂似龟甲。叶丛生于干顶，细长条形，长达 2m，柔软而下垂，全缘或有细齿。圆锥花序大型；花乳白色。果实具长柄。

分布于矿山迹地植被恢复区。

吊兰 *Chlorophytum comosum* (Thunb.) Jacques

天门冬科 Asparagaceae

多年生常绿草本。根状茎短。根稍肥厚。叶剑形，长 10~30cm，宽 1~2cm，绿色或有黄色条纹，向两端稍变狭。花葶比叶长，常变为匍枝而在近顶部具叶簇或幼小植株；花白色，常 2~4 朵簇生，排成疏散的总状花序或圆锥花序；花梗关节位于中部至上部；花被片3脉；雄蕊稍短于花被片；花药矩圆形，明显短于花丝，开裂后常卷曲。蒴果三棱状扁球形，每室具种子 3~5 颗。

分布于矿山迹地植被恢复区。

西南吊兰 *Chlorophytum nepalense* (Lindl.) Baker

天门冬科 Asparagaceae

　　多年生草本。根状茎短而不明显。叶束生，无柄；叶形变化大，长条形、条状披针形至近披针形，长8～60cm。花茎高30～60cm；花序总状；花白色；雄蕊稍短于花被片；花药通常长于花丝。蒴果倒卵球形。

　　分布于苏铁自然保护区全区。国内分布于西南。

朱蕉 *Cordyline fruticosa* (L.) A. Chev.

天门冬科 Asparagaceae

　　直立灌木，高1～3m。茎粗1～3cm。叶聚生于茎或枝的上端，矩圆形至矩圆状披针形，长25～50cm，绿色或带紫红色；叶柄有槽，基部宽，抱茎。圆锥花序，侧枝基部有大的苞片，每朵花有3枚苞片；花淡红色、青紫色至黄色；花梗通常很短；外轮花被片下半部紧贴内轮而形成花被筒，上半部在盛开时外弯或反折；雄蕊生于筒的喉部，稍短于花被；花柱细长。

　　分布于矿山迹地植被恢复区。

龙血树 *Dracaena draco* (L.) L.

天门冬科 Asparagaceae

常绿，乔木状，高大。茎木质，灰色，常具分枝；幼枝有环状叶痕。叶剑形，深绿色，聚生于枝的顶端。花序圆锥状；花梗有关节；花小，白色并带绿色；花被片6枚，有不同程度的合生；雄蕊6枚，花丝着生于裂片基部，下部贴生于花被筒，花药背着，常"丁"字状；子房3室，每室1~2枚胚珠；花柱丝状，柱头头状，3裂。浆果橙色，近球形，具1~3颗种子。

分布于矿山迹地植被恢复区。

黄纹万年麻 *Furcraea foetida* 'Striata'

天门冬科 Asparagaceae

多年生草本植物，高可达1m。茎不明显。叶剑形，长1~1.8m，宽10~15cm，呈放射状生长，先端尖，新叶近金黄色，具绿色纵纹，老叶绿色，具金黄色纵纹。伞形花序，高可达5~7m，小花黄绿色。

分布于矿山迹地植被恢复区。

金边万年麻 *Furcraea selloana* 'Marginata'

天门冬科 Asparagaceae

多年生常绿草本植物，高达1m，冠幅1～2m。茎不明显。叶大型，肉质，呈放射状生长，剑形，叶缘有刺波状弯曲，具光泽，叶面具黄色斑纹。

分布于矿山迹地植被恢复区。

紫萼 *Hosta ventricosa* (Salisb.) Stearn

天门冬科 Asparagaceae

多年生草本。根状茎粗0.3～1cm。叶卵状心形、卵形或卵圆形，长8～19cm，先端通常近短尾状或骤尖，基部心形或近截形；叶柄长6～30cm。花莛高60～100cm，具10～30朵花；苞片矩圆状披针形，长1～2cm，白色，膜质；花单生，长4～5.8cm，盛开时从花被管向上骤然作近漏斗状扩大，紫红色；雄蕊伸出花被之外，完全离生。蒴果圆柱状，有3条棱。

分布于矿山迹地植被恢复区。

间型沿阶草 *Ophiopogon intermedius* D. Don

天门冬科 Asparagaceae

多年生草本，植株常丛生。根状茎粗短、块状。叶基生成丛，长15～55cm，边缘具细齿。花葶通常短于叶；总状花序具15～20朵花或更多；花常单生或2～3朵簇生于苞片腋内；花被片白色或淡紫色。

分布于滤水崖、丰家梁子、牛坪子、竹林坡等地。国内分布于西北、华南、华中、西南。

麦冬 *Ophiopogon japonicus* (Thunb.) Ker Gawl.

天门冬科 Asparagaceae

多年生草本。根较粗，中间或近末端具椭圆形或纺锤形小块根；小块根淡褐黄色。地下走茎细长，节上具膜质的鞘。叶基生成丛，禾叶状，边缘具细锯齿。花葶6～15（～27）cm；总状花序具几朵至10余朵花；花单生或成对生于苞片腋内；苞片披针形；花被片白或淡紫色；花药三角状披针形；花柱基部宽，向上渐窄。种子球形。

分布于矿山迹地植被恢复区。

✦ 龙棕 *Trachycarpus nanus* Becc.

国家二级保护 易危（VU）

棕榈科 Arecaceae

高50～80cm。无地上茎，地下茎节密集，犹如龙状。叶簇生于地面，半圆形，形状如棕榈叶；叶柄两侧有或无密齿。花序从地面伸出，直立，雌雄异株；雄花球形，黄绿色，萼片3枚，花瓣2倍长于萼片，发育雄蕊6枚；雌花淡绿色，心皮3枚。果实肾形，淡黄色至蓝黑色。

分布于丰家梁子、庙子、牛坪子、松坪子等地。国内分布于西南。

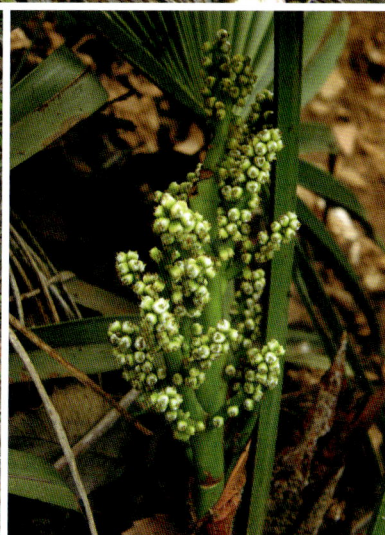

饭包草 *Commelina benghalensis* L.

鸭跖草科 Commelinaceae

　　多年生披散草本。茎匍匐，节上生根，被疏毛。叶有明显的叶柄；叶片卵形，长3～7cm。总苞片漏斗状，与叶对生，常数个集于枝顶，下部边缘合生；花瓣蓝色，里面2枚具长爪。蒴果椭球形，3室，腹面2室，每室具2颗种子，开裂。种子黑色。

　　分布于金家村、银厂沟等地。国内分布于华中、华东、华南、西南、西北、华北。

鸭跖草 *Commelina communis* L.

鸭跖草科 Commelinaceae

　　一年生披散草本。茎匍匐生根，长可达1m。叶披针形至卵状披针形，长3～9cm，无柄。总苞片佛焰苞状，与叶对生，折叠状；花瓣深蓝色，内面2枚有长爪。蒴果椭球形，2室，2片裂，有种子4颗。种子棕黄色，一端平截，有不规则窝孔。

　　分布于金家村等地。国内分布于华中、华东、华南、东北、华北、西南。

竹叶吉祥草 *Spatholirion longifolium* (Gagnep.) Dunn

鸭跖草科 Commelinaceae

　　多年生缠绕草本，全体近无毛或被柔毛。茎长达3m。叶具柄；叶片披针形，长10～20cm。圆锥花序总梗长达10cm；萼片草质；花瓣紫色或白色，略短于萼片。蒴果卵状三棱形，顶端有芒状突尖。种子酱黑色。

　　分布于丰家梁子等地。国内分布于华中、华东、华南、西南。

竹叶子 *Streptolirion volubile* Edgew.

鸭跖草科 Commelinaceae

　　多年生攀援草本。茎常无毛。叶片心状圆形，长5～15cm，宽3～15cm，顶端常尾尖，基部深心形，上面多少被柔毛。蝎尾状聚伞花序有花1朵至数朵，集成圆锥状；花无梗；花瓣白色，条形，略比萼长；花丝密被绵毛。蒴果长4～7mm，顶端有芒状突尖。种子灰褐色。

　　分布于漉水崖。

吊竹梅 *Tradescantia zebrina* Bosse

鸭跖草科 Commelinaceae

　　多年生蔓生草本。茎匍匐，具分枝，节部生根。叶互生，长卵形，上面绿色带白色条纹，下面淡紫红色。花簇生；苞片2枚，叶状；萼片披针形；花瓣卵形，玫瑰色。种子有皱纹。

　　分布于矿山迹地植被恢复区。归化种，国内分布于华中、华东、华南。

旅人蕉 *Ravenala madagascariensis* Sonn.

鹤望兰科 Strelitziaceae

　　多年生植物，树干似棕榈。叶呈折扇状排列于茎顶；叶片长圆形，长达2m，宽65cm。花序腋生，序轴每边有佛焰苞5～6枚，内有花5～12朵，排成蝎尾状聚伞花序；萼片革质，披针形；花瓣与萼片相似，中央1枚较狭小，条形。蒴果3瓣裂。种子肾形，被碧蓝色、撕裂状假种皮。

　　分布于矿山迹地植被恢复区。

地涌金莲 *Musella lasiocarpa* (Franch.) C. Y. Wu ex H. W. Li

芭蕉科 Musaceae

多年生丛生草本。具水平向根状茎。假茎矮小，基部有宿存叶鞘。叶片长椭圆形，长达50cm，宽约20cm，先端锐尖，基部近圆形，两侧对称，有白粉。花序直立，直接生于假茎上，密集如球穗状；苞片干膜质，黄色或淡黄色。浆果三棱状卵形，外面密被硬毛。种子大，扁球形，黑褐色或褐色，光滑，腹面有大而白色的种脐。

分布于矿山迹地植被恢复区。国内分布于西南。

大花美人蕉 *Canna × generalis* L. H. Bailey

美人蕉科 Cannaceae

高可达1.5m。茎、叶和花序均被白粉。叶椭圆形，长40cm，宽20cm，叶缘、叶鞘紫色。总状花序顶生；花大，密集；萼片披针形；花冠管长5～10mm，花冠裂片披针形，唇瓣倒卵状匙形；发育雄蕊披针形；子房球形，花柱带形。

分布于猴子沟。

金脉美人蕉 *Canna × generalis* 'Striatus'

美人蕉科 Cannaceae

多年生草本，高达2m。根状茎肉质。茎不分枝，无毛，为叶鞘所包裹。叶椭圆形，无毛，叶脉金黄色和绿色相间。花大，组成总状或圆锥状，花序长15～30cm。蒴果。

分布于丰家梁子。

粉美人蕉 *Canna glauca* L.

美人蕉科 Cannaceae

根茎延长，株高1.5～2m。茎绿色。叶片披针形，长达50cm，绿色，被白粉，边绿白色，透明。总状花序疏花；苞片圆形，褐色；花黄色，无斑点；萼片卵形，绿色；花冠裂片条状披针形，直立；唇瓣狭，倒卵状长圆形，顶端2裂，淡黄色；发育雄蕊倒卵状近镰形；花柱狭披针形。蒴果长圆形。

分布于矿山迹地植被恢复区。

美人蕉 *Canna indica* L.

美人蕉科 Cannaceae

根状茎发达，多分枝。茎粗壮，高达2.5m。叶片长圆形或卵状长圆形；叶柄短；叶鞘边缘紫色。总状花序；苞片淡紫色，卵形；萼片披针形，淡绿而染紫；花冠管杏黄色，花冠裂片顶端染紫，披针形；外轮退化雄蕊2（～3）枚，倒披针形，其中1枚顶部微凹；唇瓣披针形，边缘卷，顶端2裂；发育雄蕊披针形。蒴果阔卵形。

分布于猴子沟和矿山迹地植被恢复区。

艳山姜 *Alpinia zerumbet* (Pers.) B. L. Burtt et R. M. Sm.

姜科 Zingiberaceae

多年生草本，高达3m。叶片披针形，两面无毛，边缘具柔毛。圆锥花序下垂，长达30cm，花序轴紫红色，被柔毛；花萼近钟形，白色，顶粉红色；花冠管较花萼短，裂片长圆形，乳白色，先端粉红色；侧生退化雄蕊钻状；唇瓣匙状宽卵形；子房被金黄色粗毛。蒴果卵球形，熟时朱红色。种子有棱角。

分布于矿山迹地植被恢复区。

疏花草果药 *Hedychium spicatum* var. *acuminatum* (Roscoe) Wall.

多年生草本，高1m。根茎块状。叶片长圆形或长圆状披针形，长10~40cm，无柄或具极短的柄。穗状花序少花，排列稀疏；花芳香，白色；萼具3齿，顶端一侧开裂；花冠淡黄色，顶部及裂片紫红色；侧生退化雄蕊匙形，紫红色。蒴果扁球形，熟时裂为3瓣。

分布于丰家梁子等地。国内分布于西南。

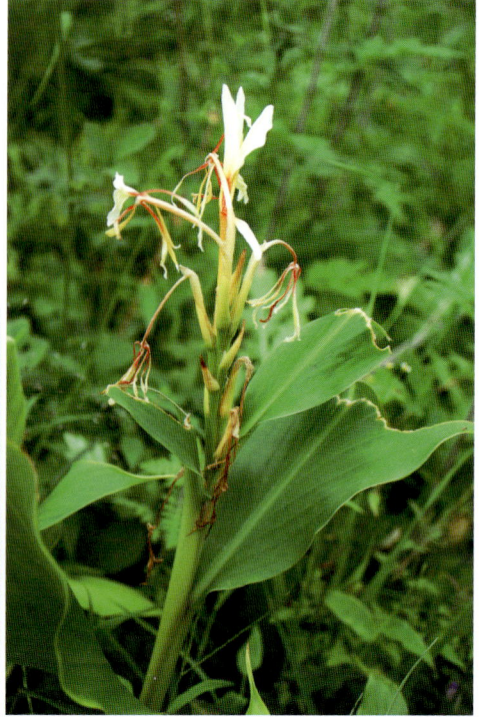

✦ 早花象牙参 *Roscoea cautleoides* Gagnep.

多年生草本，高15~30cm。茎基具2~3枚薄膜状的鞘。叶2~4片，披针形，无柄。花后叶出或与叶同出；穗状花序；总花梗显著，长3~9cm或更长，高举花序于叶丛之上；花黄色、蓝紫色、深紫色或白色；花萼管一侧开裂至中部，顶端2裂；花冠管纤细，较萼管稍长；唇瓣2深裂几达基部。蒴果长圆形。

分布于丰家梁子、庙子等地。国内分布于西南。

✦阳荷 *Zingiber striolatum* Diels

姜科 Zingiberaceae

多年生草本，高1～1.5m。根状茎白色，微有芳香味。叶片披针形，长25～35cm；叶舌2裂。花序从根茎抽出；花萼膜质；花冠管白色，裂片白色或稍带黄色，有紫褐色条纹；唇瓣浅紫色。蒴果熟时裂成3瓣，内果皮红色；种子黑色，被白色假种皮。

分布于滮水崖、丰家梁子、牛坪子等地。国内分布于华中、华南、华东、西南。

雅灯芯草 *Juncus concinnus* D. Don

灯芯草科 Juncaceae

多年生丛生草本，高16～45cm。茎圆柱形，具纵条纹。叶片条形，基生叶1～2枚；茎生叶1～3枚。花序顶生，常由2～7个头状花序组成；总苞片叶状，披针形；头状花序有5～7朵花；花被片膜质，黄白色，披针形至长圆形；雄蕊6枚，花丝栗褐色；柱头3分叉。蒴果三棱状椭球形，顶部具喙。种子卵形，栗褐色，两端具短附属物。

分布于丰家梁子等地。国内分布于西南。

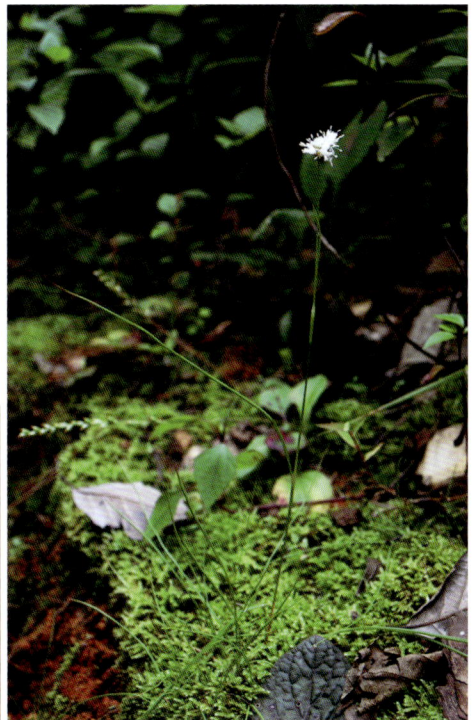

棒拂草 *Abildgaardia ovata* (Burm. f.) Kral

莎草科 Cyperaceae

　　多年生草本。秆丛生，高15～35cm。叶细条形，较秆短。总苞片1～3枚，鳞片状，最下面的一片有时为叶状；小穗单个，顶生；雄蕊3枚；花柱三棱形，基部膨大，柱头3枚。小坚果具短柄，倒卵形，三棱形，表面具明显的疣状突起。

　　分布于四二四坟地等地。国内分布于华东、华南、西南、华中。

翠丽薹草 *Carex speciosa* Kunth

莎草科 Cyperaceae

　　多年生草本。根茎长，木质。秆密丛生，高15～30cm，纤细，扁三棱形。叶平张，柔软，光滑，基部有暗褐色的宿存叶鞘。苞片叶状，长于花序，下部具长鞘。穗单生、顶生或2或3（～7）着生，侧穗生于秆的中部或基部；雌雄同体；花序梗长的在中部，短的在基部；穗状花序的雄花部分通常短于雌花部分。小坚果长圆形，基部收缩成短柄，顶端无喙。

　　分布于庙子等地。国内分布于西南。

✦ 大坪子薹草 *Carex tapinzensis* Franch.

莎草科 Cyperaceae

多年生草本。秆密丛生，高15～70cm，三棱形。叶短于秆。总苞片佛焰苞状，苞鞘绿色；小穗3～5个；顶生的1个雄性，通常高出其下的雌小穗；侧生的2～4个小穗雌性，有时顶端有少数雄花；小穗柄纤细，略坚挺，伸出苞鞘外。小坚果成熟时褐色，倒卵形或长圆形，三棱状，先端具外弯短喙。

分布于丰家梁子等地。国内分布于西南。

野生风车草 *Cyperus alternifolius* L.

莎草科 Cyperaceae

多年生草本，秆高30～150cm。根状茎短，粗大。须根坚硬。基生叶鞘黄褐色。总苞片11～18枚，叶状，向四周平展。聚伞花序的小穗密集于第二次辐射枝上端；雄蕊3枚，花药条形，顶端具刚毛状附属物；花柱短，柱头3枚。小坚果熟时褐色，椭球形至卵球形，有柄。

分布于矿山迹地植被恢复区。

砖子苗 *Cyperus cyperoides* (L.) Kuntze

莎草科 Cyperaceae

多年生草本。秆疏丛生，高10～60cm，有3条锐棱，光滑。叶与秆近等长，宽3～6mm；叶鞘棕色到红棕色。长侧枝聚伞花序简单，有6～12个辐射枝，辐射枝最长达8cm；小穗条状矩圆形，长3～5mm，密生成矩圆形的穗状花序；小穗轴具白色的宽翅；鳞片矩圆形，淡黄色或绿白色；雄蕊3枚；柱头3枚。小坚果狭矩圆形，有3条棱，长约为鳞片的2/3，表面具微突起细点，起初稻草色但成熟时深棕色。

分布于竹林坡、松坪子、银厂沟、丰家梁子、滤水崖等地。国内分布于华中、华东、西南、华南、西北。

穆穗莎草 *Cyperus eleusinoides* Kunth

莎草科 Cyperaceae

多年生草本。秆三棱形，高达1m，光滑，基部膨大成块状。叶鞘长，呈棕色；叶短于秆。叶状苞片6枚，下面的2～3枚苞片长于花序；穗状花序长圆形，具极多数小穗；小穗具6～12朵花，小穗轴黑褐色；雄蕊3枚，花药条形，药隔明显；花柱短，柱头3枚。小坚果深褐色，倒卵形，三棱形，具密的微突起细点。

分布于滤水崖、金家村等地。国内分布于华东、华南、西南。

碎米莎草 *Cyperus iria* L.

莎草科 Cyperaceae

　　一年生草本。秆丛生，高8～80cm，扁三棱形。叶短于秆；叶鞘红棕色或棕紫色。叶状苞片3～5枚；穗状花序具5～20个小穗；小穗具6～22朵花；雄蕊2或3枚，花药椭球形，药隔不突出于花药顶端。小坚果暗褐色，倒卵球形至近椭球形。

　　分布于猴子沟等地。全国广布。

香附子 *Cyperus rotundus* L.

莎草科 Cyperaceae

　　多年生草本。匍匐根状茎长，具椭圆形块茎。秆单生，高15～95cm，基部呈块茎状。叶较多，短于秆；鞘棕色，常裂成纤维状。叶状苞片2或3（～5）枚；穗状花序倒三角形，具3～10个小穗；小穗条形，具8～28朵花；小穗轴具较宽的、白色透明的翅；雄蕊3枚，药隔明显；柱头3枚。小坚果长圆状倒卵形，三棱形，具细点。

　　分布于竹林坡、科普区等地。全国广布。

岩胡子草 *Erioscirpus comosus* (Wall.) Palla

莎草科 Cyperaceae

    多年生草本。秆密丛生，高14～80cm，钝三棱形，基部有宿存的黑色或褐色的鞘。具多数基生叶，秆生叶不存在；叶片条形，边缘向内卷，具细锯齿，渐向上渐狭成刚毛状。聚伞花序伞房状，具极多数小穗；小穗单生；雄蕊2枚；柱头3枚。小坚果狭长圆形，扁三棱形，顶端尖锐，有喙，深褐色。

    分布于矿山迹地植被恢复区、环行便道、牛坪子、科普区。国内分布于西北、华中、西南、华南。

两歧飘拂草 *Fimbristylis dichotoma* (L.) Vahl

莎草科 Cyperaceae

    一年生草本。秆丛生，高15～50cm。叶条形；叶鞘革质。总苞片3～4枚，叶状，通常1～2枚，长于花序；聚伞花序；小穗单生于辐射枝顶端，具多数花；雄蕊1或2个；柱头2个。小坚果宽倒卵形，双凸状。

    分布于丰家梁子等地。全国广布。

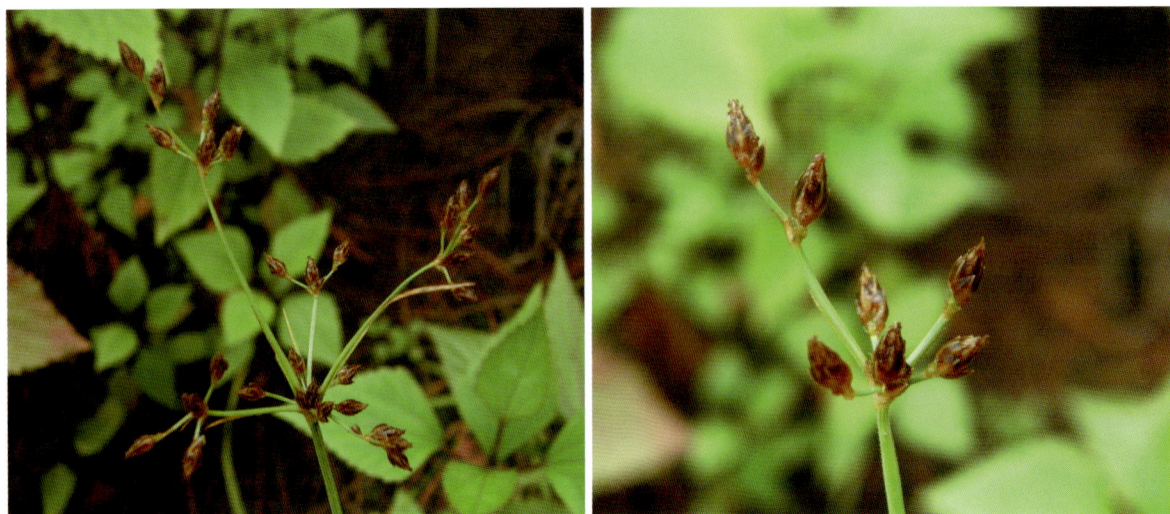

无刺鳞水蜈蚣 *Kyllinga brevifolia* var. *leiolepis* (Franch. et Sav.) H. Hara

莎草科 Cyperaceae

多年生草本。根状茎匍匐，外被鳞片，具多数节间，每节生一秆。秆三棱形，高7～20cm。叶柔弱。叶状苞片3枚；穗状花序单个，球形，具极多数密生的小穗；小穗稍宽，肿胀；鳞片背面无刺，顶部无尖头。

分布于竹林坡等地。全国广布。

球穗扁莎 *Pycreus flavidus* (Retz.) T. Koyama

莎草科 Cyperaceae

多年生草本。秆丛生，高2～50cm，钝三棱形。叶少；叶鞘长，下部红棕色。总苞片2～4枚，较花序长；聚伞花序具1～6个辐射枝，每一辐射枝的小穗数量变异较大；小穗密聚于辐射枝上端呈球形，具6～34朵花；小穗轴近四棱形，两侧有具横隔的槽；雄蕊2枚；柱头2枚。小坚果褐色或暗褐色，倒卵形，双凸状，稍扁。

分布于金家村等地。全国广布。

水蔗草 *Apluda mutica* L.

禾本科 Poaceae

多年生草本。秆高达3m，无毛，上部多分枝。叶片扁平，长10～30cm，宽5～20mm。圆锥花序，具花苞，长达50cm；小佛焰苞侧面观为卵形，草质，具多条脉；有柄小穗披针形；无柄小穗长4～5mm。

分布于环行便道、金家村、硝厂沟等地。国内分布于华中、华东、西南、华南。

三芒草 *Aristida adscensionis* L.

禾本科 Poaceae

一年生草本。秆丛生，高15～50cm。叶鞘光滑无毛；叶片内卷。圆锥花序狭窄或疏松，长4～20cm；小穗灰绿色或紫色。

分布于猴子沟等地。国内分布于西北、华东、华北、西南。

芦竹 *Arundo donax* L.

禾本科 Poaceae

多年生，具发达根状茎。秆粗大直立，高2~6m。叶鞘长于节间，无毛或颈部具长柔毛；叶片扁平，上面与边缘微粗糙。圆锥花序长30~60cm，分枝稠密，常为紫色。

分布于矿山迹地植被恢复区。

野燕麦 *Avena fatua* L.

禾本科 Poaceae

一年生。秆直立，高50~150cm，不分枝，具2~4节。叶鞘无毛或基部被微毛。圆锥花序金字塔形；小穗含2~3朵小花，其柄弯曲下垂，顶端膨胀；小穗轴密生淡棕色或白色硬毛。

分布于竹林坡等地。全国广布。

臭根子草 *Bothriochloa bladhii* (Retz.) S. T. Blake

　　多年生草本。秆丛生，高130cm，具多节，节被短髯毛或无毛。叶鞘无毛；叶片条形，两面疏生疣毛或背面无毛。圆锥花序长9～20cm；条形有柄小穗中性，稀为雄性，较无柄小穗窄。

　　分布于猴子沟等地。国内分布于华中、西北、华南、华东、西南。

白羊草 *Bothriochloa ischaemum* (L.) Keng

　　多年生草本。秆丛生，高25～70cm，节部无毛或被髯毛。叶鞘具脊；叶片条形，长5～16cm。总状花序5～15个着生于秆顶，呈指状，灰绿色或带紫褐色；条形有柄小穗雄性或中性，与无柄小穗近等长，无毛。

　　除丰家梁子外，苏铁自然保护区内均有分布。国内分布于华东、西南、华南、华中、华北、西北。

毛臂形草 *Brachiaria villosa* (Lam.) A. Camus

禾本科 Poaceae

　　一年生草本。全体密被柔毛。秆疏丛生，高10～40cm。叶片阔披针形，长1～4cm，两面无毛至密被柔毛。圆锥花序由4～8个总状花序组成，序轴三棱形。

　　分布于丰家梁子、金家村等地。国内分布于华中、华东、西南、华南、西北。

硬秆子草 *Capillipedium assimile* (Steud.) A. Camus

禾本科 Poaceae

　　多年生亚灌木状草本。秆坚硬似小竹，高1.5～3.5m，多分枝。叶片条状披针形，长6～15cm。圆锥花序金字塔形，长5～12cm；有柄小穗条状披针形，为无柄小穗长的2倍。

　　分布于滮水崖、猴子沟、环行便道、金家村、庙子、牛坪子等地。国内分布于华中、华东、西南、华南。

虎尾草 *Chloris virgata* Sw.

禾本科 Poaceae

一年生草本。秆丛生，高15～100cm。叶鞘基部具脊，无毛；叶片扁平或折叠，长5～30cm。穗状花序5～12枚，指状着生于秆顶，常直立而并拢成毛刷状，成熟时常带紫色；小穗无柄。

分布于猴子沟、环行便道、金家村等地。全国广布。

芸香草 *Cymbopogon distans* (Nees ex Steud.) Will. Watson

禾本科 Poaceae

多年生草本。植株有香气。秆密丛生，带紫色，高0.5～1m，节部无毛。叶片狭条形至条形，粉白色，无毛。圆锥花序具佛焰苞，长15～30cm；无柄小穗条状披针形。

分布于滤水崖、丰家梁子、猴子沟、环行便道、庙子、牛坪子等地。国内分布于西北、西南。

狗牙根 *Cynodon dactylon* (L.) Pers.

禾本科 Poaceae

多年生低矮草本，节上常生不定根。秆纤细，高10～30cm。叶片条形，短而窄，长1～12cm，通常无毛。总状花序指状条状。颖果近圆柱形。

分布于矿山迹地植被恢复区。国内除东北外广布。

马唐 *Digitaria sanguinalis* (L.) Scop.

禾本科 Poaceae

一年生草本。秆直立或下部倾斜，高10～80cm，无毛或节部具髯毛。叶舌长1～3mm；叶片条状披针形。花序指状；小穗椭圆状披针形。

分布于丰家梁子等地。全国广布。

✦ 扫把竹 *Drepanostachyum fractiflexum* (T. P. Yi) D. Z. Li

禾本科 Poaceae

秆高 2～4.5m，直径 6～12mm；节间长 12～15mm，幼时被白粉。叶 3～5 枚生于末端枝条，披针形，长 7～13cm，叶舌截形。

分布于松坪子、环行便道、丰家梁子、滤水崖、防火步道等地。国内分布于西南。

牛筋草 *Eleusine indica* (L.) Gaertn.

禾本科 Poaceae

一年生草本。秆丛生，高 10～90cm。叶片平展，条形。穗状花序 2～7 枚呈指状生于秆顶。囊果长圆形或卵形，基部下凹，具明显的波状皱纹。

分布于滤水崖、矿山迹地植被恢复区、金家村、科普区。全国广布。

知风草 *Eragrostis ferruginea* (Thunb.) P. Beauv.

禾本科 Poaceae

　　多年生草本。秆单生或丛生，高30～110cm。叶鞘强压扁，中脉生腺体；叶片条状披针形，长2～4cm，宽2～6mm。圆锥花序大而开展，长15～40cm，基部常包于鞘内，分枝及小穗柄中部以上常有腺体。颖果长圆形，上面具浅槽，侧扁，具不明显条纹，红褐色。

　　分布于竹林坡等地。全国广布。

拟金茅 *Eulaliopsis binata* (Retz.) C. E. Hubb.

禾本科 Poaceae

　　多年生草本。秆密丛生，高30～80cm，节部无毛。叶片条形，硬，内卷，无毛。总状花序密被淡黄褐色的绒毛，2～4枚呈指状排列。

　　分布于苏铁自然保护区全区。国内分布于西北、西南、华中、华南、华东。

✦ 镰稃草 *Harpachne harpachnoides* (Hack.) B. S. Sun et S. Wang

禾本科 Poaceae

多年生草本。秆直立，高15～30cm，具3～4节。叶片硬，狭条形，内卷。花序长3～7cm，序轴有柔毛；小穗成熟时便自其主轴上脱落。

分布于丰家梁子、竹林坡等地。国内分布于西南。

黄茅 *Heteropogon contortus* (L.) P. Beauv. ex Roem. et Schult.

禾本科 Poaceae

多年生草本。秆纤细，丛生，高20～100cm。叶鞘具脊；叶片条形，平或对折，长10～20cm；叶舌具缘毛。总状花序单生枝顶。

分布于苏铁自然保护区全区。国内分布于华中、华东、西南、华南、西北。

类芦 *Neyraudia reynaudiana* (Kunth) Keng ex Hitchc.

禾本科 Poaceae

　　多年生草本，粗壮。秆直立，高1～3m，通常节具多数分枝，节间被白粉，节部紫色。叶鞘无毛，仅沿颈部具柔毛；叶片扁平或卷折，顶端长渐尖。圆锥花序长30～70cm，分枝细长，开展或下垂。

　　分布于科普区、牛坪子等地。国内分布于西南、华东、华中、西北、华南。

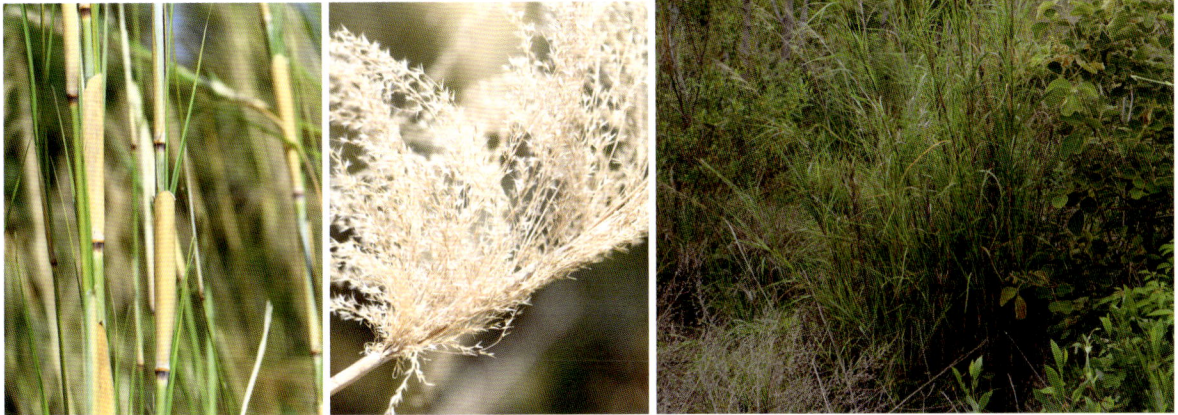

竹叶草 *Oplismenus compositus* (L.) P. Beauv.

禾本科 Poaceae

　　多年生草本。秆较纤细，基部平卧地面，节着地生根，秆高20～80cm。叶片披针形，长3～20cm。花序长5～15cm；小穗孪生，稀上部者单生；颖长为小穗的1/2～2/3，第一颖和第二颖先端具芒；第一小花中性，外稃先端具芒尖；第二外稃平滑，光亮。

　　分布于滤水崖、丰家梁子等地。国内分布于华东、华南、西南。

✦ 四川狼尾草 *Pennisetum sichuanense* S. L. Chen et Y. X. Jin

禾本科 Poaceae

　　多年生草本，具根状茎。秆丛生，直立，高40～60cm。叶片条形，长3～12cm。花序窄条形，紧密，长5～12cm，直立或略弯；总苞内近1个小穗；刚毛短于小穗；小穗单生，卵状披针形，长4～6mm。

　　分布于苏铁自然保护区全区。国内分布于西南。

芦苇 *Phragmites australis* (Cav.) Trin. ex Steud.

禾本科 Poaceae

　　粗壮多年生草本。根状茎十分发达。秆直立，高1～3（8）m，具20多节，节下被蜡粉。叶片披针状条形，边缘粗糙。圆锥花序大型，枝多数，长20～50cm；小穗长10～18mm。颖果。

　　分布于矿山迹地植被恢复区。

棒头草 *Polypogon fugax* Nees ex Steud.

禾本科 Poaceae

一年生草本。秆丛生，高10～75cm，大部分光滑。叶片扁平，条形或宽条形。圆锥花序密集，圆柱状。颖果椭圆形。

分布于环行便道、金家村、矿山迹地植被恢复区。全国广布。

筒轴茅 *Rottboellia cochinchinensis* (Lour.) Clayton

禾本科 Poaceae

一年生草本。秆粗壮，高1～3m。叶片条状披针形，长20～50cm。总状花序粗壮直立，黄绿色；无柄小穗淡黄色，长5～6mm；有柄小穗柄绿色，草质，狭卵形。

分布于猴子沟、环行便道、银厂沟、科普区等地。国内分布于华中、华东、华南、西南。

皱叶狗尾草 *Setaria plicata* (Lam.) T. Cooke

禾本科 Poaceae

多年生草本。秆疏丛生，直立，高45～130cm。叶鞘边缘有缘毛；叶片条状窄披针形。圆锥花序长15～30cm，分枝松散，斜升条形；小穗卵状长圆形，长3～4mm，急尖。颖果狭长卵形，先端具硬而小的尖头。

分布于滤水崖、丰家梁子等地。国内分布于华东、华中、西南、华南。

✦ 金色狗尾草 *Setaria pumila* (Poir.) Roem. et Schult.

禾本科 Poaceae

一年生草本。秆直立，高20～90cm，光滑无毛，仅花序下面稍粗糙。叶鞘具脊，无毛；叶片条形，上面粗糙，下面光滑。圆锥花序紧密，呈圆柱状，长3～17cm，主轴具短细柔毛刚毛金黄色或稍带褐色；小穗阔卵形。

分布于竹林坡等地。全国广布。

狗尾草 *Setaria viridis* (L.) P. Beauv.

禾本科 Poaceae

　　一年生草本。秆簇生，直立，高70～150cm。叶鞘边缘密生缘毛；叶片扁平，条形至条状披针形，边缘粗糙，基部近圆形或平截，先端渐尖。圆锥花序紧密呈圆柱状；小穗椭圆状长圆形，先端钝。颖果灰白色。

　　分布于金家村、银厂沟、竹林坡等地。全国广布。

✦ 箭叶大油芒 *Spodiopogon sagittifolius* Rendle

国家二级保护

禾本科 Poaceae

多年生草本。根状茎短且多节。秆直立，高60～100cm，不分枝，具3～4节。叶片条状披针形，长8～30cm，上面无毛，边缘平滑，基部2裂呈箭镞形，先端渐尖。圆锥花序披针形，长9～20cm。

分布于澄水崖、环形便道、牛坪子、科普区、环行便道、松坪子等地。国内分布于西南。

鼠尾粟 *Sporobolus fertilis* (Steud.) Clayton

禾本科 Poaceae

　　多年生草本。秆直立，丛生，高25～120cm。叶鞘无毛，边缘具短缘毛，基部纸质，微具脊；叶片条形，平展或内卷，长15～50cm，向先端渐狭成长条形。圆锥花序较紧缩呈条形，收缩为穗状；小穗灰色或黄绿色。

　　分布于竹林坡等地。国内分布于华东、华中、西南、西北。

黄背草 *Themeda triandra* Forssk.

禾本科 Poaceae

　　多年生草本，高60～100cm。叶鞘压扁具脊，具瘤基柔毛；叶片条形，长10～30cm。大型伪圆锥花序多回复出，由具佛焰苞的总状花序组成；总状花序由7个小穗组成；基部2对总苞状小穗着生在同一平面，无柄，雄性；无柄小穗两性，1枚，第二外稃具芒，一至二回膝曲，芒柱粗糙或密生短毛；有柄小穗形似总苞状小穗，但较短，雄性或不育。颖果长圆形。

　　分布于四二四坟地等地。全国广布。

中华草沙蚕 *Tripogon chinensis* (Franch.) Hack.

禾本科 Poaceae

　　多年生密丛草本。秆直立，高10～30cm。叶片窄条形，长5～15cm，上面粗糙，下面无毛。总状花序长6～15cm，细弱；小穗贴生于序轴，灰绿色，条状，长4.5～8cm。

　　分布于环形便道、金家村、硝厂沟、牛坪子等地。全国广布。

类黍尾稃草 *Urochloa panicoides* P. Beauv.

禾本科 Poaceae

　　一年生草本。秆疏丛生，直立或近基部倾斜，高20～80cm，节上有髯毛。叶鞘松散；叶片条状披针形，长5～20cm，基部抱茎，先端渐尖。总状花序长3～6cm；主轴及穗轴呈三棱形，具粗刺，小穗通常成对着生，卵状椭圆形，长4～5mm，先端钝。

　　分布于金家村等地。国内分布于西南。

✦ 一文钱 *Stephania delavayi* Diels

易危（VU）

防己科 Menispermaceae

纤细草质藤本。茎、枝纤细，具条纹，无毛。叶三角状近圆形，长3～5cm，两面无毛；叶柄在叶片上明显盾状着生。复伞形聚伞花序腋生；雄花萼片6枚，排成2轮，花瓣3～4枚，稍肉质；雌花萼片和花瓣均3片，形状和大小均与雄花的相似，心皮无毛，柱头3裂。核果红色，无毛；果核背部有2行小横肋状雕纹。

分布于滤水崖、猴子沟、环行便道、牛坪子、庙子等地。国内分布于西南。

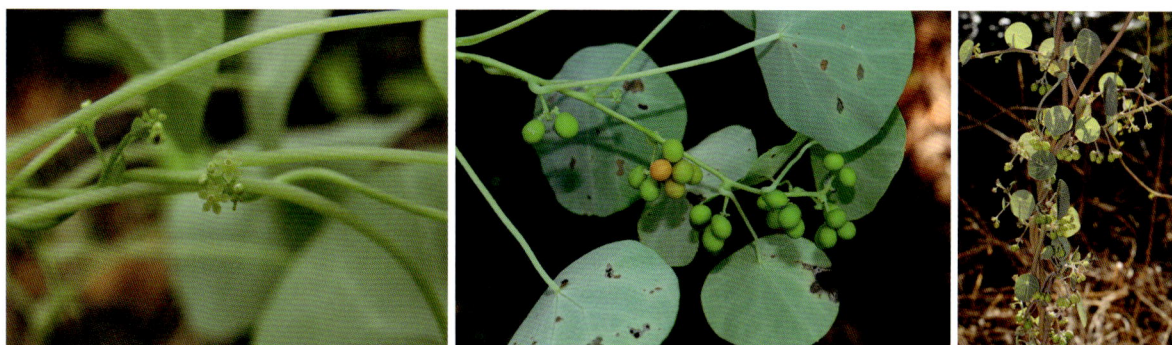

✦ 鹤庆十大功劳 *Mahonia bracteolata* Takeda

易危（VU）

小檗科 Berberidaceae

灌木，高1.5～2m。奇数羽状复叶，长14～25cm，小叶3～8对，上面暗灰绿色，背面淡灰绿色，微被白粉。圆锥花序长7～19cm；苞片卵形，长2～3mm，急尖；花黄色；外萼片和中萼片卵形，先端钝，内萼片椭圆形；花瓣长圆状椭圆形，长6～7.5mm，基部具2枚腺体。浆果近球形，直径5～7mm，微被白粉。

分布于环行便道、牛坪子、松坪子、滤水崖等地。国内分布于西南。

草玉梅 *Anemone rivularis* Buch.-Ham. ex DC.

毛茛科 Ranunculaceae

多年生草本，高 10～65cm。根状茎木质。基生叶 3～5 枚，有长柄；叶片肾状五角形，长 2.5～7.5cm，宽 4.5～9cm，3 全裂。花莛 1（～3）个，直立；聚伞花序长 10～30cm；萼片白色，有疏柔毛；心皮 30～60 枚，无毛。瘦果狭卵球形，宿存花柱钩状弯曲。

分布于丰家梁子、竹林坡等地。国内分布于西南、华中、华北、西北、华南。

✦ 银叶铁线莲 *Clematis delavayi* Franch.

毛茛科 Ranunculaceae

小灌木，高 0.6～1.5m。茎、小枝、花序梗、花梗及叶柄、叶轴均密生短的绢状毛。一回羽状复叶对生，或数叶簇生，有 7～17 枚小叶；小叶片卵形至椭圆形，长 0.8～3cm，全缘。圆锥状聚伞花序多花，顶生；萼片 4～6 枚，白色，外面有较密短的绢状毛，或边缘无毛。瘦果有绢状毛，宿存花柱有银白色长柔毛。

分布于漉水崖、猴子沟、环行便道、庙子、牛坪子、格里坪核心区等地。国内分布于西南。

✦ 披针铁线莲 *Clematis lancifolia* Bureau et Franch.

毛茛科 Ranunculaceae

　　直立小灌木，高20～80cm。茎圆柱形，有纵条纹。单叶对生；叶片披针形，长4～14cm，全缘，两面疏生短柔毛或近无毛。聚伞花序或总状聚伞花序顶生，有花3～9朵；萼片4～6枚，白色或外面带淡红色；雄蕊无毛，偶有退化雄蕊。瘦果卵形或椭圆形，扁，长约5mm，有柔毛，宿存花柱长达3cm。

　　分布于庙子、牛坪子、松坪子等地。国内分布于西南。

绣球藤 *Clematis montana* Buch.-Ham. ex DC.

毛茛科 Ranunculaceae

　　木质藤本。三出复叶，数叶与花簇生，或对生；小叶片卵形，边缘缺刻状锯齿，顶端3裂或不明显，两面疏生短柔毛。花1～6朵与叶簇生；萼片4枚，白色或外面带淡红色，外面疏生短柔毛，内面无毛；雄蕊无毛。瘦果扁，卵形，无毛。

　　分布于丰家梁子等地。国内分布于华中、华东、西南、西北、华南。

✦ 钝萼铁线莲 *Clematis peterae* Hand.-Mazz.

毛茛科 Ranunculaceae

藤本。一回羽状复叶,有5枚小叶,偶尔基部一对具3枚小叶;小叶片卵形,长3~9cm,边缘疏生一至数个锯齿状牙齿。圆锥状聚伞花序多花;花序梗、花梗密生短柔毛;萼片4枚,白色,开展;雄蕊无毛;子房无毛。瘦果卵形,宿存花柱长达3cm。

分布于竹林坡等地。国内分布于西南、华东、华中、西北、华北。

✦ 毛茛铁线莲 *Clematis ranunculoides* Franch.

毛茛科 Ranunculaceae

直立草本或草质藤本。茎基部常四棱形,上部六棱形。基生叶有长柄,有3~5枚小叶,茎生叶柄短,常为三出复叶;小叶卵圆形至圆形,长4~6cm,边缘有不规则的粗锯齿,常3裂。聚伞花序腋生,具1~3朵花;花钟状;萼片4枚,紫红色;雄蕊与萼片近等长;心皮比雄蕊微短,被毛。瘦果纺锤形,被短柔毛。

分布于丰家梁子、庙子、牛坪子等地。国内分布于华南、西南。

翠雀 *Delphinium grandiflorum* L.

毛茛科 Ranunculaceae

　　多年生草本，高35～65cm。基生叶和茎下部叶有长柄；叶片圆五角形，3全裂，两面疏被短柔毛或近无毛；叶柄基部具短鞘。总状花序下部苞片叶状，其他苞片条形；花梗密被贴伏的白色短柔毛条形。萼片5枚，紫蓝色，椭圆形或宽椭圆形，外面有短柔毛，距钻形，直或末端稍向下弯曲；花瓣蓝色，无毛，顶端圆形；雄蕊无毛，退化雄蕊蓝色；心皮3枚，子房密被贴伏的短柔毛。蓇葖果。种子倒卵状四面体形，沿棱有翅。

　　分布于矿山迹地植被恢复区。全国广布。

✦ 康定翠雀花 *Delphinium tatsienense* Franch.

毛茛科 Ranunculaceae

　　多年生草本，高30～80cm。叶片五角形，3全裂。总状花序有3～12朵花，呈伞房状；花梗密被反曲的白色短柔毛，常混生开展的腺毛；萼片深紫蓝色，外面被短柔毛，内面无毛，距钻形；花瓣蓝色，无毛；退化雄蕊蓝色；心皮3枚，子房密被短柔毛。蓇葖果长约1.2cm。种子暗褐色，沿棱有狭翅。

　　分布于滮水崖、丰家梁子、环行便道、竹林坡等地。国内分布于西北、西南。

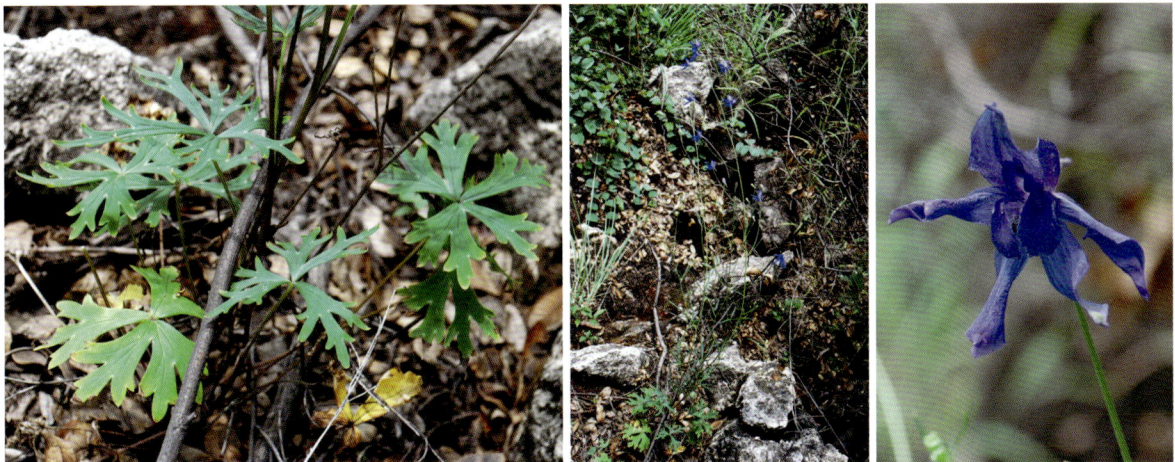

✦ 宽萼偏翅唐松草 *Thalictrum delavayi* var. *decorum* Franch.

毛茛科 Ranunculaceae

植株无毛，高60～200cm，分枝。基生叶在开花时枯萎；茎下部和中部叶为三至四回羽状复叶；小叶草质，3浅裂或不分裂，裂片全缘或有1～3齿；叶柄基部有鞘；托叶半圆形，边缘分裂或不裂。圆锥花序；花梗细；萼片较大，宽卵形；雄蕊多数，花药长圆形，顶端花药有短尖头；心皮15～22枚。瘦果扁，斜倒卵形，有时稍镰刀形弯曲，约有8条纵肋，沿腹棱和背棱有狭翅，花柱宿存。

分布于金家村等地。国内分布于西南。

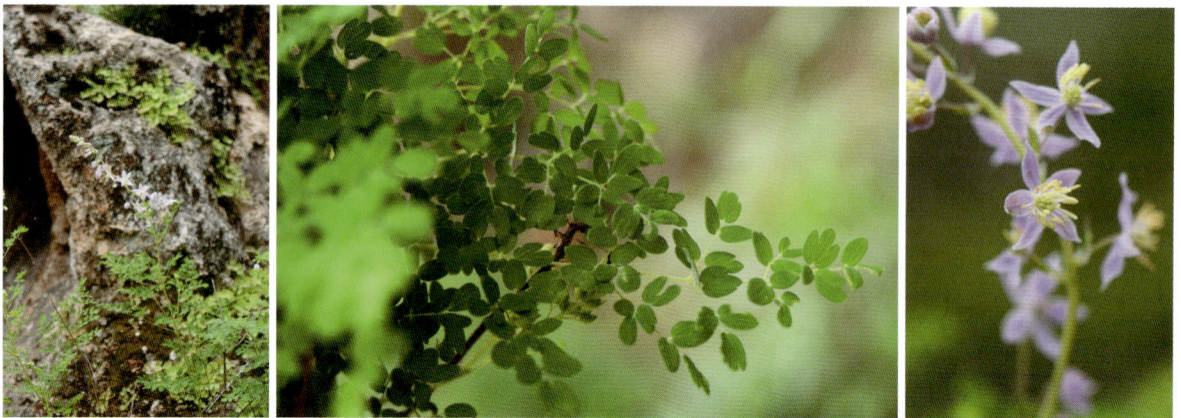

✦ 偏翅唐松草 *Thalictrum delavayi* Franch.

毛茛科 Ranunculaceae

多年生草本。茎生叶三至四回羽状复叶；小叶裂片全缘或有1～3齿；叶柄基部有鞘。圆锥花序；萼片4枚，淡紫色，长5.5～9mm，宽2.2～4.5mm；雄蕊多数；心皮15～22枚，子房有短柄。瘦果扁，约有8条纵肋。

分布于滤水崖、丰家梁子、庙子、牛坪子、金家村等地。国内分布于西南。

✦ 鹤庆唐松草 *Thalictrum leve* (Franch.) W. T. Wang

毛茛科 Ranunculaceae

多年生草本。全株无毛。二至三回三出复叶；顶生小叶3浅裂，边缘有圆齿或钝角。复单歧花序顶生和腋生，伞房状；萼片4枚，白绿色，早落；花丝上部比花药稍窄，狭倒披针形，下部丝形；心皮11～40枚，花柱稍向外弯曲或近直，不拳卷。瘦果无柄，狭卵形，有8条纵肋。

分布于丰家梁子等地。国内分布于西南。

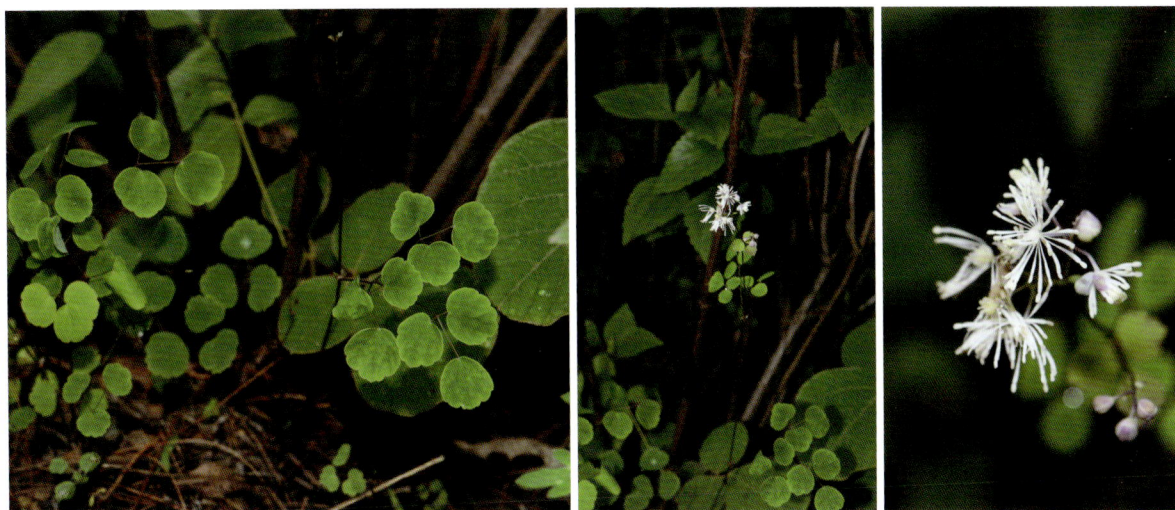

✦ 毛发唐松草 *Thalictrum trichopus* Franch.

毛茛科 Ranunculaceae

多年生草本。全株无毛。茎有细纵槽。基生叶在开花时枯萎；下部叶长达30cm，三回羽状复叶；小叶卵形，长0.8～2.1cm，3浅裂；叶柄基部有鞘，托叶窄。花序圆锥状；萼片4枚，白色，早落；花丝丝形，黄色；心皮2～3（～5）枚，无柄，花柱短，柱头侧生。瘦果椭圆球形或稍两侧扁，长3～3.5mm。

分布于松坪子、环行便道、庙子、牛坪子等地。国内分布于西南。

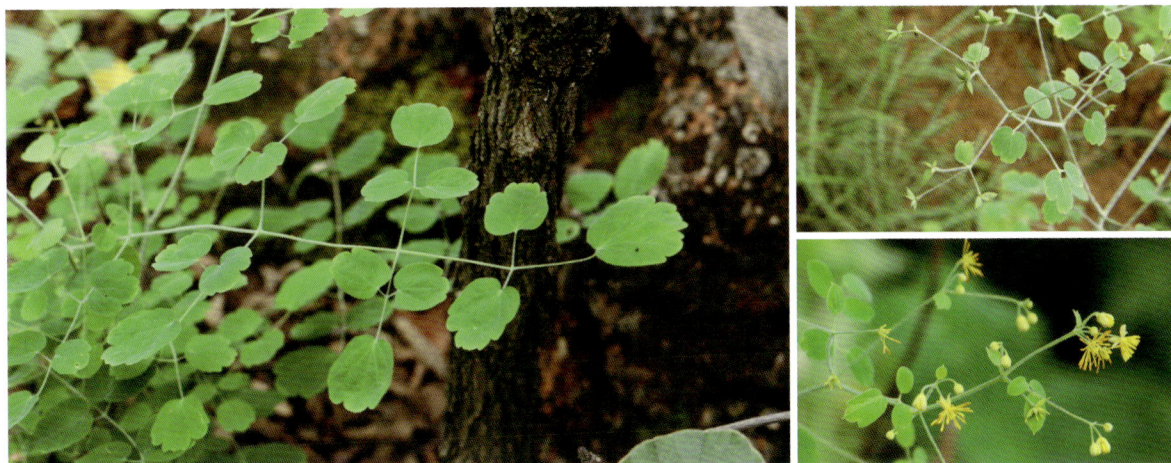

黄杨 *Buxus sinica* (Rehder et E. H. Wilson) M. Cheng

黄杨科 Buxaceae

灌木或小乔木，高1~6m。枝条圆柱形，有纵棱，无毛。叶革质，阔椭圆形、阔倒卵形或长圆形，顶端圆或钝，基部圆或急尖或楔形，叶面光亮；叶柄被毛。花序腋生，头状，花密集，花单性。蒴果近球形。

分布于矿山迹地植被恢复区。

佛甲草 *Sedum lineare* Thunb.

景天科 Crassulaceae

多年生草本，全株无毛。茎高10~20cm。3叶轮生，少有4叶轮或对生的；叶条形，长20~25mm，宽约2mm。花序聚伞状，顶生，中央有1朵有短梗的花，另有2~3个分枝，分枝常再2个分枝；萼片5枚；花瓣5枚，黄色；雄蕊10枚，较花瓣短；鳞片5枚。蓇葖果叉开，长4~5mm。

分布于丰家梁子等地。国内分布于华东、西南、华中、华南、西北。

✦ 距萼景天 *Sedum nothodugueyi* K. T. Fu

景天科 Crassulaceae

　　多年生草本，高3～6cm。根状茎直立，粗壮。花茎帚状丛生。叶狭三角状披针形或狭三角状条形，长2～6mm，宽0.7～1mm，先端渐尖，基部有宽而钝和三浅裂的距。花序伞房状，苞片叶状；花为稍不等的五基数；萼片狭披针形，长5～5.6mm；花瓣黄色，披针形，长6～6.5mm，基部略合生；雄蕊10枚，2轮。

　　分布于丰家梁子等地。国内分布于西南。

✦ 石莲 *Sinocrassula indica* (Decne.) A. Berger

景天科 Crassulaceae

　　二年生草本，无毛。花茎直立，高15～60cm，常被微乳头状突起。基生叶莲座状，匙状长圆形，长3.5～6cm；茎生叶互生，倒披针形至倒卵形，上部的渐缩小。花序圆锥状或近伞房状；萼片5枚；花瓣5枚，红色，披针形至卵形，长4～5mm；雄蕊5枚；心皮5枚，基部合生。蓇葖果的喙反曲。

　　分布于滤水崖、环行便道、金家村、硝厂沟等地。国内分布于西北、西南、华中。

✦ 酸蔹藤 *Ampelocissus artemisiifolia* Planch.

葡萄科 Vitaceae

　　木质藤本。小枝有纵棱，密被白色绒毛。卷须2叉分枝，相隔2节间断与叶对生。叶为3枚小叶掌状复叶，小叶背面具白色蛛丝状绒毛，边缘有锯齿；小叶柄被白色蛛丝状绒毛。复二歧聚伞花序与叶对生，基部分枝为一卷须。浆果近球形，有种子2～3颗。种子长椭圆形。

　　分布于滤水崖、环行便道、金家村等地。国内分布于西南。

✦ 狭叶蛇葡萄 *Ampelopsis delavayana* var. *tomentella* (Diels et Gilg) C. L. Li

葡萄科 Vitaceae

　　木质藤本。小枝、叶柄和小叶被毡毛或长柔毛。卷须2～3叉分枝，相隔2节间断与叶对生。叶为掌状，具3～7枚小叶，小叶披针形或狭披针形。多歧聚伞花序与叶对生，花序梗长2～4cm，被短柔毛；萼碟形，边缘呈波状浅裂；花瓣5枚；雄蕊5枚；花盘明显，5浅裂。浆果近球形，直径0.8cm，有种子2～3颗。

　　分布于竹林坡等地。国内分布于华中、西南。

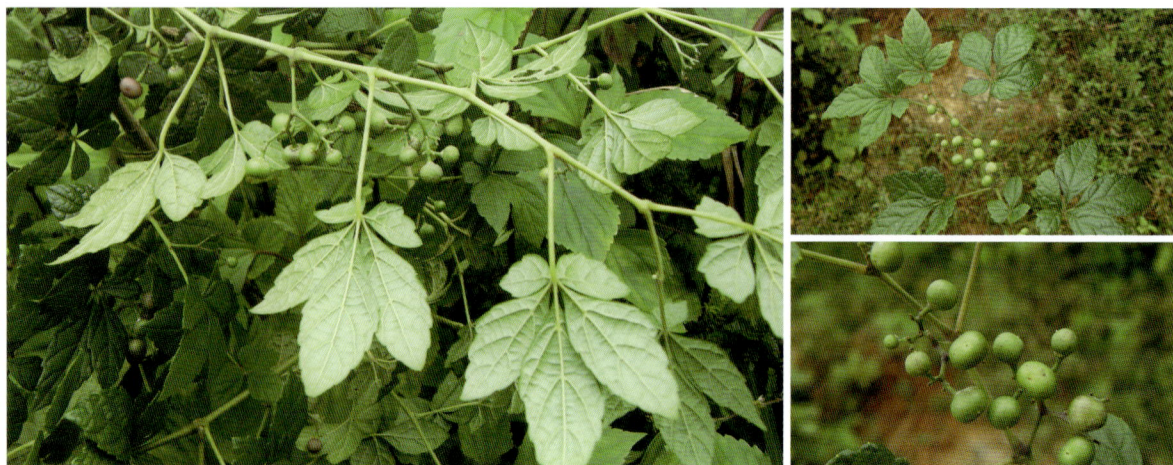

✦ 毛叶蛇葡萄 *Ampelopsis mollifolia* W. T. Wang

葡萄科 Vitaceae

木质藤本。小枝圆柱形，有纵棱，密被灰白色长柔毛。叶卵圆形，顶端急尖，基部阔楔形或近截形，边缘每侧有12～16个圆齿，密被灰色柔毛；基出脉3条，中央脉有侧脉3～4对；叶柄密被灰白色长柔毛；托叶膜质，被灰白色短柔毛。花序为多歧或复二歧聚伞花序，与叶对生；花序梗密被灰白色长柔毛；花梗无毛；萼碟形，边缘呈波状浅裂，无毛；花瓣5枚，卵形，无毛；雄蕊5枚，花药卵圆形，长宽近相等；花盘发达，五浅裂。

分布于金家村等地。国内分布于西南。

✦ 短柄乌蔹莓

Causonis cardiospermoides (Planch. ex Franch.) G. Parmar et L. M. Lu

葡萄科 Vitaceae

草质藤本。小枝圆柱形，有纵棱。卷须不分枝，相隔2节间断与叶对生。叶为鸟足状3～5～7～9小叶，小叶不裂或三深裂，裂片条状披针形或椭圆形，中央小叶长3～8cm，边缘有圆锯齿，上面无毛，下面脉上被短柔毛。复二歧聚伞花序腋生；萼浅碟形；花瓣4枚；雄蕊4枚；花盘发达，4浅裂。浆果近球形，直径0.8～1cm，有种子2～3颗。

分布于丰家梁子、庙子等地。国内分布于西南。

乌蔹莓 *Causonis japonica* (Thunb.) Raf.

葡萄科 Vitaceae

草质藤本。小枝圆柱形，有纵棱。卷须2～3叉分枝。鸟足状复叶具5枚小叶，中央小叶椭圆形至椭圆状披针形，先端渐尖，基部楔形或宽圆。复二歧聚伞花序腋生；花萼碟形；花瓣三角状宽卵形；雄蕊4枚；花盘发达。浆果球形，径约1cm，有种子2～4颗。种子倒三角状卵圆形，腹面两侧洼穴从近基部向上达种子顶端。花期3—8月，果期8—11月。

分布于竹林坡等地。国内分布于华中、华南、华东、西南、西北、华北。

三叶地锦 *Parthenocissus semicordata* (Wall.) Planch.

葡萄科 Vitaceae

木质藤本。小枝圆柱形，嫩时被疏柔毛。卷须总状4～6分枝，嫩时顶端尖细而微卷曲，后遇附着物时扩大成吸盘。叶为复叶，具3枚小叶；侧生小叶卵状椭圆形或长椭圆形，长5～10cm，先端短尾尖，基部不对称，下面中脉及侧脉被短柔毛；叶柄长3.5～15cm，被疏短柔毛。多歧聚伞花序着生在短枝上，花序基部分枝，主轴不明显；花瓣卵状椭圆形。浆果近球形，直径6～8mm，成熟时黑褐色，有种子1～2颗。

分布于竹林坡等地。国内分布于西北、西南、华中、华南。

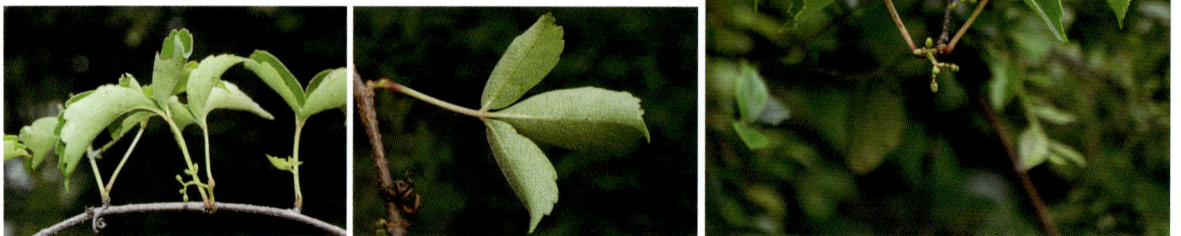

地锦 *Parthenocissus tricuspidata* (Siebold et Zucc.) Planch.

葡萄科 Vitaceae

　　木质藤本。小枝圆柱形，几无毛或微被疏柔毛。卷须5~9分枝，相隔2节间断与叶对生，顶端遇附着物扩大成吸盘。叶为单叶，倒卵圆形，通常着生在短枝上为3浅裂，边缘有粗锯齿；叶柄无毛或疏生短柔毛。多歧聚伞花序着生在短枝上；萼碟形，边缘全缘或呈波状，无毛；花瓣5枚，长椭圆形，无毛；雄蕊5枚，花药长椭圆卵形，花盘不明显；子房椭球形，花柱明显，基部粗，柱头不扩大。果实球形，有种子1~3颗。种子倒卵圆形，顶端圆形，基部急尖成短喙。

　　分布于矿山迹地植被恢复区。

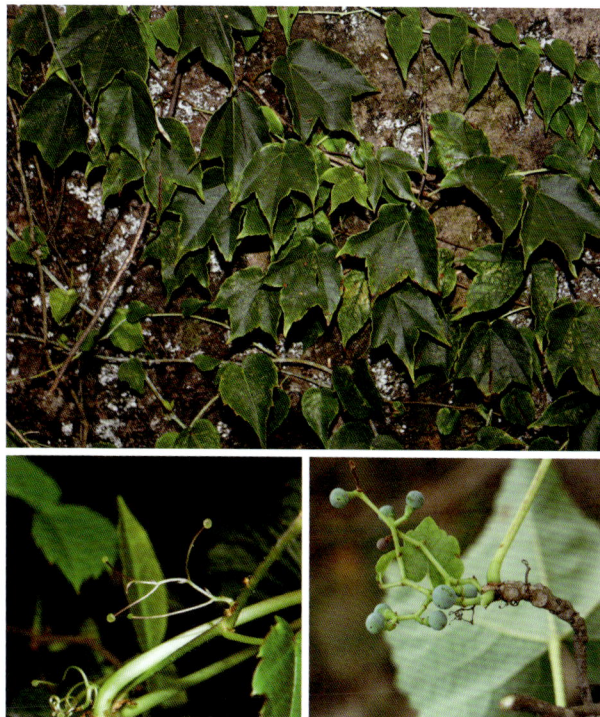

✦ 菱叶崖爬藤 *Tetrastigma triphyllum* (Gagnep.) W. T. Wang

葡萄科 Vitaceae

　　草质或半木质藤本。小枝圆柱形，有纵棱纹，无毛。卷须4~7掌状分枝。叶为3枚小叶，小叶菱状卵圆形或椭圆形，顶端渐尖或急尖，中央小叶基部楔形，外侧小叶基部不对称，近圆形，两面无毛。复伞形花序在侧枝上假顶生；花序梗、花梗无毛；萼浅碟形，边缘有4个小齿，外面无毛；花瓣4枚，椭圆形，外面无毛；雄蕊4枚，花丝丝状，花药黄色，长椭圆形；花盘明显，4浅裂，在雌花中较薄，呈环状；子房锥形，下部与花盘合生，花柱不明显，柱头扩大，4裂。浆果球形。

　　分布于丰家梁子、竹林坡等地。国内分布于西南。

葛藟葡萄 *Vitis flexuosa* Thunb.

葡萄科 Vitaceae

木质藤本。小枝嫩时被蛛丝状绒毛。卷须2叉分枝。叶卵形或三角状卵形，长2.5～12cm，边缘每侧有5～12个锯齿。圆锥花序疏散，与叶对生；花瓣5枚，呈帽状黏合脱落；雄蕊5枚，在雌花内短小，败育；花盘发达，5裂；雌蕊1枚，在雄花中退化。浆果球形，直径0.8～1cm。种子倒卵状椭圆形。

分布于丰家梁子、牛坪子、瀽水崖等地。国内分布于华东、西南、西北、华南、华中。

毛葡萄 *Vitis heyneana* Roem. et Schult.

葡萄科 Vitaceae

木质藤本。卷须2叉分枝，密被绒毛。叶卵圆形、长卵状椭圆形或五角状卵形，长4～12cm，先端急尖或渐尖，基部浅心形，每边有9～19个尖锐锯齿，上面疏被蛛丝状绒毛，下面密被灰或褐色绒毛，后变无毛，基出脉3～5条；叶柄长2.5～6cm，密被蛛丝状绒毛。圆锥花序疏散，与叶对生，分枝发达；花萼碟形，边缘近全缘；花瓣呈帽状黏合脱落，花盘5裂。浆果圆球形，成熟时紫黑色。种子倒卵形，顶端圆形，基部有短喙。

分布于瀽水崖、丰家梁子等地。国内分布于华中、华南、西南、西北、华东、华北。

台湾相思 *Acacia confusa* Merr.

豆科 Fabaceae

　　常绿乔木。小叶退化，叶柄变为叶状柄，革质，披针形，直或微呈弯镰状，两面无毛，有明显的纵脉3～5条。头状花序球形，单生或2～3个簇生于叶腋；花金黄色；雄蕊多数，明显超出花冠之外。荚果扁平，于种子间微缢缩。种子2～8颗，椭圆形，压扁。

　　分布于猴子沟、银厂沟等地。国内分布于华中、华东、华南、西南。

珍珠相思 *Acacia podalyriifolia* A. Cunn. ex G. Don

豆科 Fabaceae

　　常绿灌木或小乔木，高6～9m，无刺。树干分枝低；小枝和叶被柔毛。单叶，无柄，卵形，长2.5～4cm，具1条脉。头状花序；花黄色。荚果扁平，具短柄，长圆形。

　　分布于矿山迹地植被恢复区。

山槐 *Albizia kalkora* (Roxb.) Prain

豆科 Fabaceae

落叶小乔木或灌木。二回羽状复叶，羽片2～4对；小叶5～14对，长圆形，长1.8～4.5cm，基部不等侧，两面密生短柔毛。头状花序2～4个生于叶腋或多个排成顶生的圆锥花序；花白色，后变黄色；雄蕊基部合生成管状。荚果带状，长7～17cm，宽1.5～3cm。

分布于滤水崖、环行便道、防火步道、银厂沟、松坪子等地。国内分布于华中、华南、华北、西南、华东、西北。

土圞儿 *Apios fortunei* Maxim.

豆科 Fabaceae

缠绕草本。有球状或卵状块根。茎被白色稀疏短硬毛。奇数羽状复叶，具3～7枚小叶；小叶卵形，长3～7.5cm，上面被极稀疏的短柔毛，下面近于无毛。总状花序腋生；花带黄绿色或淡绿色，花萼稍呈二唇形；旗瓣圆形，较短，翼瓣长圆形，龙骨瓣最长，卷成半圆形；子房有疏短毛，花柱卷曲。荚果长约8cm。

分布于庙子等地。国内分布于华中、华东、西南、华南、西北。

红花羊蹄甲 *Bauhinia × blakeana* Dunn

豆科 Fabaceae

乔木。分枝多。小枝和叶柄被毛。叶革质，近圆形或阔心形，基部心形，有时近平截，先端2裂，裂片顶钝或狭圆，上面无毛，下面疏被短柔毛。总状花序顶生或腋生，有时复合成圆锥花序，被柔毛；花蕾纺锤形；萼佛焰状，有淡红色和绿色线条；花瓣红紫色，具短柄，倒披针形，近轴的一片中间至基部呈深紫红色；能育雄蕊5枚，其中3枚较长；退化雄蕊2～5枚，丝状；子房具长柄，被短柔毛。

分布于猴子沟。

鞍叶羊蹄甲 *Bauhinia brachycarpa* Wall. ex Benth.

豆科 Fabaceae

直立或攀援小灌木。叶近圆形，长3～6cm，先端2裂达中部。伞房式总状花序侧生，有密集的花10余朵；萼佛焰状，裂片2枚；花瓣白色，具羽状脉；能育雄蕊通常10枚，其中5枚较长；子房被绒毛，具短的子房柄。荚果长圆形，扁平，成熟时开裂，开裂后扭曲。种子2～4颗，卵形，褐色。

除丰家梁子外，苏铁自然保护区内均有分布。国内分布于西北、华中、西南、华南。

宫粉羊蹄甲 *Bauhinia variegata* L.

豆科 Fabaceae

　　落叶乔木。树皮暗褐色，近光滑。叶近革质，广卵形至近圆形，宽度常超过长度，基部浅至深心形，有时近截形，先端2裂达叶长的1/3，裂片阔，钝头或圆，两面无毛或下面略被灰色短柔毛。总状花序侧生或顶生，被灰色短柔毛；花大，近无梗；萼佛焰苞状，被短柔毛，一侧开裂；花瓣具瓣柄，紫红色或淡红色，杂以黄绿色及暗紫色的斑纹。荚果带状，扁平，具长柄及喙。种子近圆形。

　　分布于矿山迹地植被恢复区。

蔓草虫豆 *Cajanus scarabaeoides* (L.) Thouars

豆科 Fabaceae

　　蔓生或缠绕状草质藤本。茎具细纵棱，多少被绒毛。叶具3枚小叶。总状花序腋生，有花1~5朵；花萼钟状；花冠黄色，旗瓣有暗紫色条纹；雄蕊二体。荚果长圆形，密被长毛，种子间有横缢线。种子3~7颗，黑褐色，有凸起的种阜。

　　分布于猴子沟、庙子、牛坪子、四二四坟地等地。国内分布于华东、华南、西南。

✦ 香花鸡血藤

Callerya dielsiana (Harms ex Diels) L. K. Phan ex Z. Wei et Pedley

豆科 Fabaceae

　　攀援灌木。茎灰黄色。复叶，具5枚小叶，叶轴长15～30cm；小叶披针形、长圆形或窄长圆形，长5～15cm。圆锥花序顶生，长10～25cm，被黄色微柔毛；花冠紫色，旗瓣阔卵形，外被绢毛，基部近心形；子房条形，被毡毛。荚果条形至长圆形，扁平，被灰色毡毛。

　　分布于牛坪子等地。国内分布于华中、华南、西南、西北、华东。

细花梗笕子梢　*Campylotropis capillipes* (Franch.) Schindl.

豆科 Fabaceae

　　落叶灌木，高1～2m。小枝有细纵棱，嫩枝毛密。羽状复叶具3枚小叶；小叶倒卵形或近椭圆形，长10～25mm，先端圆形或微缺，两面均贴生微柔毛；托叶条状钻形。总状花序单一或有时2个腋生并顶生，具数朵花；花冠紫色或紫红色；子房边缘有毛。荚果略呈长圆形，两面稍凸，先端具短喙尖，基部具果颈。

　　分布于庙子等地。国内分布于华南、西南。

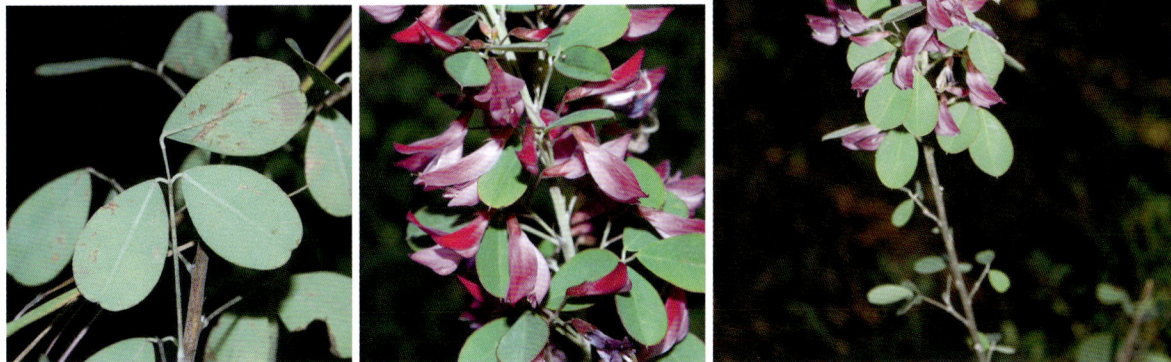

✦ 西南筅子梢 *Campylotropis delavayi* (Franch.) Schindl.

豆科 Fabaceae

落叶灌木，高1～3m。全株除小叶上面及花冠外均密被灰白色绢毛。羽状复叶具3枚小叶；小叶宽倒卵形、宽椭圆形或倒心形，长2.5～6cm；托叶披针状钻形。总状花序通常单一腋生并顶生，有时花序轴再分枝，常于顶部形成无叶的较大圆锥花序；花冠深堇色或红紫色。荚果压扁而两面凸，表面被短绢毛。

分布于丰家梁子、庙子、环行便道等地。国内分布于西南。

✦ 滇筅子梢 *Campylotropis yunnanensis* (Franch.) Schindl.

豆科 Fabaceae

落叶灌木，高1～2m。小枝细，有棱。羽状复叶具3枚小叶；小叶狭长圆形或狭卵状长圆形，长3～8cm，先端通常圆形，有时微凹或稍尖；托叶披针状钻形或近披针形，长3～6mm。总状花序通常单一腋生并顶生，稀有分枝，花序长1.5～15cm；苞片披针状钻形，早落；花冠粉红色或近白色，龙骨瓣呈锐角或近直角内弯。荚果椭圆形，长8～12mm。

分布于牛坪子等地。国内分布于西南。

腊肠树 *Cassia fistula* L.

豆科 Fabaceae

落叶小乔木或中等乔木，高可达15m。叶长30～40cm，有小叶3～4对；小叶对生，薄革质，阔卵形、卵形或长圆形，顶端短渐尖而钝，基部楔形，边全缘；叶脉纤细，两面均明显。总状花序疏散、下垂；花与叶同时开放；萼片长卵形、薄，开花时向后反折；花瓣黄色，倒卵形，具明显的脉；雄蕊10枚，其中3枚具长而弯曲的花丝，高出于花瓣。荚果圆柱形，长30～60cm，黑褐色，不开裂，有3条槽纹。

分布于矿山迹地植被恢复区。

豆茶山扁豆 *Chamaecrista nomame* (Makino) H. Ohashi

豆科 Fabaceae

一年生草本，高30～60cm。羽状复叶有小叶8～28对，在叶柄的上端有黑褐色、盘状、无柄腺体1枚；小叶舌状披钅形，长5～9mm。花生于叶腋，具梗，单生或2朵至数朵组成短的总状花序；花瓣5枚，黄色；雄蕊4枚，有时5枚。荚果扁平，开裂，长3～8cm，有种子6～12颗。

分布于丰家梁子、竹林坡等地。国内分布于华东、华中、西南、东北、华南、华北。

长萼猪屎豆 *Crotalaria calycina* Schrank

豆科 Fabaceae

　　多年生直立草本，高30～80cm。茎密被粗糙的褐色长柔毛。单叶，近无柄，长圆状条形或条状披针形，长3～12cm。总状花序顶生，稀腋生，有花3～12朵；花萼二唇形，深裂；花冠黄色，全部包于萼内；龙骨瓣近直生，具长喙。荚果圆形，长约1.5cm，无毛，具种子20～30颗。

　　分布于金家村等地。国内分布于华东、华南、西南。

线叶猪屎豆 *Crotalaria linifolia* L. f.

豆科 Fabaceae

　　多年生草本。茎密被丝质短柔毛。单叶，倒披针形或长圆形，长2～5cm，宽0.5～1.5cm，两面被丝质柔毛。总状花序顶生或腋生，有花多朵；花萼二唇形，深裂；花冠黄色，旗瓣基部边缘被毛，龙骨瓣近直生，具长喙。荚果四角菱形，无毛，具种子8～10颗。

　　分布于环行便道等地。国内分布于华中、华南、西南。

假苜蓿 *Crotalaria medicaginea* Lam.

豆科 Fabaceae

　　直立或铺地散生草本。茎及分枝细弱，多分枝。三出复叶；小叶倒披针形或倒卵状披针形，长1～1.5cm，宽3～6mm，先端钝、截形或凹，基部楔形，上面无毛，下面密被丝状柔毛。总状花序顶生或腋生；花梗长2～3mm；花萼近钟形，长2～3mm，略被短柔毛，5裂；花冠黄色，旗瓣基部具胼胝体2枚，翼瓣长圆形，龙骨瓣约与旗瓣等长，具长喙，扭转。荚果圆球形，先端具短喙，被微柔毛，具种子2颗。

　　分布于丰家梁子、环行便道、金家村、牛坪子、竹林坡等地。国内分布于华南、西南。

猪屎豆 *Crotalaria pallida* Aiton

豆科 Fabaceae

　　多年生草本。枝圆柱形，具纵棱，密被贴伏毛。三出复叶；小叶长圆形，长3～6cm。总状花序顶生，长约20cm，有花10～40朵；花萼近钟形，5裂，密被毛；花冠黄色，伸出萼外，旗瓣基部具胼胝体2枚，龙骨瓣最长，弯曲，具长喙，基部边缘具柔毛；子房无柄。荚果长圆形，具种子20～30颗。

　　分布于猴子沟、科普区等地。国内分布于华中、华东、华南、西南。

四棱猪屎豆 *Crotalaria tetragona* Roxb. ex Andrews

豆科 Fabaceae

　　多年生高大草本，高达2m。茎四棱形，被丝质短柔毛。单叶，叶片长圆状条形，长10～20cm，两面被毛。总状花序顶生或腋生，有花6～10朵；花萼二唇形；花冠黄色，旗瓣基部具2枚胼胝体，龙骨瓣与旗瓣等长，具喙，伸出萼外；子房无柄。荚果长圆形，长4～5cm，密被棕黄色绒毛，具种子10～20颗。

　　分布于澽水崖、猴子沟等地。国内分布于华南、西南。

✦ 云南猪屎豆 *Crotalaria yunnanensis* Franch.

豆科 Fabaceae

　　多年生直立草本。地下根茎常很发达。单叶，叶长圆形或椭圆形，长2～3cm，两面被长柔毛；无托叶。总状花序顶生或腋生，有花5～20朵；花萼二唇形，密被褐色长柔毛；花冠黄色，龙骨瓣与翼瓣近等长，弯曲，中部以上变狭形成长喙。荚果短圆柱形，长约1cm，无毛。

　　分布于丰家梁子、庙子等地。国内分布于西南。

秧青 *Dalbergia assamica* Benth.

濒危（EN）

豆科 Fabaceae

乔木，高7～10m。羽状复叶长25～35cm；小叶6～10对，长圆形或长圆状椭圆形，长3～6cm，宽1.5～3cm，长为宽的1.5～2倍，两面疏被伏贴短柔毛，上面渐变无毛；托叶叶状，脱落。圆锥花序腋生；总花梗、花序分枝和花梗均密被黄褐色绒毛；基生小苞片和副萼状小苞片卵形，被毛，脱落；花萼钟状；花冠白色，内面有紫色条纹，旗瓣圆形，反折，翼瓣阔卵形，龙骨瓣半月形，与翼瓣内侧同具下向的耳；二体雄蕊（5＋5）；子房被柔毛，花柱锥状，柱头微小。荚果阔舌状，长圆形至带状，果瓣革质，有种子1～4颗。种子肾形，扁平。

分布于银厂沟等地。国内分布于华中、华东、华南、西南。

✦ 钝叶黄檀 *Dalbergia obtusifolia* (Baker) Prain

濒危（EN）

豆科 Fabaceae

乔木，高13～17m。羽状复叶长20～30cm；小叶2～3对，椭圆形、倒卵形或近圆形，顶生小叶较大，长5～14cm，宽4.5～8cm，长宽近相等或长略大于宽，两面无毛；托叶早落。圆锥花序顶生或腋生；总花梗和花梗被黄色短柔毛；花萼钟状，萼齿5枚，卵形；花冠淡黄色，旗瓣长圆形，翼瓣与背弯拱的龙骨瓣均于内侧基部具下向钝耳；雄蕊10枚，单体。荚果长圆形至带状，果瓣革质，有种子1～2颗。种子肾形，种皮棕色，平滑。

分布于科普区等地。国内分布于西南。

滇黔黄檀 *Dalbergia yunnanensis* Franch.

豆科 Fabaceae

　　大藤本，有时呈大灌木或小乔木状。茎匍匐状，枝有时为螺旋钩状。羽状复叶长20～30cm；小叶7～9对，长圆形，小叶较小，长2.5～7.5cm，宽1.2～3.3cm，两端圆形，有时先端微缺，两面被伏贴细柔毛，下面中脉上毛较密。聚伞状圆锥花序生于上部叶腋；花冠白色，旗瓣阔倒卵状长圆形；雄蕊9枚，单体。荚果椭圆形，有种子1（2～3）颗。种子圆肾形，扁平。

　　分布于滤水崖、金家村、硝厂沟、牛坪子、银厂沟、丰家梁子、竹林坡等地。国内分布于华南、西南。

凤凰木 *Delonix regia* (Bojer) Raf.

豆科 Fabaceae

　　落叶乔木，无刺，高达20m。叶为二回偶数羽状复叶，长20～60cm；羽片对生，15～20对；小叶25对，长4～8mm，两面被绢毛，边全缘；具托叶。伞房状总状花序顶生或腋生；花大而美丽，鲜红至橙红色；萼片5枚；花瓣5枚，红色，具黄色及白色花斑；雄蕊10枚。荚果带形，扁平，长30～60cm。种子20～40颗，横长圆形，坚硬。

　　分布于矿山迹地植被恢复区。

刺桐 *Erythrina variegata* L.

豆科 Fabaceae

大乔木，高可达20m。树皮灰褐色，枝有明显叶痕及短圆锥形的黑色直刺。羽状复叶具3枚小叶，常密集枝端；叶柄长10～15cm，通常无刺；小叶膜质，宽卵形或菱状卵形，先端渐尖而钝，基部宽楔形或截形；小叶柄基部有1对腺体状的托叶。总状花序顶生，上有密集、成对着生的花；总花梗木质，粗壮，具短绒毛；花萼佛焰苞状，口部偏斜，一边开裂；花冠红色；花柱无毛。荚果黑色，肥厚，长15～30cm。

分布于猴子沟和矿山迹地植被恢复区等地。

旱地千斤拔 *Flemingia vestita* Benth. ex Baker

豆科 Fabaceae

蔓生草本。多分枝，密被毛。叶具指状3枚小叶，长3.5～8cm；小叶倒卵形至圆形，先端钝，基部宽楔形，侧生小叶偏斜；托叶宿存，卵形至卵状披针形。头状花序顶生，有花2～6朵；苞片集生于花序梗基部，卵形至卵状披针形，密被毛；花萼长8mm，密被毛；花冠紫红色；龙骨瓣镰状。荚果疏被毛，与橘红色腺体混生。种子1颗，有细毛。

分布于硝厂沟等地。国内分布于西南。

米口袋 *Gueldenstaedtia verna* (Georgi) Boriss.

豆科 Fabaceae

多年生草本。奇数羽状复叶长2～20cm；小叶5～19枚，椭圆形、狭倒卵形至长圆形，长5～25mm；托叶宿存，三角形或卵形，基部合生。叶柄、叶、托叶、花萼、花梗均有长柔毛。伞形花序有2～8朵花；花冠紫红色、紫色、粉色或白色；旗瓣卵形；翼瓣倒卵形，具爪；龙骨瓣较短，倒卵形或卵形。荚果圆筒状或狭倒卵球形，形似口袋，长17～22mm，密被长柔毛，后变无毛。种子肾形。

分布于丰家梁子、竹林坡等地。国内分布于东北、华北、西北、华东、西南。

✦ 绢毛木蓝 *Indigofera hancockii* Craib

豆科 Fabaceae

灌木，高0.5～1.8m。茎淡褐色，具稀疏皮孔，幼枝初密生白色和褐色平贴"丁"字毛，后渐变无毛。奇数羽状复叶长6～9cm；小叶4～9对，狭椭圆形，长6～12mm；托叶披针形。总状花序长6～12cm；花萼钟状，具三角状披针形齿，有毛；花冠紫红色，旗瓣椭圆形，龙骨瓣中上部有毛；子房有毛。荚果条状圆柱形，长3～4cm，疏被毛。

分布于丰家梁子、竹林坡等地。国内分布于西南。

单叶木蓝 *Indigofera linifolia* (L. f.) Retz.

豆科 Fabaceae

多年生草本，高30～40cm。茎平卧或上升，基部分枝，枝细瘦，有2棱，被绢丝状平贴"丁"字毛。叶为单叶，条形、长圆形至披针形，长8～20mm，宽2～4mm；近无柄；托叶小。总状花序较叶短，有花3～8朵，密集；花冠紫红色，旗瓣椭圆形至近圆形。荚果球形，有白色细柔毛，具1颗种子。

分布于金家村、四二四坟地、竹林坡、科普区、银厂沟等地。国内分布于华南、西南。

网叶木蓝 *Indigofera reticulata* Franch.

豆科 Fabaceae

亚灌木，高10～30cm。枝纤细，具棱，被棕色"丁"字毛。奇数羽状复叶；小叶2～6对，对生，下面脉网明显；顶生小叶椭圆形，长5～17mm，宽3～7mm；托叶条形。总状花序长2～4cm；花萼外面被毛；花冠紫红色；旗瓣长6～7mm。荚果圆柱形，被短"丁"字毛，内果皮具斑点。种子赤褐色，椭球形。

分布于丰家梁子等地。国内分布于西南。

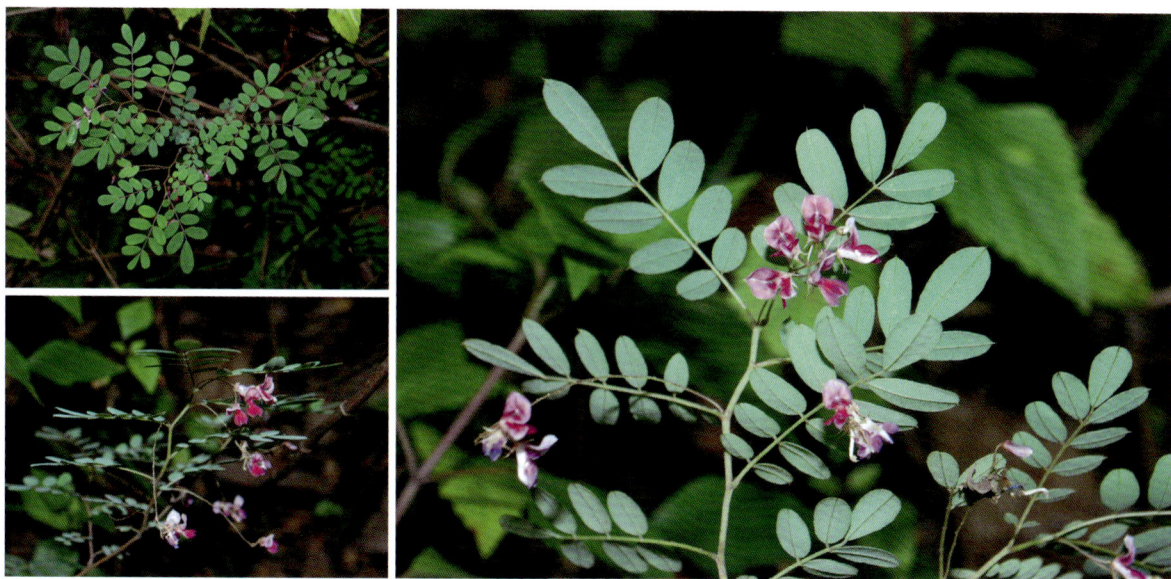

腺毛木蓝 *Indigofera scabrida* Dunn

豆科 Fabaceae

　　直立灌木，高达80cm。枝、叶轴、叶缘、花序、苞片及萼片均有红色有柄头状腺毛。奇数羽状复叶；小叶3～5对，对生，椭圆形至倒卵形，长1～3cm；托叶条形。总状花序长6～12cm，花疏生；萼齿条形；旗瓣倒卵状椭圆形，外面有柔毛，翼瓣与旗瓣等长，龙骨瓣有距；子房条形，有毛。荚果条形，长1.8～3cm，具种子9～10颗。

　　分布于丰家梁子、松坪子等地。国内分布于西南。

小叶细蚂蟥 *Leptodesmia microphylla* (Thunb.) H. Ohashi et K. Ohashi

豆科 Fabaceae

　　多年生草本。茎纤细，多分枝。叶为羽状三出复叶，或有时仅为单小叶；小叶倒卵状长椭圆形，长6～12mm，全缘。总状花序顶生或腋生，被黄褐色开展柔毛；有花6～10朵，花小；花冠粉红色，与花萼近等长。荚果长约12mm，通常有荚节3～4个；荚节近圆形，扁平。

　　分布于丰家梁子、金家村、四二四坟地等地。国内分布于华中、华东、西南、华南。

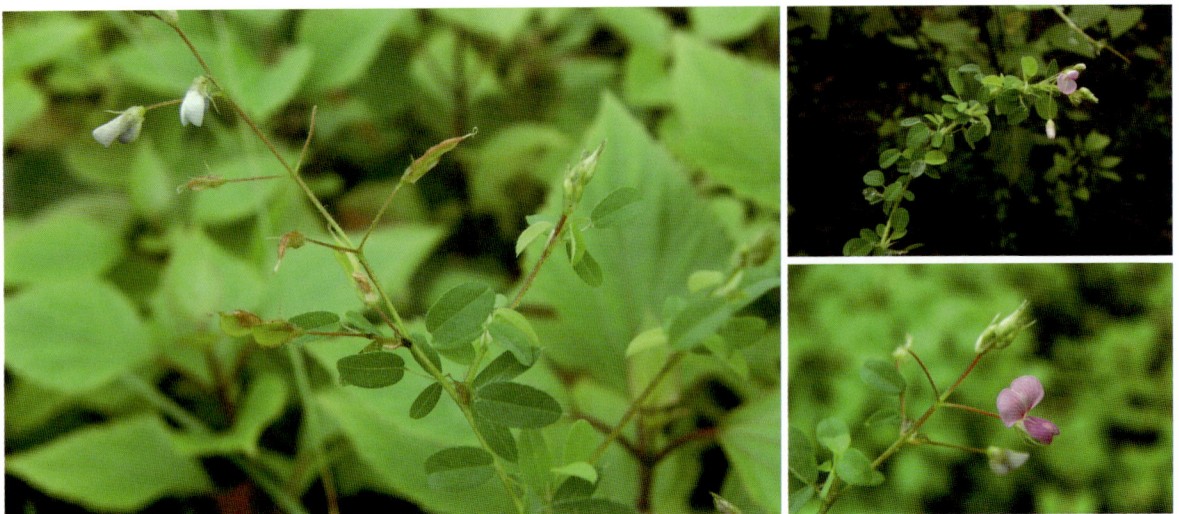

截叶铁扫帚 *Lespedeza cuneata* (Dum. Cours.) G. Don

豆科 Fabaceae

小灌木，高达1m。茎被毛。三出复叶，叶密集，柄短；小叶楔形，长1～3cm，下面密被伏毛。总状花序腋生，具2～4朵花；小苞片卵形或狭卵形，长1～1.5mm；花萼狭钟形，密被伏毛，五深裂；花冠淡黄色或白色，旗瓣基部有紫斑，有时龙骨瓣先端带紫色；闭锁花簇生于叶腋。荚果宽卵形或近球形，被伏毛，长2.5～3.5mm。

分布于丰家梁子、银厂沟等地。国内分布于西南、西北、华东、华南、华中。

银合欢 *Leucaena leucocephala* (Lam.) de Wit

豆科 Fabaceae

常绿灌木或小乔木，高2～6m。幼枝被短柔毛，无刺。二回羽状复叶；羽片4～8对，在最下一对羽片着生处有黑色腺体1枚；小叶5～15对，条状长圆形，长7～13mm；托叶三角形，小。头状花序通常1～2个腋生；花白色；花瓣狭倒披针形；雄蕊10枚；子房具短柄。荚果带状，长10～18cm。种子6～25颗，卵形，扁平，光亮。

分布于猴子沟、金家村、四二四坟地、环行便道、银厂沟、松坪子、防火步道等地。国内分布于华中、华东、华南、西南。

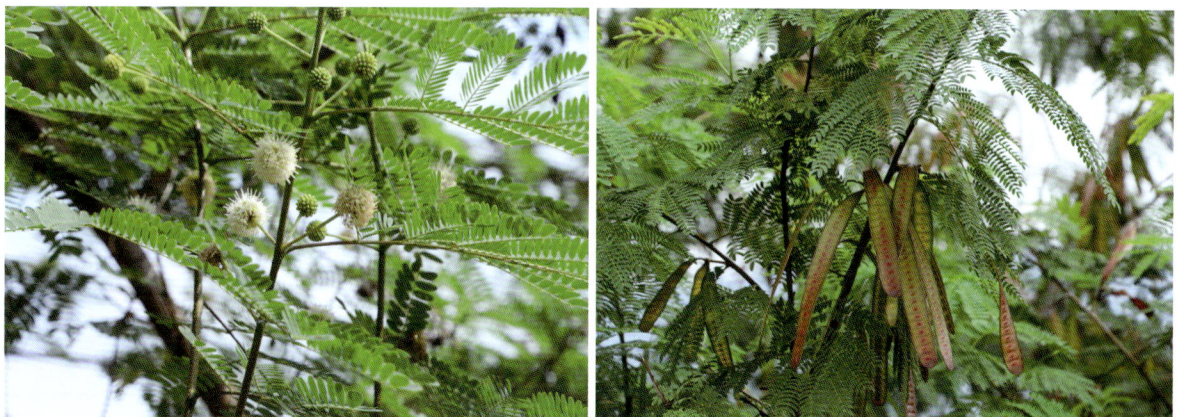

天蓝苜蓿 *Medicago lupulina* L.

豆科 Fabaceae

　　草本，高15～60cm。羽状三出复叶；小叶倒卵形、阔倒卵形或倒心形，长5～20mm，宽4～16mm，边缘在上半部具不明显尖齿，两面均被毛；托叶卵状披针形。头状花序；总花梗比叶长，密被贴伏柔毛；花萼钟形，密被毛；花冠黄色，旗瓣近圆形，顶端微凹，冀瓣和龙骨瓣近等长，均比旗瓣短；子房阔卵形，荚果肾形，表面具同心弧形脉纹，被稀疏毛，熟时变黑；有种子1颗。种子卵形，褐色，平滑。

　　分布于矿山迹地植被恢复区。全国广布。

龙须藤 *Phanera championii* Benth.

豆科 Fabaceae

　　攀援藤本，有卷须。叶卵形或心形，长3～10cm，先端锐渐尖、圆钝、微凹或2裂，上面无毛，下面被紧贴的短柔毛。总状花序狭长，腋生；萼片披针形；花瓣白色，具瓣柄；能育雄蕊3枚；退化雄蕊2枚；子房具短柄。荚果倒卵状长圆形或带状，扁平，无毛。

　　分布于滤水崖、环行便道、牛坪子、松坪子等地。国内分布于华中、华东、西南、华南。

云南火索藤 *Phanera yunnanensis* (Franch.) Wunderlin

豆科 Fabaceae

攀援藤本。卷须成对。叶阔椭圆形，长2～4.5cm，全裂至基部，弯缺处有一刚毛状尖头。总状花序顶生或与叶对生；花瓣淡红色，上面3片各有3条玫瑰红色纵纹，下面2片中心各有1条纵纹；能育雄蕊3枚，不育雄蕊7枚，很短；子房无毛，有长柄，柱头头状。荚果带状长圆形，扁平。

分布于滤水崖、环行便道、庙子、牛坪子、防火步道、竹林坡等地。国内分布于西南。

蝉豆 *Pleurolobus gangeticus* (L.) J. St.-Hil. ex H. Ohashi et K. Ohashi

豆科 Fabaceae

直立或近直立亚灌木，高可达1m。茎稍具棱，被稀疏柔毛。托叶狭三角形或狭卵形；叶柄与小叶柄密被直毛和小钩状毛；叶具单小叶，小叶纸质，长椭圆状卵形，有时为卵形或披针形，先端急尖，基部圆形，上面中脉被毛，下面薄被灰色长柔毛；小托叶钻形。总状花序顶生或腋生；总花梗纤细，被短柔毛；苞片针状，脱落；花梗被毛；花萼宽钟状，被糙伏毛；花冠绿白色，旗瓣倒卵形，翼瓣长圆形，龙骨瓣狭倒卵形；二体雄蕊；子房条形，被毛。荚果密集，荚节被钩状短柔毛。

分布于银厂沟等地。国内分布于华中、华南、西南。

✦ 大花葛 *Pueraria grandiflora* B. Pan bis et Bing Liu

豆科 Fabaceae

　　藤本。具块根。茎被棕色长硬毛。羽状复叶具3枚小叶；托叶箭头形，小托叶披针形；顶生小叶卵形，长9～15cm，3裂，侧生的多少2裂。总状花序腋生；花3朵生于花序轴的每节上；花紫色或粉红色；花萼钟状；子房被短硬毛，几无柄。荚果带形，有种子9～12颗。种子卵形扁平，红棕色。

　　分布于滤水崖、金家村、硝厂沟等地。国内分布于西南。

小鹿藿 *Rhynchosia minima* (L.) DC.

豆科 Fabaceae

　　一年生草质藤本。茎缠绕，纤细，略被短柔毛。叶具羽状3枚小叶；托叶小，常早落；小叶膜质或近膜质，顶生小叶菱状卵形，长1.5～3cm。总状花序腋生，长5～11cm；花小，长约8mm，常略下弯；花冠黄色，伸出萼外，各瓣近等长。荚果倒披针形至椭圆形，被短柔毛，具种子1～2颗。

　　分布于四二四坟地等地。国内分布于西南、华中、华南。

鹿藿 *Rhynchosia volubilis* Lour.

豆科 Fabaceae

　　缠绕草质藤本，全株被柔毛。茎略具棱。叶为羽状或有时近指状3枚小叶；托叶小；小叶纸质，顶生小叶菱形或倒卵状菱形，长3～8cm，宽3～5.5cm，先端钝。总状花序1～3个腋生；花萼钟状；花冠黄色，龙骨瓣具喙；雄蕊二体。荚果长圆形，红紫色，极扁平，在种子间略收缩。种子通常2颗，黑色，光亮。

　　分布于丰家梁子、庙子、牛坪子等地。国内分布于华中、华东、西南、华南。

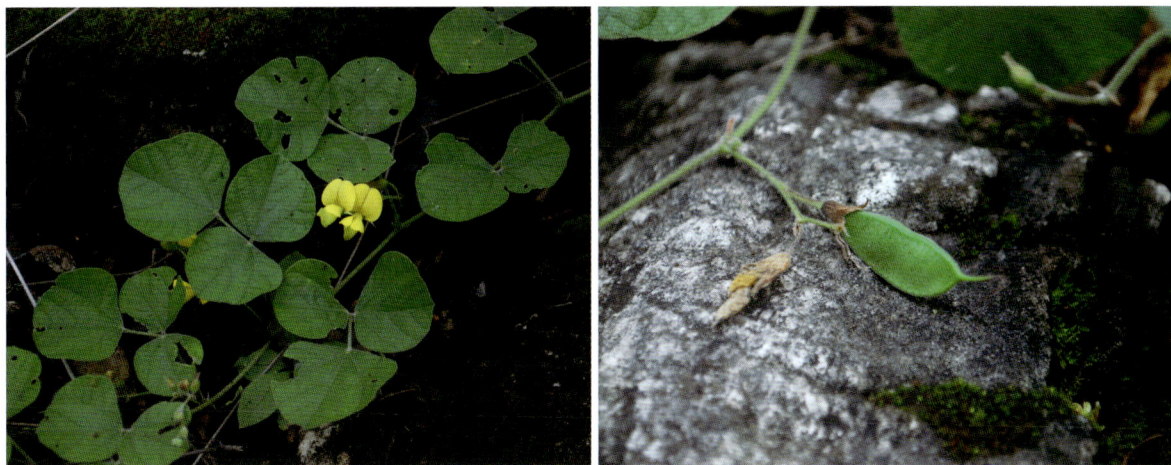

双荚决明 *Senna bicapsularis* (L.) Roxb.

豆科 Fabaceae

　　直立灌木，多分枝，无毛。羽状复叶长7～12cm；小叶3～4对，倒卵形或倒卵状长圆形，膜质，顶端圆钝，基部渐狭，偏斜，下面粉绿色，侧脉纤细，在近边缘处呈网结；在最下方的一对小叶间有黑褐色条形而钝头的腺体1枚。总状花序生于枝条顶端的叶腋间，常集成伞房花序状，长度约与叶相等；花鲜黄色；雄蕊10枚，7枚能育，3枚退化而无花药，能育雄蕊中有3枚特大，高出于花瓣，4枚较小，短于花瓣。荚果圆柱状，膜质，直或微曲，缝线狭窄。种子2列。

　　分布于矿山迹地植被恢复区。

✦ 白刺花 *Sophora davidii* (Franch.) Skeels

豆科 Fabaceae

灌木或小乔木，高1～4m。不育枝末端明显变成刺，有时分叉。羽状复叶；小叶5～9对，一般为椭圆状卵形；托叶钻状，部分变成刺，疏被短柔毛，宿存。总状花序着生于小枝顶端；花长约15mm；花萼钟状，蓝紫色，萼齿5枚，不等大，无毛；花冠白色或淡黄色，旗瓣倒卵状长圆形，翼瓣与旗瓣等长，倒卵状长圆形，具1个锐尖耳，龙骨瓣比翼瓣稍短，镰状倒卵形，具锐三角形耳；雄蕊10枚。荚果非典型串珠状。种子卵球形，深褐色。

分布于环行便道等地。国内分布于西南、华中、华北、西北、华东。

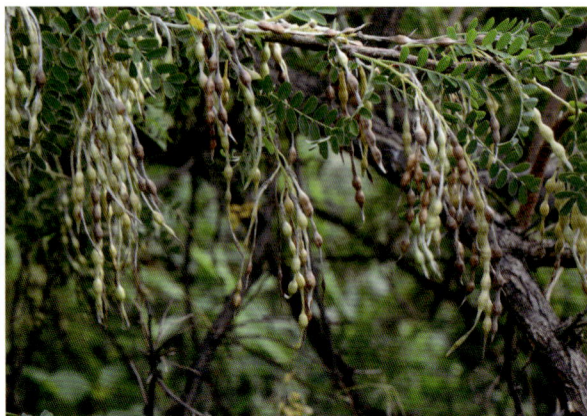

柳叶槐 *Sophora dunnii* Prain

豆科 Fabaceae

小灌木，高约2m。小枝、花序和叶轴被暗黄色或锈色绒毛。奇数羽状复叶；小叶7～11对，对生或近对生，卵状披针形，长25～35mm。总状花序与叶对生或假顶生，花多数；花萼钟状，略呈二唇形；花冠紫红色；雄蕊10枚，基部稍连合。荚果串珠状，有种子2～3颗，或稍多。种子长卵形，黄褐色或棕褐色。

分布于丰家梁子、庙子等地。国内分布于西南。

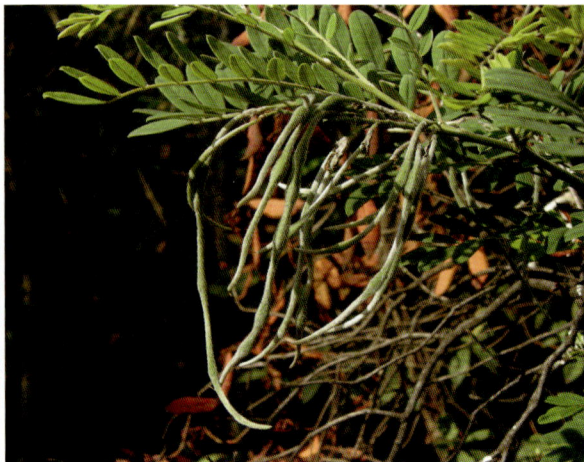

云南锥蚂蟥 *Sunhangia yunnanensis* (Franch.) H. Ohashi et K. Ohashi

豆科 Fabaceae

　　灌木，高1～3m。幼枝具棱，密被白色或灰白色绒毛，老时变无毛。叶为3枚小叶，或具单小叶；顶生小叶近圆形，长5～22cm，侧生小叶较小；托叶卵形，脱落。圆锥花序较大，顶生，长16～27cm，花2～6朵生于每一节上；花萼4裂；花冠粉红色或紫色；子房被柔毛。荚果扁平，有荚节4～7个，具网纹，幼时被毛，成熟时渐变无毛。

　　分布于苏铁自然保护区全区。国内分布于西南。

白灰毛豆 *Tephrosia candida* DC.

豆科 Fabaceae

　　灌木状草本，高1～3.5m。茎木质化，具纵棱。羽状复叶长15～25cm；小叶8～12对，长圆形，长3～6cm，上面无毛，下面密被平伏绢毛；小叶柄密被绒毛。总状花序顶生或侧生，长15～20cm；花萼阔钟状，密被绒毛，萼齿近等长，三角形；花冠淡黄色或淡红色，旗瓣外面密被白色绢毛，翼瓣和龙骨瓣无毛。荚果条形，密被褐色细绒毛，喙直，有种子10～15颗。种子橄榄色，具花斑，平滑，椭圆形，种脐稍偏，种阜环形，明显。

　　分布于科普区等地。国内分布于华东、华南、西南。

灰毛豆 *Tephrosia purpurea* (L.) Pers.

豆科 Fabaceae

多年生草本，高30～60cm。奇数羽状复叶；小叶4～10对，长圆状椭圆形，长15～35mm，下面被平伏短柔毛，侧脉清晰。总状花序顶生，花每节2～4朵；花冠淡紫色。荚果条形，长3～5cm，具种子6粒。种子灰褐色，具斑纹，椭圆形。

分布于环行便道、牛坪子、四二四坟地等地。国内分布于华东、华南、西南。

苦葛 *Toxicopueraria peduncularis* (Benth.) A. N. Egan et B. Pan bis

豆科 Fabaceae

缠绕草本，各部被疏或密的粗硬毛。羽状复叶具3枚小叶；托叶基着，披针形，早落；小托叶小，刚毛状；小叶卵形，长5～12cm，全缘。总状花序长20～40cm；花白色，3～5朵簇生于花序轴的节上；萼钟状；花冠长约1.4cm。荚果条形，长5～8cm，果瓣近纸质，近无毛或疏被柔毛。

分布于丰家梁子等地。国内分布于华南、西南。

美花狸尾豆 *Uraria picta* (Jacq.) Desv. ex DC.

豆科 Fabaceae

亚灌木或灌木，高1~2m。茎直立，被灰色短糙毛。叶为奇数羽状复叶；小叶5~7片，条状长圆形或狭披针形；托叶卵形，有灰色长缘毛。总状花序顶生，长10~30cm；花萼5深裂，被长毛和缘毛；花冠蓝紫色，旗瓣圆形，翼瓣耳形，基部有很短的耳，龙骨瓣约与翼瓣等长，上部弯曲；雄蕊二体。荚果铅色，有光泽，无毛。

分布于银厂沟等地。国内分布于华东、华南、西南。

钩柄狸尾豆 *Uraria rufescens* (DC.) Schindl.

豆科 Fabaceae

亚灌木，高达1m。茎直立，被灰黄色短粗硬毛。叶为羽状三出复叶；小叶长圆形至宽卵形，长4~7cm。圆锥花序顶生，长20~30cm；花萼膜质，5裂；花冠紫色；子房稀被柔毛。荚果与果梗几等长，具荚节4~5个，近无毛，具网纹。

分布于庙子等地。国内分布于华南、西南。

山野豌豆 *Vicia amoena* Fisch. ex Ser.

豆科 Fabaceae

　　多年生草本，高30～100cm。茎具棱，多分枝。偶数羽状复叶，顶端卷须有2～3分枝；托叶半箭头形，边缘有3～4枚裂齿；小叶4～7对，椭圆形，先端圆或微凹；侧脉扇状展开，直达叶缘，不连成网状。总状花序长于叶；花10～20朵密集着生于花序轴上部；花冠红紫色、蓝紫色。荚果长圆形。种子1～6颗，圆形。

　　分布于丰家梁子等地。全国广布。

广布野豌豆 *Vicia cracca* L.

豆科 Fabaceae

　　多年生草本，高40～150cm。茎攀援或蔓生，有棱，被柔毛。偶数羽状复叶，叶轴顶端卷须有2～3分枝；托叶半箭头形或戟形；小叶5～12对，互生，条形、长圆或披针状条形。总状花序与叶轴近等长，花多数，10～40朵密集着生于总花序轴上部；花冠紫色、蓝紫色或紫红色。荚果长圆形或长圆状菱形，先端有喙。种子3～6颗，扁圆球形，种皮黑褐色。

　　分布于科普区等地。全国广布。

野豌豆 *Vicia sepium* L.

豆科 Fabaceae

多年生草本，高30～100cm。根茎匍匐；茎柔细斜升或攀援，具棱，疏被柔毛。偶数羽状复叶长7～12cm，叶轴顶端卷须发达；托叶半戟形，有2～4枚裂齿；小叶5～7对，长卵圆形或长圆披针形。总状花序短；花萼钟状，萼齿披针形或锥形；花冠红色或近紫色至浅粉红色，稀白色；旗瓣近提琴形，先端凹，翼瓣短于旗瓣，龙骨瓣内弯，最短；子房条形，无毛，柱头远轴面有一束黄髯毛。荚果宽长圆状，近菱形，成熟时亮黑色，先端具喙。

分布于矿山迹地植被恢复区。全国广布。

绿豆 *Vigna radiata* (L.) R. Wilczek

豆科 Fabaceae

一年生直立草本，高20～60cm。羽状复叶具3枚小叶；托叶卵形，具缘毛；小叶卵形，全缘，两面被疏长毛，基部三脉明显。总状花序腋生，花4～25朵；条状萼管无毛；旗瓣近方形，外面黄绿色，里面有时粉红色，无毛；翼瓣卵形，黄色；龙骨瓣镰刀状。荚果条状圆柱形，平展，被淡褐色、散生的长硬毛。种子8～14颗，淡绿色或黄褐色，短圆柱形，种脐白色而不凹陷。

分布于银厂沟等地。全国广布。

野豇豆 *Vigna vexillata* (L.) A. Rich.

豆科 Fabaceae

多年生攀援或蔓生草本。茎被开展的棕色刚毛。羽状复叶具3枚小叶；小叶形状变化较大，卵形至披针形，长4～9cm，通常全缘，少数微具3裂片。花序腋生，有2～4朵花；旗瓣黄色、粉红或紫色，有时在基部内面具黄色或紫红斑点。荚果条状圆柱形，被刚毛。种子10～18颗，浅黄色至黑色。

分布于丰家梁子、牛坪子、格里坪核心区等地。国内分布于华中、华东、西南、西北、华南。

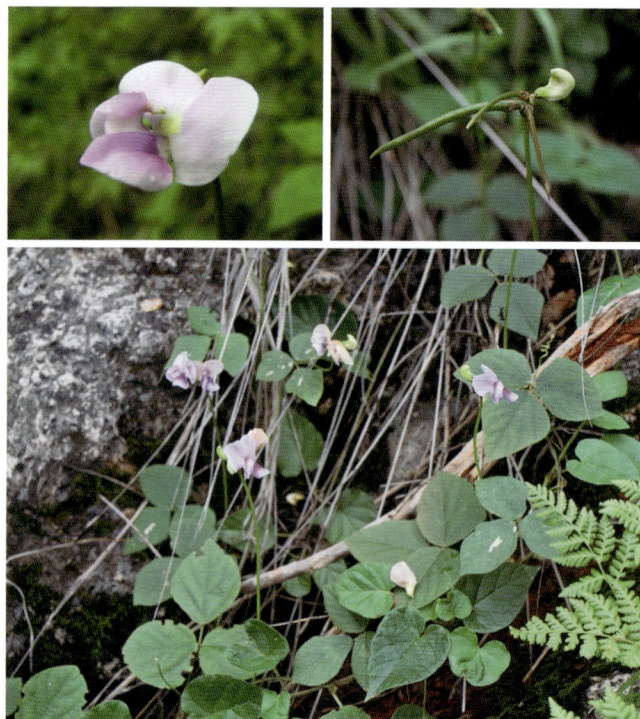

瓜子金 *Polygala japonica* Houtt.

远志科 Polygalaceae

多年生草本，高15～20cm。单叶互生；卵形或卵状披针形，长1～3cm，全缘。总状花序与叶对生或腋外生，最上1个花序低于茎顶；萼片5枚，宿存；花瓣3片，白色至紫色，龙骨瓣舟状，具流苏状鸡冠状附属物；雄蕊8枚，全部合生成鞘。蒴果圆形。种子2颗，卵形，黑色。

分布于丰家梁子、庙子、竹林坡等地。全国广布。

蓼叶远志 *Polygala persicariifolia* DC.

远志科 Polygalaceae

一年生草本，高10～70cm。茎中部以上多分枝，被卷曲短柔毛。叶片披针形，两面均被短硬毛或微柔毛。总状花序枝杈生或顶生；萼片5枚，宿存，外面3枚不等大，内萼片花瓣状；花瓣3片，粉红色至紫色，龙骨瓣盔状，顶端具2束条状鸡冠状附属物；雄蕊8枚，花丝2/3以下合生成鞘，并与花瓣贴生，柱头2枚。蒴果圆形。

分布于竹林坡、环行便道、牛坪子、松坪子等地。国内分布于华南、西南。

小扁豆 *Polygala tatarinowii* Regel

远志科 Polygalaceae

一年生草本，高5～15cm。茎具纵棱，无毛。单叶互生；叶片卵形，长0.8～2.5cm，宽0.6～1.5cm，全缘。总状花序顶生，花密集；萼片5枚，绿色，花后脱落，外面3枚小，内面2枚花瓣状；花瓣3枚，红色至紫红色；雄蕊8枚，花丝3/4以下合生成鞘。蒴果扁圆形，具翅，疏被短柔毛。种子长圆形，黑色，被白色短柔毛。

分布于竹林坡等地。全国广布。

龙牙草 *Agrimonia pilosa* Ledeb.

蔷薇科 Rosaceae

多年生草本。茎被毛。叶为间断奇数羽状复叶，通常有小叶3～4对，稀2对，向上减少至3小叶；小叶片倒卵形，边缘有锯齿，被毛，有显著腺点。总状花序顶生；萼片5枚；花瓣5枚，黄色；雄蕊5～15枚；花柱2枚。果实倒卵圆锥形，外面有10条肋，被疏柔毛，顶端有数层钩刺，幼时直立，成熟时靠合。

分布于滤水崖、丰家梁子、环行便道、竹林坡等地。全国广布。

西南蕨麻 *Argentina lineata* (Trevir.) Soják

蔷薇科 Rosaceae

多年生草本。花茎直立或上升，高5～40cm，密被开展长柔毛和短柔毛。基生叶为间断羽状复叶，有小叶5～13对，顶部小叶片长圆形或宽倒卵形，长1.5～4cm，边缘有多数尖锐锯齿，下面密被白色绢毛；茎生叶背面有白色绢毛。伞房状聚伞花序顶生；花直径1～1.5cm；萼片全缘；花瓣黄色，先端钝。

分布于丰家梁子等地。国内分布于华中、西南。

✤ 毡毛栒子 *Cotoneaster pannosus* Franch.

蔷薇科 Rosaceae

半常绿灌木。枝条呈弓形弯曲。叶片椭圆形或卵形，长1～2.5cm，下面密被白色绒毛。聚伞花序常具花10朵以下；总花梗和花梗密生绒毛；萼筒钟状，外面密被绒毛，内面无毛；花瓣平展，宽卵形，白色；雄蕊20枚，与花瓣近等长，花药紫红色；花柱2枚，稀3枚，离生，约与雄蕊等长。果实球形，深红色，常具2枚小核。

分布于丰家梁子、竹林坡等地。国内分布于西南。

✤ 云南多依 *Docynia delavayi* (Franch.) C. K. Schneid.

蔷薇科 Rosaceae

常绿乔木，高3～10m。枝条粗壮，密被黄白色绒毛，后逐渐脱落。叶片披针形或卵状披针形，长6～8cm，宽2～3cm，全缘或稍有浅钝齿，上面无毛，下面密被黄白色绒毛；叶柄密被绒毛；托叶小，披针形，早落。花3～5朵，丛生于小枝顶端；萼筒钟状，外面密被黄白色绒毛；萼片披针形，全缘，内外两面均密被绒毛；花瓣宽卵形或长圆状倒卵形，基部有短爪，白色；雄蕊40～45枚；花柱5枚，基部合生并密被绒毛，柱头棒状。梨果卵形或长圆形，黄色，幼果密被绒毛，成熟后微被绒毛或近于无毛；萼片宿存，直立或合拢。

分布于竹林坡等地。国内分布于西南。

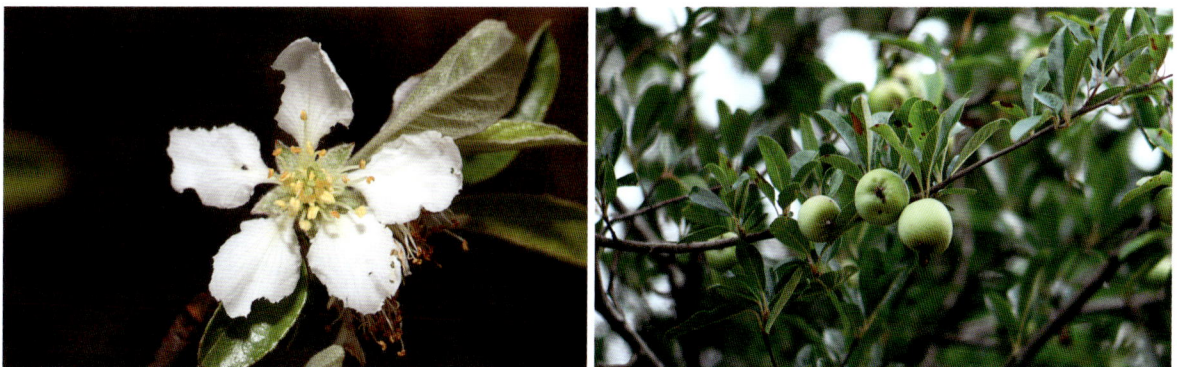

蛇莓 *Duchesnea indica* (Andrews) Teschem.

蔷薇科 Rosaceae

多年生草本。匍匐茎多数，有柔毛。三出复叶；小叶片具柄，倒卵形或菱状长圆形，边缘有钝锯齿，两面皆有柔毛。花单生于叶腋；萼片卵形；副萼片倒卵形，先端常3～5裂；花瓣顶部圆；雄蕊20～30枚；心皮多数，离生；花托在果期膨大，海绵质，鲜红色。瘦果卵形，有光泽。

分布于猴子沟、竹林坡等地。全国广布。

栎叶枇杷 *Eriobotrya prinoides* Rehder et E. H. Wilson

蔷薇科 Rosaceae

常绿小乔木，高4～10m。小枝幼时有绒毛。叶互生；叶片革质，椭圆形，边缘具疏生波状齿，下面密生灰色绒毛，侧脉10～12对；叶柄被棕灰色绒毛。圆锥花序顶生；萼筒杯状；花瓣白色；雄蕊20枚，稍短于花瓣；花柱2枚，稀为3枚，离生或中部合生，无毛，子房顶端有柔毛。果实卵球形，径6～7mm，暗褐色。种子1颗。

分布于环行便道、松坪子、防火步道等地。国内分布于西南。

黄毛草莓 *Fragaria nilgerrensis* Schltdl. ex J. Gay

蔷薇科 Rosaceae

多年生草本。茎密被黄棕色绢状柔毛。三出复叶；小叶片倒卵形或椭圆形，长1～4.5cm，边缘具缺刻状锯齿。聚伞花序具2～5朵花；花两性，直径1～2cm；副萼片披针形，全缘或2裂；花瓣白色，圆形；雄蕊20枚，不等长。聚合果圆形，白色、淡白黄色或红色；瘦果卵球形，光滑。

分布于丰家梁子、竹林坡等地。国内分布于西北、西南、华中、华南。

✦ 华西小石积 *Osteomeles schwerinae* C. K. Schneid.

蔷薇科 Rosaceae

落叶或半常绿灌木，高1～3m。奇数羽状复叶，具小叶7～15对；小叶片对生，椭圆形至倒卵状长圆形，长5～10mm，宽2～4mm，全缘，上下两面疏生柔毛。顶生伞房花序有花3～5朵；花瓣白色；雄蕊20枚；花柱5枚。果实卵形或近球形，蓝黑色，具宿存反折萼片；小核5个，骨质。

分布于苏铁自然保护区全区。国内分布于西北、华东、西南。

红叶石楠 *Photinia × fraseri* Dress

蔷薇科 Rosaceae

常绿灌木或小乔木，4～6m。小枝灰褐色，无毛。叶互生，革质，长椭圆形或倒卵状椭圆形，长9～22cm，先端尖，基部楔形，边缘有疏生腺齿，无毛，新叶亮红色，老叶绿色。复伞房花序顶生，花白色。果实球形，红色或褐紫色。

分布于矿山迹地植被恢复区。

✦ 球花石楠 *Photinia glomerata* Rehder et E. H. Wilson

蔷薇科 Rosaceae

常绿灌木或小乔木，高6～10m。幼枝密生黄色绒毛。叶互生；叶片长圆形、披针形或长圆状披针形，长6～18cm，边缘微外卷，侧脉12～20对。花多数，密集成顶生复伞房花序；花芳香；萼筒杯状；萼片直立，外面有绒毛；花瓣白色；雄蕊20枚，与花瓣近等长；花柱2枚，合生达中部，子房顶端密生绒毛。果实卵形，熟时红色。

分布于丰家梁子、庙子、竹林坡、松坪子等地。国内分布于华中、西南。

✦ 倒卵叶石楠 *Photinia lasiogyna* (Franch.) C. K. Schneid.

蔷薇科 Rosaceae

灌木或小乔木，高1～2m。小枝具黄褐色皮孔。叶片革质，倒卵形或倒披针形，边缘微卷，有不显明的锯齿，上面光亮，两面皆无毛；叶柄长15～18mm，无毛。顶生复伞房花序，有绒毛；花直径10～15mm；萼筒杯状，有绒毛；萼片阔三角形，外面有绒毛；花瓣白色，倒卵形，无毛，基部有短爪；雄蕊20枚，较花瓣短。果实卵形，直径4～5mm，红色，有明显斑点。

分布于丰家梁子、庙子、竹林坡等地。国内分布于华中、华东、华南、西南。

高盆樱桃 *Prunus cerasoides* Buch.-Ham. ex D. Don

蔷薇科 Rosaceae

乔木，高3～30m。幼枝绿色，有柔毛，后变无毛；老枝灰黑色。叶片卵状披针形，长8～12cm，宽3～5cm，边缘有单锯齿或重锯齿；叶柄长1.2～2cm，先端有2～4枚腺体；托叶条形。伞形花序，有花1～4朵；总梗无毛；萼筒钟状；花萼红色，三角形；花瓣白色、淡粉色至深红色，先端全缘或微凹；雄蕊32～34枚，稍短于花瓣。核果卵球形，熟时紫黑色。

分布于丰家梁子等地。国内分布于西南。

✦ 窄叶火棘 *Pyracantha angustifolia* (Franch.) C. K. Schneid.

蔷薇科 Rosaceae

　　常绿灌木或小乔木，高达4m。多枝刺。小枝密被灰黄色绒毛。叶片窄长圆形至倒披针状长圆形，长1.5～5cm，边缘全缘，下面密生灰白色绒毛。复伞房花序，总花梗、花梗、萼筒和萼片均密被灰白色绒毛；萼筒钟状；花瓣近圆形，白色；雄蕊20枚；花柱5枚。果实扁球形，直径5～6mm，熟时砖红色，顶端具宿存萼片。

　　分布于丰家梁子、环行便道、竹林坡等地。国内分布于华东、华中、西南。

川梨 *Pyrus pashia* Buch.-Ham. ex D. Don

蔷薇科 Rosaceae

　　落叶乔木，高达12m。常具枝刺。小枝圆柱形。叶片卵形，长4～7cm，边缘有钝锯齿；托叶膜质，条状披针形，不久脱落。伞形总状花序，具花7～13朵，总花梗及花梗均密被绒毛；萼筒杯状，外面密被毛；花瓣倒卵形，白色；雄蕊25～30枚，稍短于花瓣；花柱3～5枚，无毛。果实近球形，直径1～1.5cm，褐色，有斑点，萼片早落。

　　分布于丰家梁子、竹林坡、松坪子、庙子等地。国内分布于西南。

月季花 *Rosa chinensis* Jacq.

蔷薇科 Rosaceae

直立灌木，1～2m。小枝粗壮，圆柱形，近无毛，有短粗的钩状皮刺或无刺。小叶3～5枚，稀7枚，小叶片宽卵形至卵状长圆形，边缘有锐锯齿，两面近无毛，顶生小叶片有柄，侧生小叶片近无柄，总叶柄较长，有散生皮刺和腺毛；托叶大部分贴生于叶柄。花数朵集生，稀单生；花梗近无毛或有腺毛；萼片卵形，有时呈叶状，边缘常有羽状裂片，稀全缘，外面无毛，内面密被长柔毛；花瓣重瓣至半重瓣，红色、粉色至白色，倒卵形，先端凹缺，基部楔形；花柱离生，伸出萼筒口。果卵形或梨形，红色，萼片脱落。

分布于矿山迹地植被恢复区。

栽秧藨 *Rubus ellipticus* var. *obcordatus* (Franch.) Focke

蔷薇科 Rosaceae

灌木，高1～3m。小枝被较密的紫褐色刺毛或有腺毛，并具柔毛和稀疏钩状皮刺。小叶3枚，长2～5.5cm，宽1.5～4cm，倒卵形，顶端浅心形或近截形，顶生小叶较大，下面密生绒毛，边缘具不整齐细锐锯齿。花梗和花萼上几无毛。

分布于四二四坟地、丰家梁子、竹林坡等地。国内分布于华南、西南。

✦ 紫红悬钩子 *Rubus subinopertus* T. T. Yu et L. T. Lu

蔷薇科 Rosaceae

　　灌木，高1～3m。小枝疏生钩状皮刺。奇数羽状复叶；小叶7～9枚，卵形至卵状披针形，长4～7cm，下面沿脉具柔毛，边缘具缺刻状重锯齿，顶生小叶常羽状浅裂；托叶条形或条状披针形。顶生总状花序或伞房状花序具花10余朵，腋生花序具花3～5朵；花径1～1.5cm；花萼褐紫色，果期常反折；花瓣粉红色或紫红色；雄蕊多数。果实半球形，直径8～12mm，熟时黄红色或紫红色，密被灰白色短绒毛；核有细皱纹。

　　分布于牛坪子、松坪子、滤水崖等地。国内分布于西南。

✦ 云南绣线菊 *Spiraea yunnanensis* Franch.

蔷薇科 Rosaceae

　　灌木，高1～2m。小枝幼时被灰白色绒毛，老时无毛，棕褐色。叶片倒卵形至卵形，有时微3裂，具3枚至多数圆钝锯齿或重锯齿，基部楔形，近基部两侧全缘，上面暗绿色，被短柔毛，下面密被白色绒毛，基部常有3～5脉；叶柄具绒毛。伞形花序具总梗，有花8～25朵；花梗长5～9mm，总花梗、花梗和花萼外面均密被黄白色绒毛；苞片条形；萼筒钟状，内面密被白色柔毛；萼片三角形，先端急尖或短渐尖，内面有较稀柔毛；花瓣宽倒卵形或近圆形，先端微凹或圆钝，白色；雄蕊20枚；花盘圆环形，由10个近圆形的裂片组成，裂片先端有时微凹；子房具白色柔毛。蓇葖果具直立萼片。

　　分布于滤水崖等地。国内分布于西南。

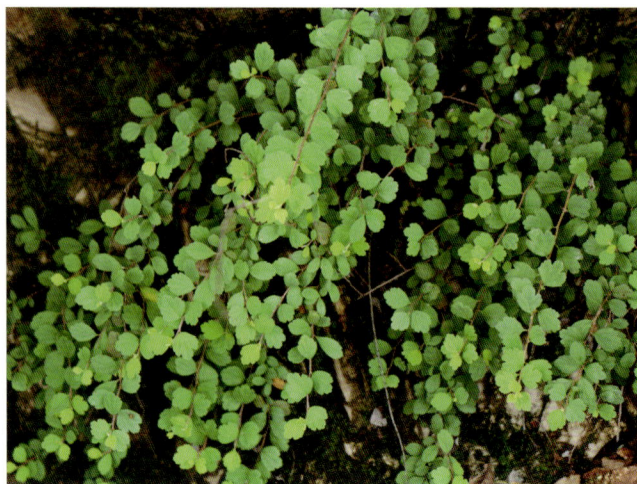

✦ 短柄铜钱树 *Paliurus orientalis* (Franch.) Hemsl.

鼠李科 Rhamnaceae

　　常绿乔木，稀灌木，高达12m。幼枝基部两侧具斜向直立的皮刺。叶互生，宽卵形或卵状椭圆形，长4.5～14cm，叶除基出三脉外，中脉两侧各有1～3条明显的侧脉；叶柄短，长3～5mm，被短柔毛。腋生聚伞花序，花黄绿色；花瓣椭圆状匙形，长1.5mm；雄蕊略短于花瓣；花盘五边形，5齿裂。核果草帽状，具革质宽翅，红色或紫红色，无毛，直径1.8～2.6cm。

　　分布于环行便道、牛坪子、防火步道、松坪子、丰家梁子、滤水崖等地。国内分布于西南。

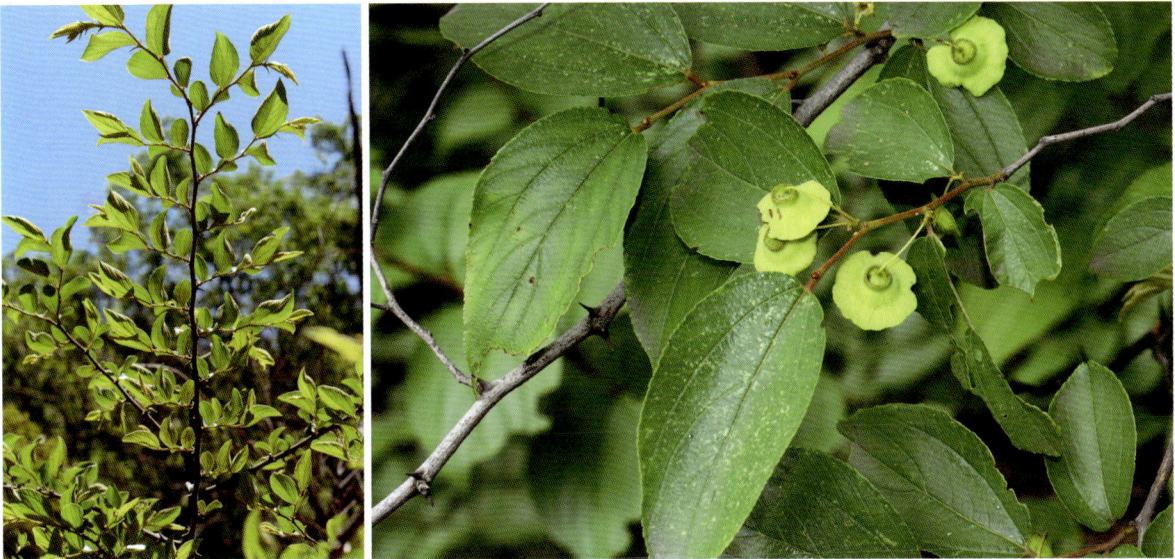

帚枝鼠李 *Rhamnus virgata* Roxb.

鼠李科 Rhamnaceae

　　灌木或乔木，高2～10m。小枝对生或近对生，红褐色或紫红色，无毛，枝端和分叉处具针刺。叶对生或近对生，或在短枝上簇生；倒卵状披针形、倒卵状椭圆形或椭圆形，长2.5～8cm，边缘具钝细锯齿；托叶披针形。花单性，雌雄异株，4基数，有花瓣。核果近球形，黑色，长5mm，具2个分核。种子红褐色，背面有纵沟。

　　分布于环行便道、牛坪子、竹林坡、松坪子、庙子等地。国内分布于西南。

毛叶雀梅藤

Sageretia thea var. *tomentosa* (C. K. Schneid.) Y. L. Chen et P. K. Chou

鼠李科 Rhamnaceae

　　常绿藤状灌木。小枝常具钩状下弯的粗刺。叶互生或近对生，卵形、矩圆形或卵状椭圆形，长1～4.5cm，边缘具细锯齿，下面被绒毛，渐变无毛。花通常2～3个簇生排列成穗状。核果近球形，熟时黑色或紫黑色，有1～3个分核，常被白粉。种子2颗。

　　分布于澎水崖、猴子沟、环行便道、牛坪子、格里坪核心区、松坪子等地。国内分布于华中、西北、华南、华东、西南。

紫弹树 *Celtis biondii* Pamp.

大麻科 Cannabaceae

　　落叶小乔木至乔木，高达18m。树皮暗灰色。当年生小枝幼时黄褐色，密被短柔毛，后渐脱落，至结果时为褐色，有散生皮孔。叶宽卵形、卵形至卵状椭圆形。果序单生叶腋，通常具2个果（少有1或3个果）；果幼时被疏或密的柔毛，后毛逐渐脱净，黄色至橘红色，近球形，具4条肋，表面具明显的网孔状。

　　分布于硝厂沟等地。国内分布于华中、华东、华南、西南、西北。

✦ 羽脉山黄麻 *Trema levigata* Hand.-Mazz.

大麻科 Cannabaceae

常绿小乔木或灌木，高4～7m。小枝被灰白色柔毛，老枝皮孔明显。叶卵状披针形或狭披针形，长5～11cm，边缘有细锯齿，被稀疏柔毛。聚伞花序与叶柄近等长；雄花的花被片5枚，外面疏生微柔毛，退化子房狭倒卵状。小核果近球形，微压扁，熟时由橘红色渐变成黑色，花被脱落。

分布于格里坪核心区、环行便道、科普区、松坪子、防火步道、硝厂沟、猴子沟等地。国内分布于华中、西南。

波罗蜜 *Artocarpus heterophyllus* Lam.

桑科 Moraceae

常绿乔木，10～20m。老树常有板状根。树皮厚，黑褐色；小枝具纵纹至平滑，无毛。托叶抱茎环状，遗痕明显；叶革质，螺旋状排列，椭圆形或倒卵形，成熟叶全缘，或在幼树和萌发枝上的叶常分裂。花雌雄同株，花序生老茎或短枝上；雄花花被管状，上部2裂，被微柔毛，雄蕊1枚，花丝直立，花药椭圆形；雌花花被管状，顶部齿裂，基部陷于肉质球形花序轴内，子房1室。聚花果椭圆形至球形，或不规则形状，长30～100cm，直径25～50cm，幼时浅黄色，成熟时黄褐色。

分布于矿山迹地植被恢复区。

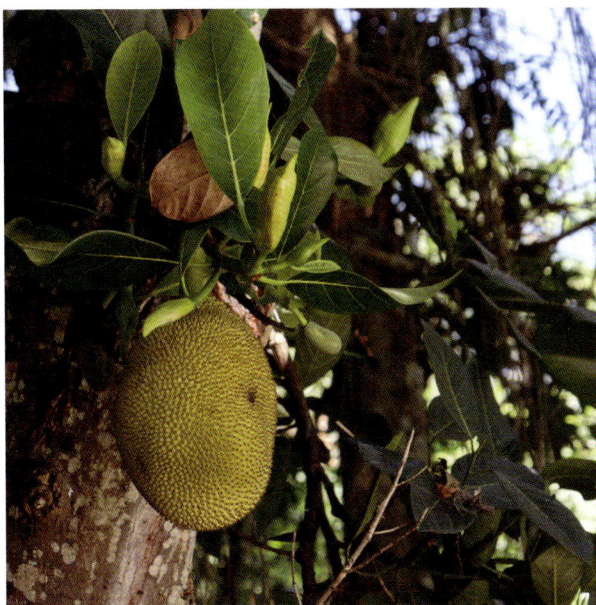

构 *Broussonetia papyrifera* (L.) L'Hér. ex Vent.

桑科 Moraceae

　　落叶乔木或灌木，高10～20cm。小枝密生柔毛。叶广卵形或长椭圆状卵形，长6～18cm，宽5～9cm，不裂或不规则2～3裂，边缘有粗锯齿，上面有糙毛，下面密生柔毛。花单性，雌雄异株；雄花序为柔荑花序，下垂；雌花序头状，球形，苞片棒状，花被管状。聚花果球形，熟时红色，直径1.5～3cm。

　　分布于滮水崖、环行便道、银厂沟等地。全国广布。

高山榕 *Ficus altissima* Blume

桑科 Moraceae

　　大乔木，高25～30m。树皮灰色，平滑。幼枝绿色，被微柔毛。叶厚革质，广卵形至广卵状椭圆形，全缘，两面光滑，无毛，基生侧脉延长，侧脉5～7对；托叶厚革质，外面被灰色绢丝状毛。榕果成对腋生，椭圆状卵圆形，幼时包藏于早落风帽状苞片内，成熟时红色或带黄色，顶部脐状凸起，基生苞片短宽而钝，脱落后环状；雄花散生榕果内壁，花被片4枚，膜质，透明，雄蕊1枚，花柱近顶生，较长；雌花无柄，花被片与瘿花同数。瘦果表面有瘤状凸体，花柱延长。

　　分布于矿山迹地植被恢复区。

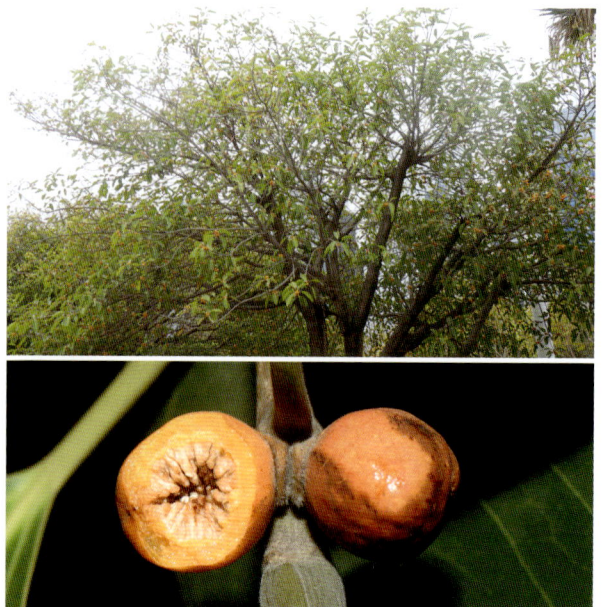

垂叶榕 *Ficus benjamina* L.

桑科 Moraceae

乔木，高达20m。树皮灰色，平滑。小枝下垂。叶薄革质，卵形或卵状椭圆形，长4～8cm，先端短渐尖，基部圆或宽楔形，全缘，两面无毛；叶柄上面具沟槽；托叶披针形。瘦果卵状肾形，短于宿存花柱；雄花、瘿花、雌花生于同一榕果内；雄花极少数，具梗，花被片4枚，宽卵形，雄蕊1枚，花丝短；瘿花具梗，多数，花被片（4～）5枚，窄匙形，花柱侧生；雌花无梗，花被片短匙形。

分布于矿山迹地植被恢复区。

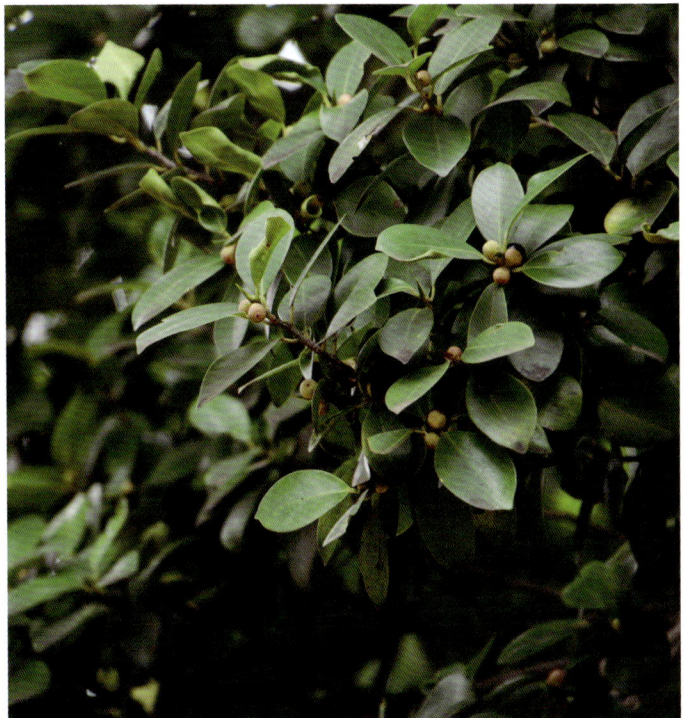

雅榕 *Ficus concinna* (Miq.) Miq.

桑科 Moraceae

乔木，高15～20m。树皮深灰色，有皮孔。小枝粗壮，无毛。叶狭椭圆形，长5～10cm，全缘，先端短尖至渐尖，基部楔形，两面光滑无毛，干后灰绿色；叶柄短；托叶披针形，无毛。雄花、瘿花、雌花同生于一榕果内壁；雄花极少数，生于榕果内壁近口部，花被片2枚，披针形，子房斜卵形，花柱侧生，柱头圆形；瘿花相似于雌花，花柱条形而短。

分布于矿山迹地植被恢复区。

瘤枝榕 *Ficus maclellandii* King

乔木，15～20m。树皮灰色，平滑。小枝深棕色，具棱，密被瘤体，疏生柔毛但迅速脱落。叶互生，革质，长圆形至卵状椭圆形，先端渐尖至短尖，基部圆形至渐狭，无毛，但幼时偶尔被短柔毛，全缘，脉间具钟乳体；托叶披针形，被白色贴伏柔毛。雄花极少数，生近口部；雌花无柄，花萼裂片3枚，披针形，子房卵圆形，花柱顶生；瘿花与雌花相似，但具较长花柄。

分布于矿山迹地植被恢复区。

火山榕 *Ficus microcarpa* 'Huo Shan'

常绿灌木。叶革质，椭圆形，长4～8cm，有光泽，全缘，侧脉3～10对；叶柄无毛。

分布于矿山迹地植被恢复区。

榕树 *Ficus microcarpa* L. f.

桑科 Moraceae

高大乔木，15～25m。老树常有锈褐色气根。树皮深灰色。叶薄革质，狭椭圆形，先端钝尖，基部楔形，表面深绿色，干后深褐色，有光泽，全缘，基生叶脉延长，侧脉3～10对；叶柄无毛，托叶小，披针形。榕果成对腋生或生于已落叶枝叶腋，成熟时黄色或微红色，扁球形，无总梗；基生苞片3枚，广卵形，宿存；雄花、雌花、瘿花同生于一榕果内，花间有少许短刚毛；雄花无柄或具柄，散生内壁，花丝与花药等长；雌花与瘿花相似，花被片3枚，广卵形，花柱近侧生，柱头短，棒形。瘦果卵圆形。

分布于矿山迹地植被恢复区。

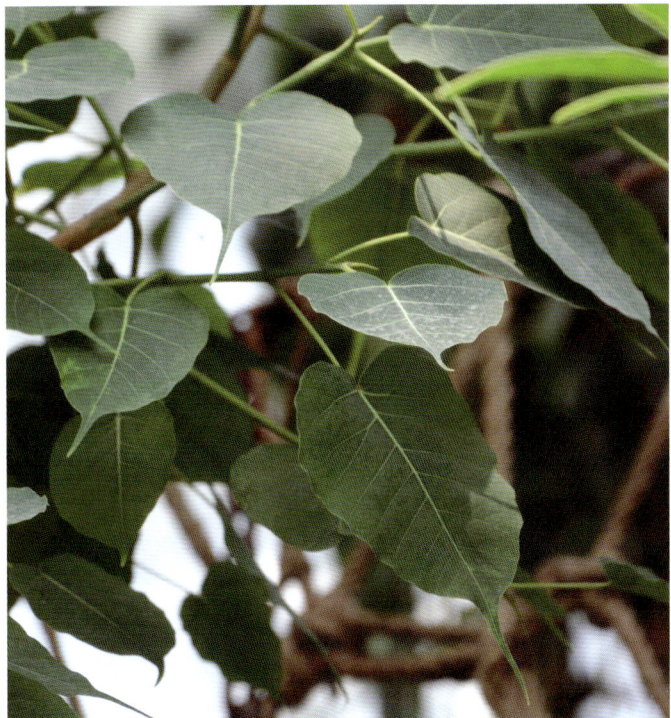

菩提树 *Ficus religiosa* L.

桑科 Moraceae

大乔木，幼时附生于其他树上，高达15～25m。树皮灰色，平滑或微具纵纹。小枝灰褐色，幼时被微柔毛。叶革质，三角状卵形，长9～17cm，表面深绿色，光亮，背面绿色；叶柄纤细，有关节；托叶小，卵形，先端急尖。榕果球形至扁球形，成熟时红色，光滑；基生苞片3枚，卵圆形；雄花，瘿花和雌花生于同一榕果内壁；雄花少，生于近口部，无柄；瘿花具柄，子房光滑，球形；雌花无柄，花被片4枚，宽披针形，子房光滑，球形。

分布于矿山迹地植被恢复区。

地果 *Ficus tikoua* Bureau

桑科 Moraceae

匍匐木质藤本。茎上生不定根。叶倒卵状椭圆形，边缘具波状疏浅圆锯齿，表面被短刺毛；托叶披针形，被柔毛。榕果成对或簇生于匍匐茎上，常埋于土中，球形，基部收缩成狭柄，成熟时深红色，表面多圆形瘤点；雄花生榕果内壁孔口部，花被片2～6枚；雌花生另一植株榕果内壁，无花被。瘦果卵球形，表面有瘤体。

分布于丰家梁子、环行便道等地。国内分布于西北、华中、西南、华南。

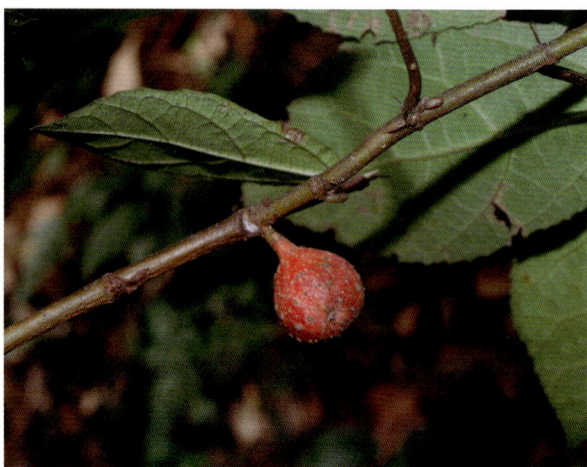

黄葛树 *Ficus virens* Aiton

桑科 Moraceae

落叶或半落叶乔木，有板根或支柱根，幼时附生。叶卵状披针形至椭圆状卵形，长10～15cm，全缘；托叶披针状卵形。榕果生于叶腋，有总梗，球形，成熟时紫红色；雄花、瘿花、雌花生于同一榕果内；雄花无柄，少数，生榕果内壁近口部，花被片4～5枚，雄蕊1枚；瘿花具柄，花被片3～4枚，花柱短于子房；雌花与瘿花相似，花柱长于子房。

分布于科普区、硝厂沟、滤水崖、松坪子、防火步道、金家村、环行便道等地。国内分布于西北、华东、华南、西南。

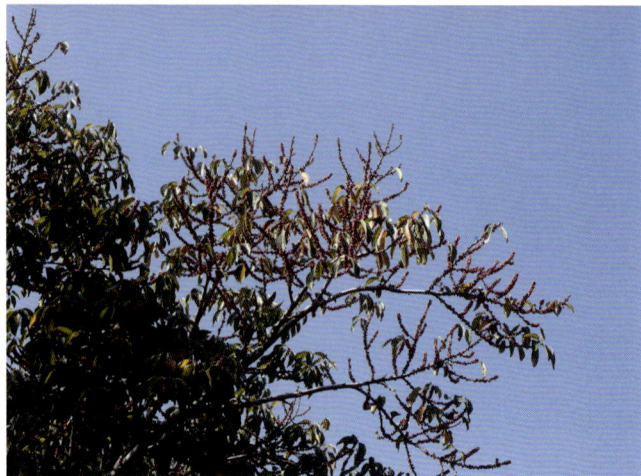

蒙桑 *Morus mongolica* (Bureau) C. K. Schneid.

桑科 Moraceae

　　落叶小乔木或灌木。树皮灰褐色，纵裂。叶长椭圆状卵形，边缘具单锯齿，稀为重锯齿，齿尖有长刺芒，两面无毛。花单性；雄花序长约3cm，花被暗黄色，花药2室，纵裂；雌花短圆柱状，花柱长，柱头2裂。聚花果长1.5cm，成熟时红色至紫黑色。

　　分布于滤水崖、环行便道、松坪子、牛坪子、竹林坡、矿山迹地植被恢复区。全国广布。

序叶苎麻 *Boehmeria clidemioides* var. *diffusa* (Wedd.) Hand.-Mazz.

荨麻科 Urticaceae

　　多年生草本或亚灌木。茎常多分枝。叶互生，或有时茎下部少数叶对生；叶片卵形、狭卵形或长圆形，边缘自中部以上有齿，两面有短伏毛。穗状花序单生叶腋，通常雌雄异株；团伞花序除着生于穗状花序外，也常腋生；雄花花被片椭圆形或狭倒卵形，顶端有2～3个小齿。

　　分布于丰家梁子、滤水崖等地。国内分布于华中、华南、西南、西北、华东。

小赤麻 *Boehmeria spicata* (Thunb.) Thunb.

荨麻科 Urticaceae

　　多年生草本或亚灌木。茎高40～100cm，常分枝，疏被短伏毛或近无毛。叶对生；叶片薄草质，卵状菱形或卵状宽菱形。穗状花序单生叶腋，雌雄异株，或雌雄同株；雄花无梗，花被片（3～）4枚，椭圆形，下部合生，外面有稀疏短毛，雄蕊（3～）4枚，花药近圆形，退化雌蕊椭圆形；雌花花被近狭椭圆形，齿不明显，外面有短柔毛，果期呈菱状倒卵形或宽菱形。

　　分布于丰家梁子等地。国内除华南外广布。

水麻 *Debregeasia orientalis* C. J. Chen

荨麻科 Urticaceae

　　灌木，高1～4m。叶片纸质，长圆状狭披针形或条状披针形，长5～18cm，宽1～2.5cm，边缘有不等的细锯齿，上面疏生短糙毛，背面被白色或灰绿色毡毛，基出脉3条。花序雌雄异株，稀同株，具短梗或无梗，长1～1.5cm。瘦果小浆果状，鲜时橙黄色，宿存花被肉质紧贴生于果实。

　　分布于竹林坡等地。国内分布于西北、西南、华中、华南、华东。

✦ 红火麻 *Girardinia diversifolia* subsp. *triloba* (C. J. Chen) C. J. Chen et Friis

荨麻科 Urticaceae

一年生草本。植株有蜇毛。茎、叶柄和下面的叶脉常带紫红色。叶二形，宽卵形，大多数倒梯形，在中部3裂，裂片三角形，中央一枚长3～7cm，侧面的两枚长1.5～3cm，边缘有多数较整齐的牙齿，基部截形或心形。雌花序轴密生伸展的粗毛。

分布于滤水崖、丰家梁子、金家村、牛坪子、竹林坡等地。国内分布于西北、华中、西南。

糯米团 *Gonostegia hirta* (Blume) Miq.

荨麻科 Urticaceae

多年生草本。茎蔓生、铺地或渐升，上部带四棱形，有短柔毛。叶对生；宽披针形、狭披针形、狭卵形，稀卵形或椭圆形，边缘全缘；基出脉3～5条。团伞花序腋生，通常两性，有时单性，雌雄异株；雄花花被片5枚，雄蕊5枚，退化雌蕊极小；雌花花被片菱状狭卵形，顶端有2个小齿，有疏毛，柱头有密毛。瘦果卵球形，白色或黑色，有光泽。

分布于丰家梁子等地。国内分布于华东、西南、华南、华东、西北、华中。

冷水花 *Pilea notata* C. H. Wright

荨麻科 Urticaceae

多年生草本。具匍匐茎，茎肉质，中部稍膨大，密布条形钟乳体。叶纸质，狭卵形、卵状披针形或卵形，边缘自下部至先端有浅锯齿，稀有重锯齿，上面深绿，有光泽，下面浅绿色，钟乳体条形，两面密布；叶柄纤细，常无毛；托叶大，长圆形，脱落。花雌雄异株；雄花序聚伞总状；雌聚伞花序较短而密集；雄花具梗或近无梗；花被片绿黄色，四深裂，卵状长圆形，外面近先端处有短角状突起；雄蕊4枚，花药白色或带粉红色，花丝与药隔红色；退化雌蕊小，圆锥状。瘦果小，圆卵形，顶端歪斜，熟时绿褐色，有明显刺状小疣点突起，有宿存花被片。

分布于矿山迹地植被恢复区。

粗齿冷水花 *Pilea sinofasciata* C. J. Chen

荨麻科 Urticaceae

草本。茎肉质。叶同对近等大，椭圆形、卵形、长圆状披针形，边缘在基部以上有粗大锯齿；托叶小，膜质，宿存。花雌雄异株或同株；花序聚伞圆锥状，长不过叶柄；雄花具短梗，花被片4枚，合生至中下部，雄蕊4枚，退化雌蕊小；雌花小，花被片3枚，近等大。瘦果圆卵形。

分布于丰家梁子、苏铁自然保护区大门等地。国内分布于华中、西北、华东、西南、华南。

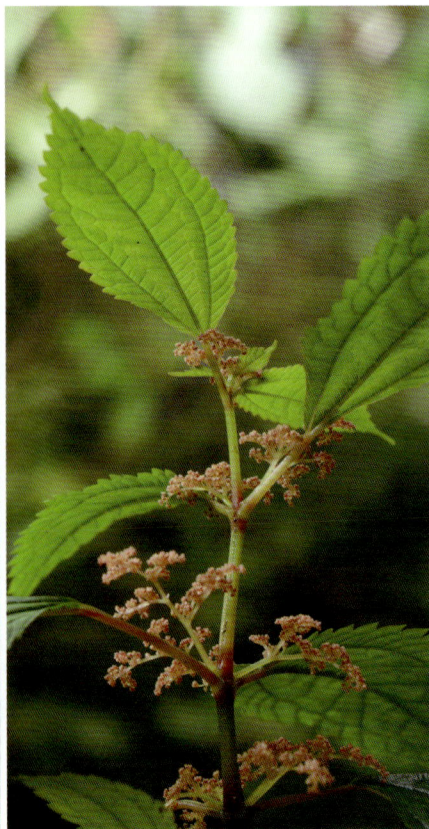

红雾水葛 *Pouzolzia sanguinea* (Blume) Merr.

灌木，高0.5～3m。叶互生；叶片薄纸质或纸质，狭卵形，长3～19cm，宽1.5～9cm，边缘在基部之上有多数小牙齿，两面均被短糙毛。团伞花序单性或两性；雄花被片4枚，合生至中部；雌花被片菱形，顶端有3个小齿。瘦果卵球形，灰黄色。

分布于丰家梁子、牛坪子、松坪子等地。国内分布于华东、华南、西南。

✦ 雅致雾水葛 *Pouzolzia sanguinea* var. *elegans* (Wedd.) Friis et al.

荨麻科 Urticaceae

灌木。叶片椭圆形、菱形或菱状卵形，长1～4cm，宽0.7～3cm，纸质或近革质，两面被糙毛或贴伏硬毛，基部楔形或钝，边缘具3～8个牙齿，先端急尖。团伞花序单性或两性。瘦果椭球形或卵球形。

分布于滮水崖、猴子沟、环行便道、格里坪核心区、松坪子、银厂沟等地。国内分布于华东、西南。

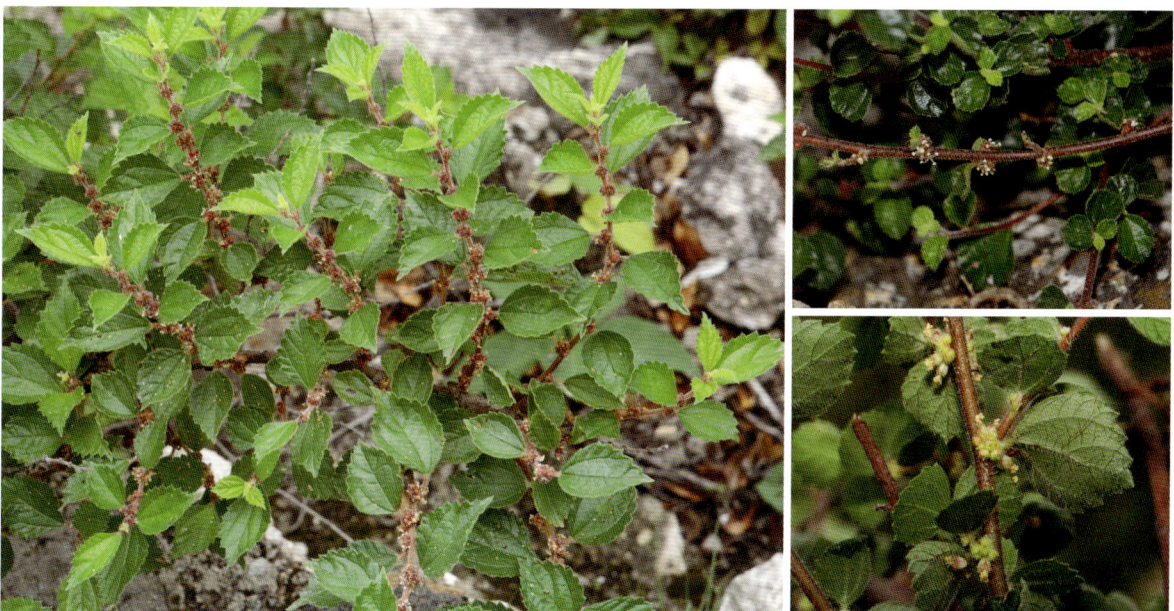

✦ 高山锥 *Castanopsis delavayi* Franch.

壳斗科 Fagaceae

常绿乔木，高达20m。枝、叶及花序轴均无毛。叶近革质，倒卵形、倒卵状椭圆形，长5～13cm，叶缘自中部或下部起有锯齿。雄花序穗状；雄花的雄蕊12枚，稀10枚；雌花的花柱3枚，稀2枚。幼嫩壳斗通常椭圆形，成熟壳斗近圆球形，2或3瓣开裂，具刺，离生或在基部合生及稍横向连生成圆形或螺旋形的3～5个刺环，很少合生至中部或中部稍上而具短小的鹿角状分枝。坚果阔卵形。

分布于丰家梁子、竹林坡等地。国内分布于华南、西南。

✦ 灰背叶柯 *Lithocarpus hypoglaucus* (Hu) C. C. Huang ex Y. C. Hsu et H. W. Jen

壳斗科 Fagaceae

常绿乔木，高10～20m。枝、叶无毛。叶厚纸质，卵形或披针形，基部下延，全缘。雄穗状花序单穗腋生或多穗排成圆锥花序；雌花序成对生于枝顶部，花序轴被糠秕状蜡鳞；雌花每3朵一簇，偶有一壳斗内有雌花3朵或2朵。壳斗发育至中期时为碗状，成熟时为近于平展的浅碟状。坚果扁圆形或宽圆锥形。

分布于丰家梁子、庙子、竹林坡等地。国内分布于西南。

✦ 铁橡栎 *Quercus cocciferoides* Hand.-Mazz.

壳斗科 Fagaceae

　　常绿或半常绿乔木，高达15m。小枝幼时被绒毛，后渐脱落。叶片长椭圆形、卵状长椭圆形，长3～8cm，叶缘中部以上有锯齿，叶片幼时被毛，后渐脱落。雄花序轴被苍黄色短绒毛；雌花序着生4～5朵花。壳斗杯形或壶形，包着坚果约3/4。坚果近球形，果脐微突起。

　　分布于苏铁自然保护区全区。国内分布于西北、西南。

✦ 黄毛青冈 *Quercus delavayi* Franch.

壳斗科 Fagaceae

　　常绿乔木，高达20m。小枝密被黄褐色绒毛。叶片革质，长椭圆形，长8～12cm，叶缘中部以上有锯齿，上面无毛，背面密被黄色星状绒毛。雄花序簇生或分枝，被黄色绒毛；雌花序腋生，着生2～3朵花，被黄色绒毛。壳斗浅碗形，包着坚果约1/2，环带边缘具浅齿，密被黄色绒毛。坚果椭球形或卵球形。

　　分布于丰家梁子、庙子、竹林坡等地。国内分布于华中、西南、华南。

槲树 *Quercus dentata* Thunb.

壳斗科 Fagaceae

落叶乔木，高达25m。小枝粗壮，有沟槽，密被灰黄色星状绒毛。叶片倒卵形，叶缘波状裂片或粗锯齿；托叶条状披针形。雄花序生于新枝叶腋，花数朵簇生于花序轴上；雌花序生于新枝上部叶腋。壳斗杯形，包着坚果1/3～1/2。坚果卵形，无毛，有宿存花柱。

分布于丰家梁子等地。国内除华南外广布。

✦ 匙叶栎 *Quercus dolicholepis* A. Camus

壳斗科 Fagaceae

常绿乔木，高达16m。小枝幼时被灰黄色星状柔毛，后渐脱落。叶革质，叶片倒卵状匙形、倒卵状长椭圆形，叶缘上部有锯齿或全缘。壳斗杯形，小苞片条状披针形，长约5mm，赭褐色，被灰白色柔毛，先端向外反曲。坚果卵形至近球形，顶端有绒毛。

分布于松坪子、牛坪子等地。国内分布于西北、西南、华北、华中。

锥连栎 *Quercus franchetii* Skan

壳斗科 Fagaceae

常绿乔木，高达15m。小枝密被灰黄色单毛和束毛。叶倒卵形、椭圆形，叶缘中部以上有腺锯齿，幼叶两面密被灰黄色腺质束毛或单毛。雄花序生于新枝基部；雌花序有花5~6朵。壳斗杯形，包着坚果约1/2。坚果矩圆形，被灰色细绒毛，果脐突起。

分布于苏铁自然保护区全区。国内分布于西南。

毛曼青冈 *Quercus gambleana* A. Camus

壳斗科 Fagaceae

常绿乔木，高达20m。幼枝被绒毛。叶片长椭圆形，叶缘有锯齿，老叶背面密被灰黄色星状绒毛。雌花序生于新枝上部叶腋，被绒毛。壳斗杯形，包着坚果1/2；环带边缘有齿状缺刻，被灰黄色绒毛。坚果卵形至椭球形，初被毛，后渐脱落，果脐微凸起。

分布于丰家梁子、牛坪子等地。国内分布于华中、西南。

青冈 *Quercus glauca* Thunb.

壳斗科 Fagaceae

常绿乔木，高达20m。小枝无毛。叶片倒卵状椭圆形至长椭圆形，叶缘中部以上有疏锯齿，叶面无毛，叶背有整齐平伏白色单毛。雄花序轴被苍色绒毛。果序着生果2~3个。壳斗碗形，包着坚果1/3~1/2，环带全缘或有细缺刻，排列紧密。坚果卵形，无毛或被薄毛。

分布于丰家梁子等地。国内分布于西北、华东、华南、华中、西南。

大叶栎 *Quercus griffithii* Hook. f. et Thomson ex Miq.

壳斗科 Fagaceae

落叶乔木，高达25m。小枝初被灰黄色疏毛或绒毛，后渐脱落。叶片倒卵形，长10~20（~30）cm，宽4~10cm，顶端短渐尖或渐尖，基部圆形或窄楔形，叶缘具尖锯齿，叶背密生灰白色星状毛，有时脱落。壳斗杯形，包着坚果1/3~1/2。坚果椭球形或卵状椭球形，高1.5~2cm，果脐微突起。

分布于丰家梁子、竹林坡等地。国内分布于西南。

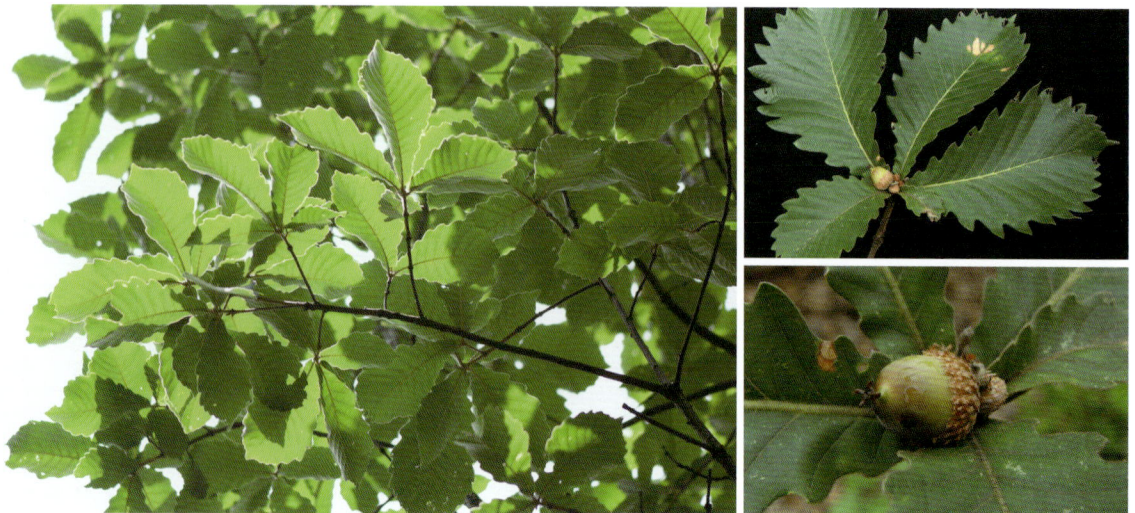

✦ 长穗高山栎 *Quercus longispica* (Hand.-Mazz.) A. Camus

壳斗科 Fagaceae

　　常绿乔木或小乔木，高达20m。幼枝被黄棕色绒毛，后渐脱落。叶片椭圆形，长4～11cm，全缘或有刺状锯齿，幼叶两面被棕色星状毛或单毛，老时仅叶背被棕色星状毛和粉质鳞秕。雄花序长8～11cm，花序轴及花被均被星状绒毛；雌花序长3.6～16cm。果序长6～16cm；壳斗杯形，包着坚果1/2以下。坚果卵形。

　　分布于丰家梁子、竹林坡、松坪子、庙子等地。国内分布于西南。

✦ 滇青冈 *Quercus schottkyana* Rehder et E. H. Wilson

壳斗科 Fagaceae

　　常绿乔木，高达20m。小枝灰绿色，幼时有绒毛，后渐无毛。冬芽被绒毛。叶片长椭圆形或倒卵状披针形，叶缘1/3以上有锯齿，中脉在叶面凹陷，在叶背显著凸起，侧脉每边8～12条，叶背支脉明显，幼时被弯曲黄褐色绒毛，后渐脱落。壳斗碗形，包着坚果1/3～1/2；小苞片合生成6～8条同心环带，环带近全缘。坚果椭圆形至卵形，果脐微凸起。

　　分布于丰家梁子等地。国内分布于西南。

栓皮栎 *Quercus variabilis* Blume

壳斗科 Fagaceae

　　落叶乔木，高达30m。树皮黑褐色，深纵裂，木栓层发达。叶片长椭圆形，长8～15（～20）cm，叶缘具刺芒状锯齿，叶背密被灰白色星状绒毛。壳斗杯形，包着坚果2/3；小苞片钻形，反曲，被短毛。坚果近球形或宽卵形，高约1.5cm，顶端圆。

　　分布于丰家梁子、牛坪子、澾水崖等地。全国广布。

云南黄杞 *Engelhardia spicata* Blume

胡桃科 Juglandaceae

　　乔木，高20m。偶数羽状复叶，很少奇数羽状复叶，长15～35cm；叶片椭圆形，长7～15cm，全缘，背面无毛或被短柔毛，基部宽楔形，顶部短渐尖。雄性柔荑花序常集合为圆锥状。小坚果球状或卵球形，径3～6mm，具糙硬毛；苞片及小苞片贴生至近果实中部，苞片的裂片倒披针状矩圆形。

　　分布于银厂沟等地。国内分布于华南、西南。

胡桃 *Juglans regia* L.

易危（VU）

胡桃科 Juglandaceae

　　落叶乔木，高20～25m。树皮老时灰白色，浅纵裂；小枝无毛。奇数羽状复叶长25～30cm，叶柄及叶轴幼时被有极短腺毛及腺体。雄性柔荑花序下垂；雄花的苞片、小苞片及花被片均被腺毛。雌性穗状花序具1～4朵雌花。果序短，具1～3枚果实；果实近于球状，直径4～6cm，无毛。

　　分布于牛坪子等地。国内除东北外广布。

尼泊尔桤木 *Alnus nepalensis* D. Don

桦木科 Betulaceae

　　落叶乔木，高达15m。树皮灰色，平滑。枝条无毛；幼枝被短柔毛。芽具柄，具2枚芽鳞。叶倒卵状披针形、倒卵形、椭圆形或倒卵状椭圆形，边缘全缘或具疏细齿，上面无毛，下面密生腺点，幼时疏被长柔毛。雄花序多数，排成圆锥状，下垂。果序多数，呈圆锥状排列；果苞木质，宿存，具5枚浅裂片；小坚果矩圆形。

　　分布于丰家梁子等地。国内分布于华南、西南。

马桑 *Coriaria napalensis* Wall.

马桑科 Coriariaceae

灌木，高1.5～2.5m。分枝水平开展；小枝四棱形或成4个窄翅，幼枝疏被微柔毛，后变无毛；老枝紫褐色，具突起的圆形皮孔。叶对生，椭圆形或宽椭圆形，长2.5～8cm，先端急尖，基部圆，全缘，两面无毛或脉上疏被毛，基出三脉，弧形伸至顶端；叶柄短，紫色，基部具垫状突起物。总状花序生于二年生的枝条上；雄花序先叶开放，多花密集，萼片卵形，边缘半透明，上部具流苏状细齿，雄蕊10枚，花丝花时伸长，不育雌蕊存在；雌花序的花瓣肉质，龙骨状。果球形，果期花瓣肉质增大包于果外，成熟时变黑紫色。

分布于竹林坡等地。国内分布于西北、西南、华东、华中、华南。

帽儿瓜 *Mukia maderaspatana* (L.) M. Roem.

葫芦科 Cucurbitaceae

一年生平卧或攀援草本。全株密被黄褐色的糙硬毛。叶片卵状五角形或卵状心形，长宽均为5～9cm，常3～5浅裂，边缘微波状或有不规则的锯齿。雌雄同株；雄花数朵簇生在叶腋，花萼筒钟状，花冠黄色，雄蕊3枚；雌花单生或3～5朵与雄花在同一叶腋内簇生。果实熟后深红色，球形，平滑无毛。种子卵形，两面膨胀，具蜂窝状突起。

分布于滤水崖等地。国内分布于华东、华南、西南。

茅瓜 *Solena heterophylla* Lour.

葫芦科 Cucurbitaceae

攀援草本。块根纺锤状。茎、枝柔弱无毛。叶片多形，变异极大，卵形、长圆形、卵状三角形或戟形，长8~12cm，不分裂或3~5裂。卷须纤细，不分枝。雌雄异株；雄花10~20朵生于花序梗顶端，花萼筒钟状，花冠黄色，雄蕊3枚，分离；雌花单生于叶腋，子房卵形。果实红褐色，长圆状或近球形。

分布于丰家梁子、竹林坡、松坪子、滤水崖等地。国内分布于华东、西南、华南。

纽子瓜 *Zehneria bodinieri* (H. Lév.) W. J. de Wilde et Duyfjes

葫芦科 Cucurbitaceae

草质藤本。茎多分枝，无毛或稍被长柔毛。叶柄无毛；叶宽卵形或三角状卵形，长、宽均为3~10cm，边缘有小齿或深波状锯齿，脉掌状。卷须丝状，单一，无毛。雌雄同株；雄花常3~9朵生于总梗顶端呈近头状或伞房状花序，花萼筒宽钟状，花冠白色，雄蕊3枚；雌花单生，子房卵形。果实球形或卵形，直径1~1.4cm，浆果状，外面光滑无毛。种子卵状长圆形，扁压，平滑。

分布于滤水崖等地。国内分布于华东、华南、西南。

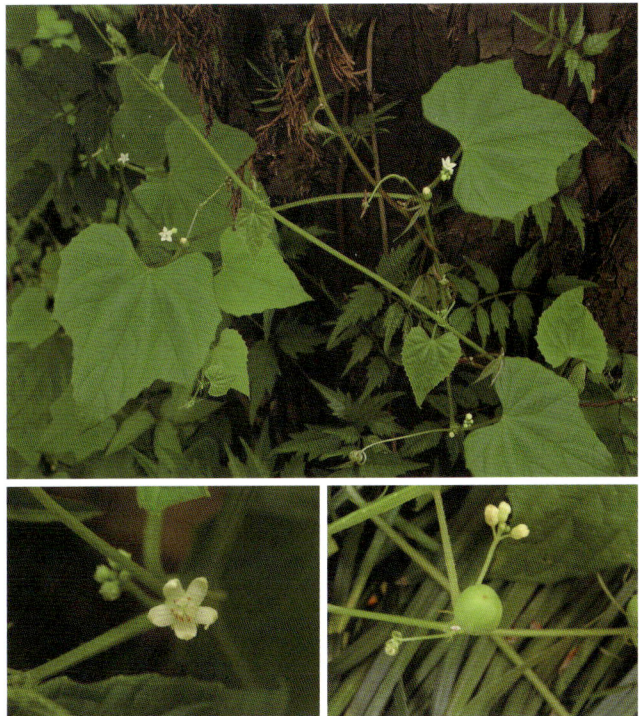

✦ 独牛 *Begonia henryi* Hemsl.

秋海棠科 Begoniaceae

多年生无茎草本，高4～20cm。根状茎球形，有残存褐色的鳞片。叶均基生，1～2片，具长柄；叶片宽卵形，长3.5～6cm，边缘有圆齿。花粉红色，通常2朵或4朵，呈二至三回二歧聚伞状；雄花被片2枚，雄蕊多数，花丝离生；雌花被片2枚，子房无毛，3室，具中轴胎座，花柱3枚，柱头2裂。蒴果下垂，无毛。种子极多数，小，淡褐色，平滑。

分布于滤水崖、丰家梁子、环行便道、牛坪子等地。国内分布于华中、西南、华南。

✦ 云南卫矛 *Euonymus yunnanensis* Franch.

濒危（EN）

卫矛科 Celastraceae

常绿灌木或小乔木，高达12m。叶对生间有互生，窄长倒卵形、椭圆形、倒卵形，长2.5～5cm，边缘具短刺状小尖。聚伞花序具1～3朵花，偶具5朵花；花黄绿色，径2cm以上，5数，罕为4数；雄蕊基部与花盘相连处呈肥厚肉质突起；子房五角形，5室，每室有4～10枚胚珠。蒴果倒锥状，5浅裂。成熟种子椭圆状，棕白色，假种皮红棕色。

分布于庙子等地。国内分布于西北、西南。

✦ 小檗裸实 *Gymnosporia berberoides* W. W. Sm.

易危（VU）

卫矛科 Celastraceae

多刺灌木，高1~2m。小枝粗壮，刺状，先端尖锐，或有时为假顶生的侧生刺代替。叶阔倒卵形或椭圆形，长1.2~5cm，先端圆阔，有时浅内凹，边缘具极浅锐锯齿或近全缘。聚伞花序1个至数个生于刺状枝的短刺腋部，2~4次分枝；花白绿色；花盘扁，微5裂。蒴果倒锥状，3裂。种子椭圆形，基部有白色托状或不整齐2裂的泡状假种皮。

分布于环行便道、金家村、防火步道、松坪子、滤水崖等地。国内分布于西南。

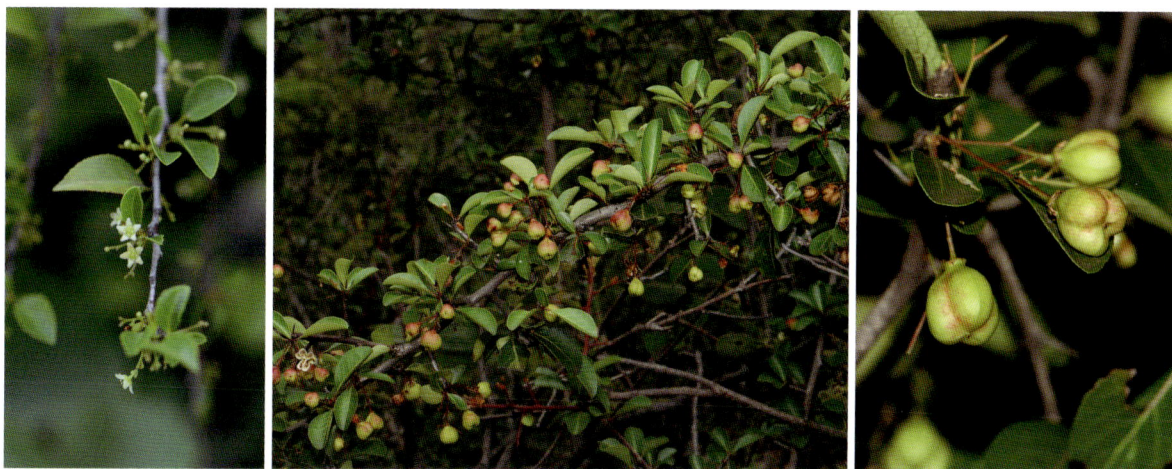

酢浆草 *Oxalis corniculata* L.

酢浆草科 Oxalidaceae

一年生草本，高10~35cm，全株被柔毛。茎多分枝，匍匐茎节上生根。三小叶掌状复叶；小叶无柄，倒心形，长4~16mm，宽4~22mm，先端凹入。花1朵至数朵组成腋生的伞形花序；萼片5枚，矩圆形，宿存；花瓣5枚，黄色，长圆状倒卵形；雄蕊10枚。蒴果长圆柱形，长1~2.5cm，有5棱。

分布于猴子沟、金家村、牛坪子、松坪子、滤水崖、竹林坡等地。全国广布。

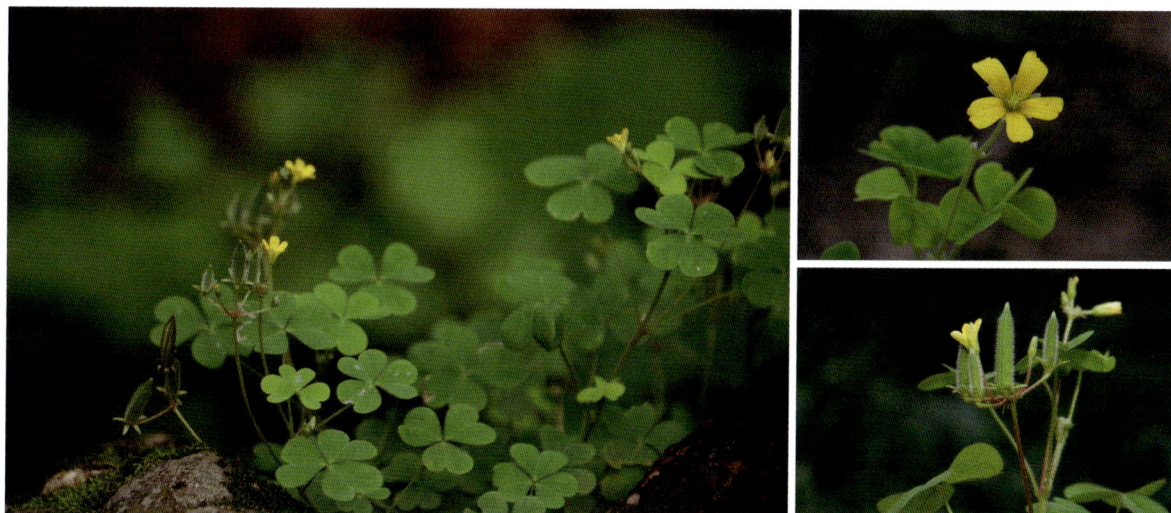

红花酢浆草 *Oxalis corymbosa* DC.

酢浆草科 Oxalidaceae

　　多年生直立草本，无地上茎。叶基生；叶柄长5～30cm或更长，被毛；小叶3枚，扁圆状倒心形，顶端凹入，两侧角圆形，基部宽楔形，表面绿色，被毛或近无毛，背面浅绿色，通常两面或有时仅边缘有干后呈棕黑色的小腺体，背面尤甚并被疏毛；托叶长圆形，顶部狭尖，与叶柄基部合生。二歧聚伞花序，通常排列成伞形花序式，总花梗、花梗、苞片、萼片均被毛；每花梗有披针形干膜质苞片2枚；萼片5枚，披针形，先端有暗红色长圆形的小腺体2枚，顶部腹面被疏柔毛；花瓣5枚，倒心形，为萼长的2～4倍，淡紫色至紫红色，基部颜色较深；雄蕊10枚，长的5枚超出花柱，另5枚长至子房中部，花丝被长柔毛；子房5室，花柱5枚，被锈色长柔毛，柱头浅2裂。蒴果。

　　分布于矿山迹地植被恢复区。国内分布于华南、西南、华东、华中、西北、华北。

✦ 灰叶堇菜 *Viola delavayi* Franch.

堇菜科 Violaceae

　　多年生草本，高15～25cm，有地上茎。基生叶通常1片或缺，茎生叶具柄，厚纸质，宽卵形或三角状卵形，长1.5～4cm，具波状锯齿缘。花黄色，由上部叶腋抽出；下方花瓣基部有紫色条纹；距极短；子房光滑无毛，柱头2裂，裂片直伸。蒴果小，卵形或长圆形，与宿存的萼片近等长或稍短。

　　分布于丰家梁子等地。国内分布于西南。

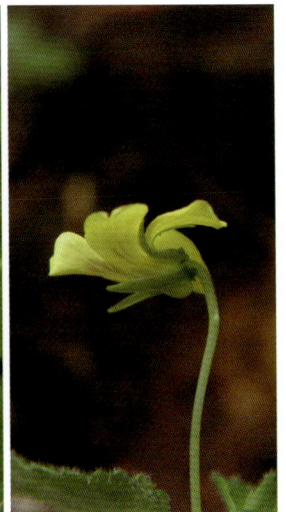

✦ 圆叶堇菜 *Viola striatella* H. Boissieu

堇菜科 Violaceae

多年生小草本，无地上茎，高5～7cm。叶均基生；叶片圆形或心形，长1.4～2.5cm，先端短尖，基部心形，边缘具细锯齿，两面均无毛；托叶干膜质，基部与叶柄合生。花深紫色；花梗在中部以下具2枚小苞片；萼片披针形，无毛，具3条脉，先端钝；下方花瓣具短距；雄蕊下方2枚具短距；子房圆锥形，无毛，花柱基部稍膝曲。

分布于丰家梁子、竹林坡等地。国内分布于西北、华东、西南、华中。

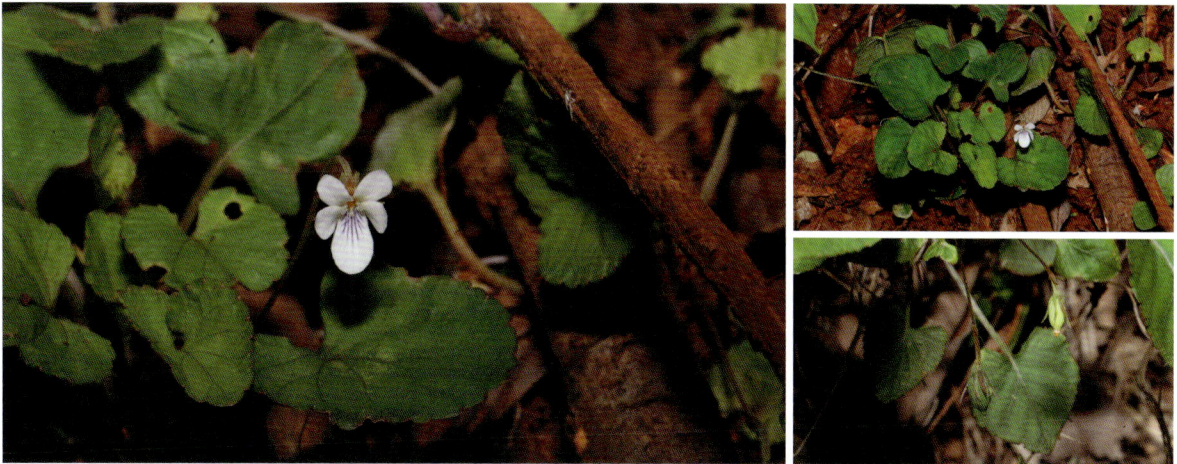

杯叶西番莲 *Passiflora cupiformis* Mast.

西番莲科 Passifloraceae

藤本。叶先端截形至2裂，裂片长达3～8cm，上面无毛，下面被稀疏粗伏毛并具有6～25枚腺体；叶柄长3～7cm。花序近无梗，有5朵至多朵花；花白色；萼片5枚，外面顶端通常具1枚腺体，被毛；外副花冠裂片2轮，丝状；内副花冠褶状；雌雄蕊柄长3～5mm；雄蕊5枚，花丝分离；子房近卵球形，无柄，花柱3枚，分离。浆果球形，熟时紫色，无毛。种子多数，扁平，深棕色。

分布于环行便道、防火步道、松坪子、滤水崖等地。国内分布于华中、华南、西南。

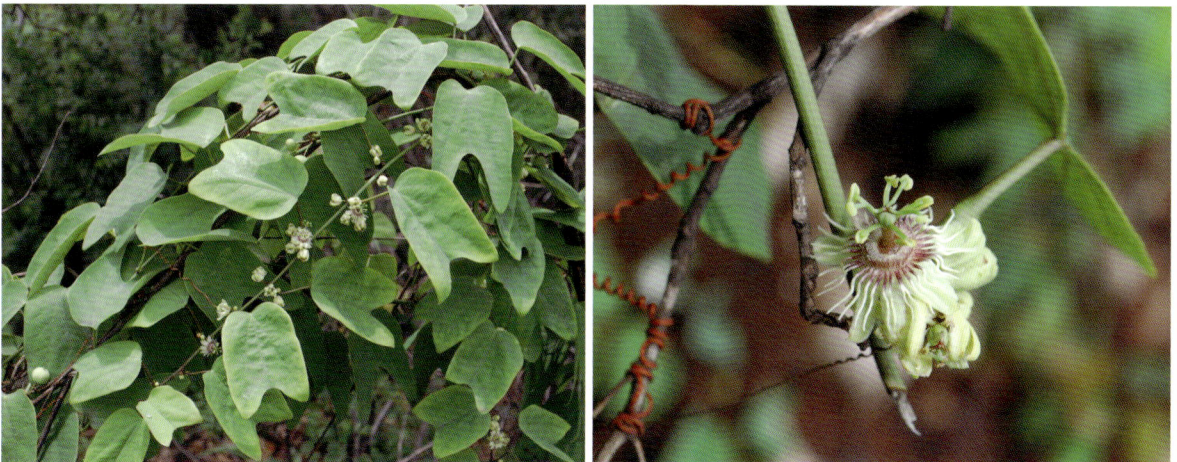

清溪杨 *Populus rotundifolia* var. *duclouxiana* (Dode) Gombócz

杨柳科 Salicaceae

　　落叶乔木，高达20m。树皮灰白色，光滑。幼枝暗褐色，老枝灰色。芽卵形或圆锥形，红褐色。短枝叶卵状圆形或三角状圆形，边缘具波状钝锯齿，上面绿色，下面灰绿色，幼时两面均有白柔毛，叶柄侧扁，长3.5～6.5cm；萌生枝条叶大，宽卵状圆形。柔荑花序；雌花柱头2裂。果序长约10cm，果序轴有毛；蒴果长卵形，2瓣裂。

　　分布于丰家梁子、竹林坡等地。国内分布于西北、西南。

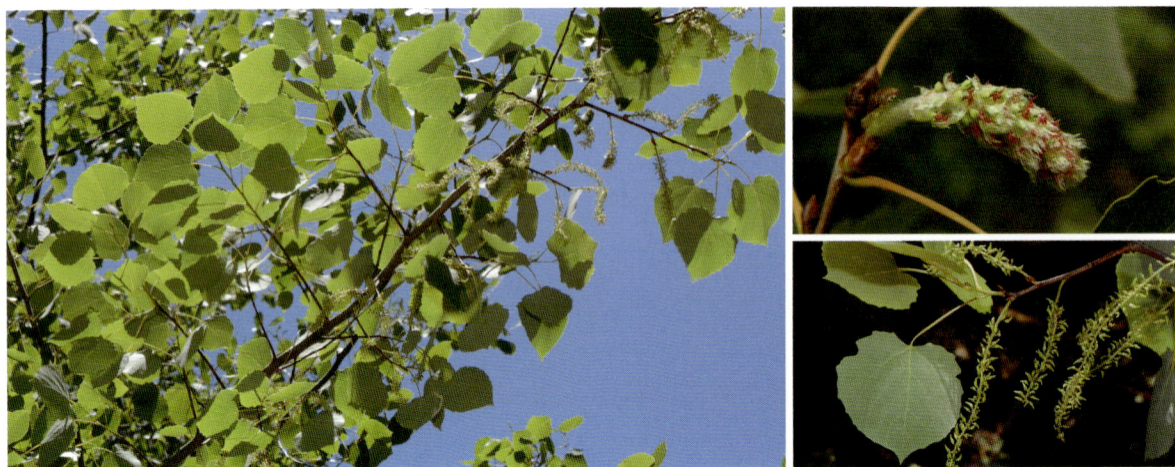

毛叶铁苋菜 *Acalypha mairei* (H. Lév.) C. K. Schneid.

大戟科 Euphorbiaceae

　　落叶灌木，高1～4m。嫩枝被毛，小枝红色，无毛。叶膜质，卵形，长3～11cm，边缘具粗锯齿，两面均被柔毛；叶柄被柔毛；托叶披针形。雌雄同株，异序，稀同序；雄花序生于叶腋，苞片散生，苞腋具雄花7～15朵；雌花序腋生，苞片1枚，近圆形，苞腋具1朵雌花，雌花萼片4～5枚，花柱3枚。蒴果具3个分果爿，直径约2.5mm，果皮密生具毛的软刺。

　　分布于四二四坟地、硝厂沟、滤水崖等地。国内分布于华南、西南。

裂苞铁苋菜 *Acalypha supera* Forssk.

大戟科 Euphorbiaceae

　　一年生草本。全株被毛。叶膜质，叶片卵形、阔卵形或菱状卵形，长2～5.5cm，顶端急尖，基部浅心形，上半部边缘具圆锯齿；基出脉3～5条。雌雄花同序，花序1～3个腋生；雌花苞片3～5枚，掌状深裂，苞腋具1朵雌花，雌花萼片3枚，花柱3个；雄花密生于花序上部，呈头状或短穗状，雄蕊7～8枚。蒴果直径约2mm，具3个分果爿。

　　分布于滤水崖、竹林坡等地。国内分布于华北、西北、西南、华中、华东、华南。

✦ 云南巴豆 *Croton yunnanensis* W. W. Sm.

大戟科 Euphorbiaceae

　　灌木，高1～3m。花序和幼果均被毛。叶近圆形至阔卵形，长5～9cm，边缘有不整齐的细钝锯齿，成长叶上面几无毛，下面密被星状绒毛；叶片基部中脉两侧各有1枚无柄的杯状腺体；基出脉5条；叶柄被星状毛。花序总状，顶生；雄花萼片外面被毛，雄蕊12枚；雌花花瓣比萼片小，被绵毛，子房近球形，密被星状毛。蒴果卵球状，被星状微柔毛。

　　分布于滤水崖、四二四坟地、硝厂沟等地。国内分布于西南。

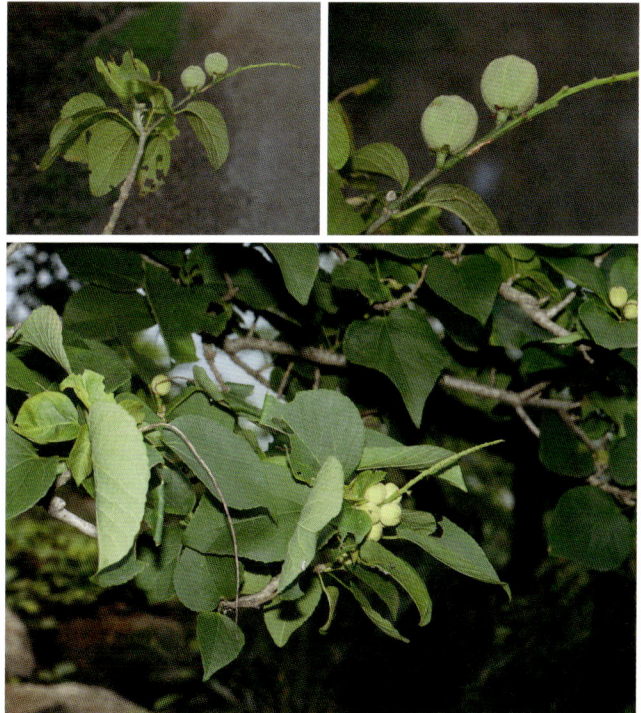

紫锦木 *Euphorbia cotinifolia* L.

大戟科 Euphorbiaceae

常绿乔木，高 13～15（～19）m。叶 3 枚轮生，圆卵形，先端钝圆，基部近平截；主脉于两面明显，侧脉生自主脉两侧，近平行，不达叶缘而网结，边缘全缘，两面红色。花序生于二歧分枝的顶端；总苞阔钟状，边缘 4～6 裂，裂片三角形，边缘具毛；腺体 4～6 枚，半圆形，深绿色，边缘具白色附属物；雄蕊多数。蒴果三棱状卵形，光滑无毛。种子近球状，褐色，腹面具暗色沟纹。

分布于矿山迹地植被恢复区。

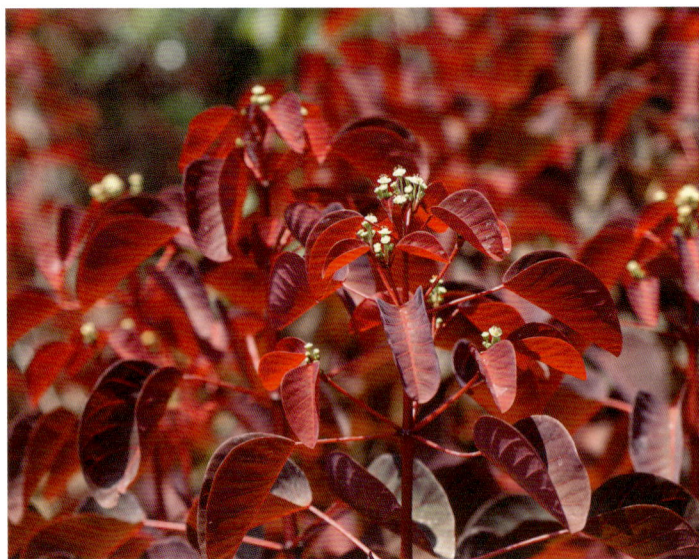

白苞猩猩草 *Euphorbia heterophylla* L.

大戟科 Euphorbiaceae

多年生草本。茎直立，高达 1m，被柔毛。叶互生；卵形至披针形，长 3～12cm，边缘具锯齿或全缘，两面被柔毛。花序单生，基部具柄，无毛；总苞钟状，边缘 5 裂；腺体常 1 枚，杯状；雄花多数；雌花花柱 3 个，柱头 2 裂。蒴果卵球状，被柔毛。

除丰家梁子外，苏铁自然保护区内均有分布。国内分布于华中、华东、华南、西南、华北。

飞扬草 *Euphorbia hirta* L.

大戟科 Euphorbiaceae

一年生草本，高30～70cm。叶对生；披针状长圆形、卵状披针形，长1～5cm，基部略偏斜，边缘于中部以上有细锯齿。花序多数，于叶腋处密集成头状；总苞钟状，边缘5裂；腺体4枚，边缘具白色附属物；雄花数枚；雌花1枚，伸出总苞之外。蒴果三棱状，成熟时分裂为3个分果爿。

分布于滍水崖、矿山迹地植被恢复区、金家村、四二四坟地。国内分布于华中、华东、华南、西南。

大地锦草 *Euphorbia nutans* Lag.

大戟科 Euphorbiaceae

一年生草本。茎直立，自基部分枝或不分枝，高15～30cm。叶对生，叶片狭长圆形或倒卵形，长1～2.5cm，宽4～8mm，两面被稀疏柔毛；托叶三角形。花序数个生于叶腋或枝顶；总苞陀螺状，边缘5裂；腺体4枚，具白色或淡粉色附属物；雄花数枚；雌花1枚。蒴果三棱状，长1.5mm，直径约2mm，无毛，成熟时分裂为3个分果爿。

分布于矿山迹地植被恢复区、四二四坟地、科普区。国内分布于华中、华南、西南、华东、华北。

斑地锦草 *Euphorbia maculata* L.

大戟科 Euphorbiaceae

　　一年生草本。茎匍匐，长10～17cm，被白色疏柔毛。叶对生，长椭圆形至肾状长圆形，先端钝，基部偏斜，不对称，略呈渐圆形，边缘中部以下全缘，中部以上常具细小疏锯齿，叶面中部常具有一个长圆形的紫色斑点，两面无毛；叶柄极短，长约1mm；托叶钻状，不分裂。花序单生于叶腋，基部具短柄，柄长1～2mm；总苞狭杯状，外部具白色疏柔毛，边缘5裂，裂片三角状圆形；腺体4枚，黄绿色；雄花4～5枚，微伸出总苞外；雌花1枚，子房柄伸出总苞外，且被柔毛。蒴果三角状卵形，成熟时易分裂为3个分果爿。种子卵状四棱形，灰色或灰棕色，每个棱面具5个横沟。

　　分布于矿山迹地植被恢复区。国内分布于华东、华中、华南、华北、西南。

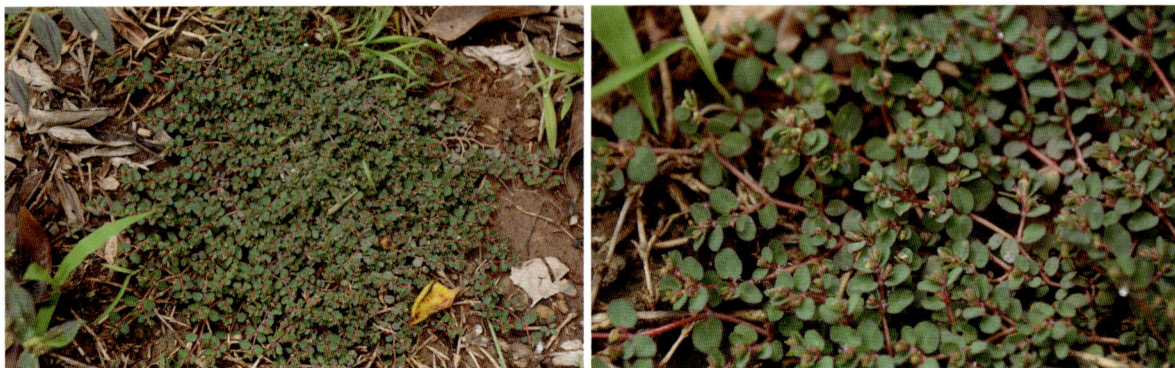

金刚纂 *Euphorbia neriifolia* L.

大戟科 Euphorbiaceae

　　肉质灌木状小乔木，乳汁丰富。茎圆柱状，上部多分枝，高3～8m，具不明显5条隆起且呈螺旋状旋转排列的脊，绿色。叶互生，少而稀疏，肉质，常呈五列生于嫩枝顶端脊上；倒卵形、倒卵状长圆形至匙形，顶端钝圆，具小凸尖，基部渐狭，全缘；托叶刺状，宿存。花序二歧状腋生，基部具柄；总苞阔钟状，边缘5裂，裂片半圆形，边缘具缘毛，内弯；腺体5枚，肉质，边缘厚，全缘；雄花苞片丝状。

　　分布于矿山迹地植被恢复区。

南欧大戟 *Euphorbia peplus* L.

大戟科 Euphorbiaceae

一年生草本。根纤细，下部多分枝。叶互生，倒卵形至匙形，长1～4.0cm，先端钝圆、平截或微凹，基部楔形，边缘自中部以上具细锯齿，常无毛；叶柄长1～3mm或无；总苞叶3～4枚，与茎生叶同形或相似；苞叶2枚，与茎生叶同形。花序单生二歧分枝顶端，基部近无柄；总苞杯状；腺体4枚，新月形，先端具两角，黄绿色；子房柄长2～3.5mm，明显伸出总苞外，子房具3个纵棱，光滑无毛；花柱3个。蒴果三棱状球形，长与直径均2～2.5mm，无毛。种子卵棱状，每个棱面上有规则排列的2～3个小孔，灰色或灰白色；种阜黄白色，盾状，无柄。

分布于矿山迹地植被恢复区。国内分布于华南、华东、西南。

霸王鞭 *Euphorbia royleana* Boiss.

大戟科 Euphorbiaceae

肉质灌木，具丰富的乳汁。茎高5～7m，茎与分枝具5～7条棱。叶互生，密集于分枝顶端，倒披针形至匙形，先端钝或近平截，基部渐窄，边缘全缘；托叶刺状，成对着生于叶迹两侧，宿存。花序二歧聚伞状，着生于节间凹陷处，且常生于枝的顶部；花序基部具柄；总苞杯状，黄色；腺体5枚，横圆形，暗黄色。蒴果三棱状，平滑无毛，灰褐色。种子圆柱状，褐色，腹面具沟纹；无种阜。

分布于矿山迹地植被恢复区。

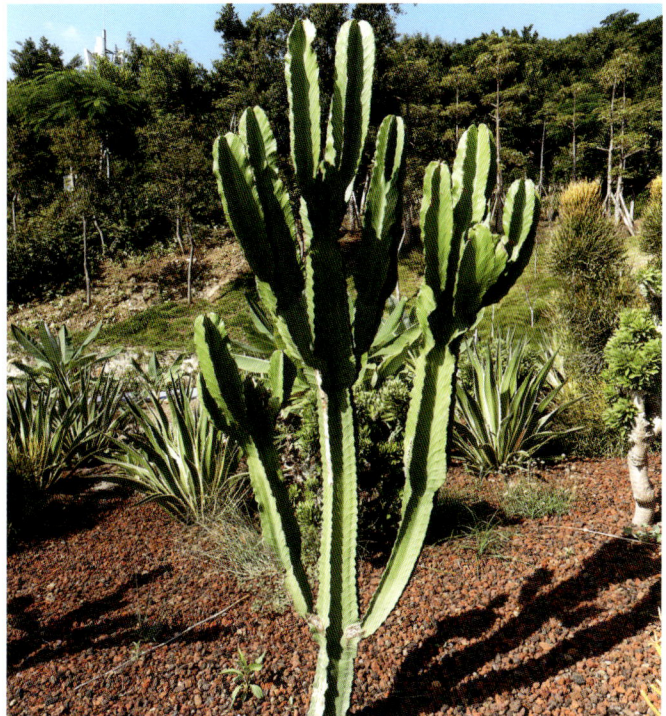

绿玉树 *Euphorbia tirucalli* L.

大戟科 Euphorbiaceae

小乔木，高2～6m。小枝肉质，具丰富乳汁。叶互生，长圆状条形，先端钝，基部渐狭，全缘；常生于当年生嫩枝上，稀疏且很快脱落，由茎行使光合功能，故常呈无叶状态。花序密集于枝顶，基部具柄；总苞陀螺状，内侧被短柔毛；腺体5枚，盾状卵形或近圆形；雄花数枚，伸出总苞之外；雌花1枚，子房柄伸出总苞边缘；花柱3枚，中部以下合生。蒴果棱状三角形。种子卵球状，平滑，具微小的种阜。

分布于矿山迹地植被恢复区。

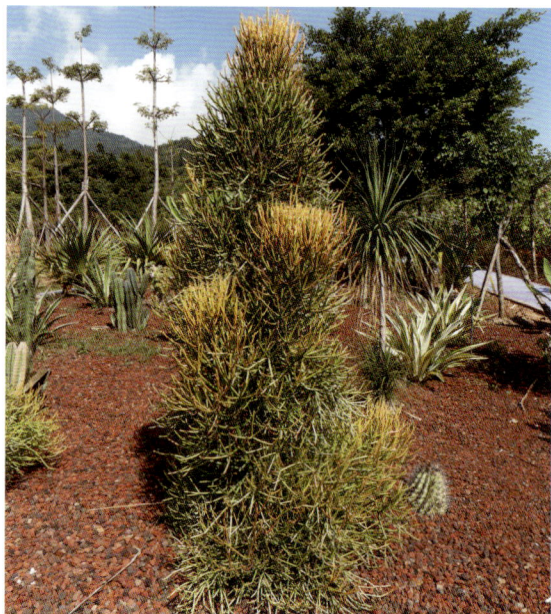

麻风树 *Jatropha curcas* L.

大戟科 Euphorbiaceae

灌木或小乔木，高2～5m，具水状液汁。枝条苍灰色，无毛。叶近圆形至卵圆形，长7～18cm，全缘或3～5浅裂；叶柄长6～18cm。花序腋生；雄花萼片5枚，基部合生，花瓣黄绿色，腺体5枚；雌花花梗花后伸长，萼片离生，花瓣和腺体与雄花同。蒴果椭球形或球形，黄色。种子椭圆状，黑色。

分布于金家村、四二四坟地、银厂沟、硝厂沟、竹林坡等地。

粗糠柴 *Mallotus philippensis* (Lam.) Müll. Arg.

大戟科 Euphorbiaceae

　　小乔木或灌木，高2～18m。小枝、嫩叶和花序均密被黄褐色星状毛。叶互生或有时小枝顶部的对生，卵形、长圆形或卵状披针形，长5～22cm；叶脉散生红色颗粒状腺体，基出脉3条。花雌雄异株，花序总状；雄花1～5朵簇生于苞腋，花萼裂片3～4枚；雌花萼裂片3～5枚，子房被毛。蒴果扁球形，具2～3个分果爿，密被红色颗粒状腺体和粉末状毛。种子卵形或球形，黑色，具光泽。

　　分布于金家村、硝厂沟等地。国内分布于华中、西南、华东、华南。

红雀珊瑚 *Pedilanthus tithymaloides* (L.) Poit.

大戟科 Euphorbiaceae

　　直立亚灌木，高40～70cm。叶肉质，叶片卵形或长卵形，顶端短尖至渐尖，基部钝、圆，两面被短柔毛，毛随叶变老而逐渐脱落；中脉在背面强壮凸起；托叶为一圆形的腺体。聚伞花序丛生于枝顶或上部叶腋内；总苞鲜红或紫红色，仰卧，无毛，两侧对称；雄花每花仅具1枚雄蕊，花梗纤细，无毛；雌花着生于总苞中央而斜伸出于总苞之外，花柱大部分合生。

　　分布于矿山迹地植被恢复区。

蓖麻 *Ricinus communis* L.

大戟科 Euphorbiaceae

　　一年生粗壮草本或草质灌木，高达5m。小枝、叶和花序通常被白霜。茎多液汁。叶互生；长、宽达40cm或更大，掌状7～11裂，裂缺几达中部，边缘具锯齿；叶柄中空，具盘状腺体。总状花序或圆锥花序；雄花雄蕊束众多；雌花子房密生软刺或无刺，花柱红色。蒴果卵球形或近球形，果皮具软刺或平滑。种子椭圆形，斑纹淡褐色或灰白色；种阜大。

　　分布于环行便道、金家村、科普区、猴子沟、滤水崖等地。全国广布。

乌桕 *Triadica sebifera* (L.) Small

大戟科 Euphorbiaceae

　　乔木，各部均无毛而具乳状汁液。叶互生，纸质，叶片菱形，全缘；叶柄顶端具2枚腺体；托叶三角形。花单性，雌雄同株，聚集成顶生、长3～12cm的总状花序；雌花生于花序轴下部，雄花生于花序轴上部或有时整个花序全为雄花；雄花的苞片基部两侧各具一近肾形的腺体，花萼杯状，具不规则的细齿，雄蕊2枚，罕有3枚；雌花萼片3深裂，子房卵球形，3室，柱头3枚。蒴果近球形，黑色，外被白色、蜡质假种皮。

　　分布于牛坪子等地。国内分布于华南、华东、华中、西南、西北。

石海椒 *Reinwardtia indica* Dumort.

亚麻科 Linaceae

　　小灌木，高达1m。叶纸质，椭圆形或倒卵状椭圆形，长2～8.8cm，全缘或有圆齿状锯齿。花序顶生或腋生，或单花腋生；花有大有小，直径1.4～3cm；萼片5枚，披针形，长9～12mm；花瓣黄色，旋转排列，长1.7～3cm；雄蕊5枚；退化雄蕊5枚，与雄蕊互生；花柱3枚。蒴果球形，3裂。

　　分布于竹林坡等地。国内分布于华南、华东、华中、西南。

叶底珠 *Flueggea suffruticosa* (Pall.) Baill.

叶下珠科 Phyllanthaceae

　　灌木。全株无毛。小枝浅绿色，近圆柱形，有棱槽。叶片纸质，椭圆形或长椭圆形，全缘或间中有不整齐的波状齿或细锯齿，下面浅绿色；托叶卵状披针形，宿存。花小，雌雄异株，簇生于叶腋；雄花3～18朵簇生，萼片全缘或具不明显的细齿，雄蕊5枚；雌花萼片5枚，椭圆形至卵形，近全缘，背部呈龙骨状凸起，花盘盘状，全缘或近全缘。蒴果三棱状扁球形，直径约5mm，成熟时淡红褐色，有网纹，3片裂，基部常有宿存的萼片。

　　分布于漉水崖、金家村、硝厂沟等地。全国广布。

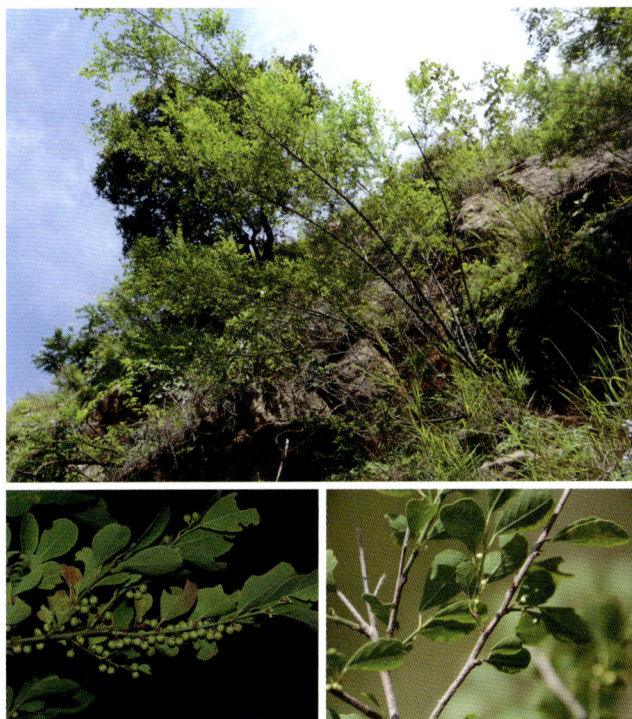

雀儿舌头 *Leptopus chinensis* (Bunge) Pojark.

叶下珠科 Phyllanthaceae

落叶灌木，高达3m。除枝条、叶片、叶柄和萼片均在幼时被疏短柔毛外，其余无毛。叶片卵形、近圆形、椭圆形或披针形，长1~5cm。花雌雄同株，单生或2~4朵簇生于叶腋；萼片、花瓣和雄蕊均为5枚；雄花花瓣白色，花盘腺体5枚，雄蕊离生；雌花花盘环状，10裂至中部，花柱3枚。蒴果圆球形或扁球形，直径6~8mm，基部有宿存萼片。

分布于环行便道、滤水崖等地。国内分布于华南、华东、华中、华北、西南、西北。

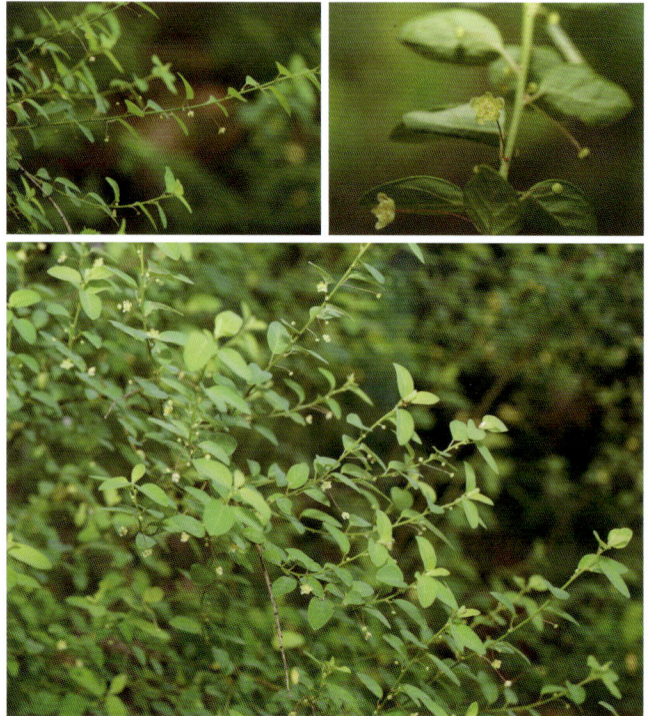

余甘子 *Phyllanthus emblica* L.

叶下珠科 Phyllanthaceae

乔木，高达23m。叶片纸质至革质，2列，条状长圆形，长8~20mm，宽2~6mm。多朵雄花和1朵雌花或全为雄花组成腋生的聚伞花序；萼片6枚，黄色；雄花具雄蕊3枚，花丝合生为柱；雌花的子房3室，花柱3枚。蒴果呈核果状，球形，外果皮肉质，内果皮硬壳质。

分布于金家村、牛坪子、环行便道、松坪子、防火步道等地。国内分布于华南、华东、西南。

黄珠子草 *Phyllanthus virgatus* G. Forst.

叶下珠科 Phyllanthaceae

一年生草本，高达60cm。全株无毛。叶片条状披针形、长圆形或狭椭圆形，长5~25mm。通常2~4朵雄花和1朵雌花同簇生于叶腋；雄花萼片6枚，雄蕊3枚，花丝分离；雌花子房3室，具鳞片状突起，花柱分离，2深裂几达基部。蒴果扁球形，紫红色，有鳞片状凸起，萼片宿存。

分布于猴子沟、四二四坟地、科普区等地。国内分布于华南、华东、华中、华北、西南、西北。

✦ 刚毛紫地榆 *Geranium hispidissimum* (Franch.) R. Knuth

牻牛儿苗科 Geraniaceae

多年生草本，高25~30cm。根茎粗短；茎多数、仰卧，密被开展的多细胞刺毛状腺毛和倒向弯曲的短柔毛。叶基生和在茎上对生；叶片五角状肾圆形，长3~4cm，5深裂达3/4处，背面密被短柔毛。总花梗细弱，稍长于叶；萼片卵状椭圆形，长6~7mm；花瓣紫红色，倒卵形，先端圆形。蒴果长约2cm，被短柔毛。

分布于丰家梁子等地。国内分布于西南。

尼泊尔老鹳草 *Geranium nepalense* Sweet

牻牛儿苗科 Geraniaceae

多年生草本，高30～50cm。根为直根，纤维状。茎被倒生柔毛。叶对生或偶为互生；托叶披针形；叶片五角状肾形，掌状5深裂；上部叶通常3裂。总花梗腋生，每梗2朵花，少有1朵花；萼片卵状披针形或卵状椭圆形；花瓣紫红色或淡粉色；雄蕊下部扩大成披针形，具缘毛；花柱不明显。蒴果长15～17mm，果瓣被长柔毛，喙被短柔毛。

分布于丰家梁子、竹林坡等地。国内分布于华南、华东、华中、华北、西南、西北。

马蹄纹天竺葵 *Pelargonium zonale* (L.) L'Hér.

牻牛儿苗科 Geraniaceae

多年生草本，高20～100cm。茎通常单生，具明显节，密被短柔毛。叶互生；托叶阔披针形；叶片圆肾形，直径5～8cm，基部心形，边缘波状或具钝齿，两面被短硬毛，上面中部具紫红色马蹄形环纹。伞形花序腋生；萼片5枚，基部合生，披针形至阔披针形，上面被白色曲柔毛；花瓣粉红色、橙红、白色或红色，下方3枚较大，阔倒卵形，下部收窄成瓣柄；子房密被短柔毛，花柱5裂，裂片条形，卷曲。分果为扁圆形，密被长硬毛，先端具喙。

分布于民政核心区。

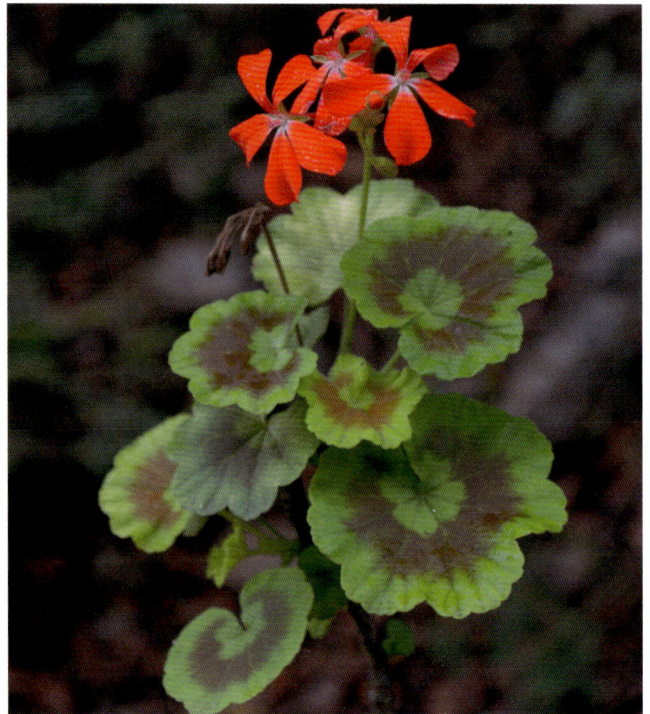

使君子 *Combretum indicum* (L.) DeFilipps

使君子科 Combretaceae

攀援状灌木，高2～8m。小枝被棕色柔毛。叶对生或近对生，膜质，卵形或椭圆形，长5～11cm，先端短渐尖，基部钝圆，上面无毛，下面疏被棕色柔毛，侧脉7～8对；叶柄无关节，幼时密被锈色柔毛。穗状花序顶生，组成伞房状；苞片卵形或条状披针形，被毛；萼筒被黄色柔毛，先端具广展、外弯萼齿；花瓣5枚，先端钝圆，初白色，后淡红色；雄蕊10枚，不伸出冠外，外轮生于花冠基部，内轮生于中部；子房下位，具3枚胚珠。果卵形，短尖，无毛，具明显的锐棱角5条，成熟时外果皮脆薄，呈青黑色或栗色。种子1枚，白色，圆柱状纺锤形。

分布于矿山迹地植被恢复区。

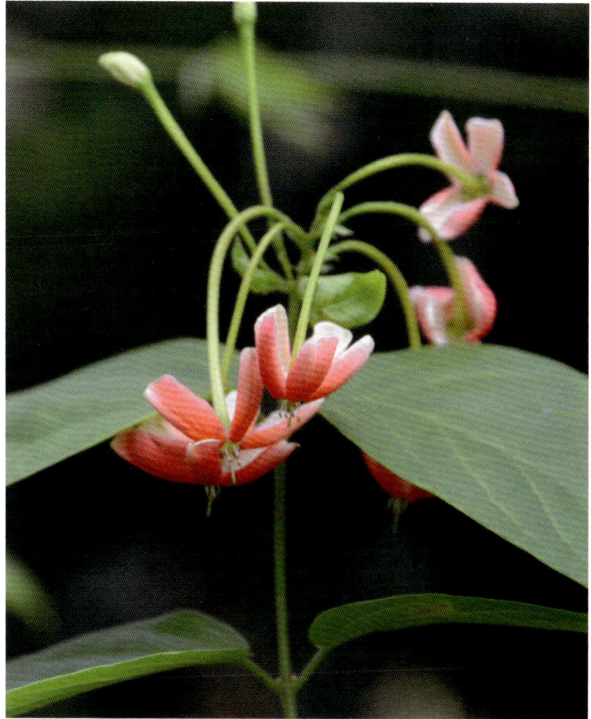

滇榄仁 *Terminalia franchetii* Gagnep.

使君子科 Combretaceae

落叶乔木，高4～10m。枝纤细，老时皮纵裂；小枝被金黄色短绒毛。叶互生，叶片椭圆形至阔卵形，长5～6.5cm，叶面被绒毛，背面密被黄色丝状伏毛，两面明显；叶柄密被棕黄色绒毛，顶端具2枚腺体。穗状花序腋生或顶生；萼管杯状，顶端具5裂齿；雄蕊10枚，伸出萼筒外；有花盘；子房长卵形，密被黄色长丝状毛。果具等大的3翅，无柄，被黄褐色长柔毛。

分布于苏铁自然保护区全区。国内分布于华南、西南。

细叶萼距花 *Cuphea hyssopifolia* Kunth

千屈菜科 Lythraceae

　　常绿矮灌木，高20～70cm。多分枝。叶小，对生或近对生，纸质，狭长圆形至披针形，顶端稍钝或略尖，基部钝，稍不等侧，全缘。花单朵，腋外生；萼筒延长而呈花冠状；花瓣6枚。蒴果近长圆形。

　　分布于矿山迹地植被恢复区。

大花紫薇 *Lagerstroemia speciosa* (L.) Pers.

千屈菜科 Lythraceae

　　乔木，高达25m。树皮灰色，平滑。小枝圆柱形，无毛或微被糠秕状毛。叶革质，长圆状椭圆形或卵状椭圆形，稀披针形，先端钝或短尖。圆锥花序顶生；花序轴、花梗及花萼外面均被黄褐色糠秕状密黏毛；花淡红色或紫色；花萼有棱12条，6裂，裂片三角形，反曲，内面无毛，附属体鳞片状；花瓣6枚，近圆形至长圆状倒卵形，爪长约5mm；雄蕊100～200枚，近等长；子房球形，4～6室，无毛。蒴果球形或倒卵状长圆形，褐灰色，6裂。种子多数。

　　分布于矿山迹地植被恢复区。

小花柳叶菜 *Epilobium parviflorum* Schreb.

柳叶菜科 Onagraceae

多年生草本，高18～100cm。茎混生长柔毛与短腺毛。叶对生，上部的互生；狭披针形或长圆状披针形，长3～12cm，宽0.5～2.5cm，边缘每侧具15～60个细齿。总状花序直立；花管喉部有一圈长毛；花瓣粉红色至鲜玫瑰紫红色，稀白色；花柱无毛，柱头4深裂。蒴果长3～7cm。种子倒卵球状。

分布于硝厂沟等地。国内分布于华东、华中、华北、西南、西北。

长籽柳叶菜 *Epilobium pyrricholophum* Franch. et Sav.

柳叶菜科 Onagraceae

多年生草本，高25～80cm。茎密被曲柔毛与腺毛。叶对生，花序上的互生，卵形，长2～5cm，边缘每边具7～15个锐锯齿。花序直立，密被毛；花管喉部有一环白色长毛；花粉红色至紫红色；柱头棍棒状或近头状。蒴果被腺毛。种子狭倒卵状，表面具细乳突。

分布于丰家梁子、竹林坡等地。国内分布于华南、华东、华中、西南、西北。

山桃草 *Oenothera lindheimeri* (Engelm. et A. Gray) W. L. Wagner et Hoch

柳叶菜科 Onagraceae

多年生粗壮草本，常丛生。茎直立，高60～100cm；常多分枝，入秋变红色，被长柔毛与曲柔毛。叶对生，无柄，椭圆状披针形或倒披针形，向上渐变小，先端锐尖，基部楔形，边缘具远离的齿突或波状齿，两面被贴生的长柔毛。穗状花序生茎枝顶部，直立；苞片狭椭圆形、披针形或条形；花瓣白色或粉红色；花药带红色。蒴果坚果状，狭纺锤形，成熟时褐色，具明显的棱。种子1～4颗，有时只部分胚珠发育，卵状，淡褐色。

分布于矿山迹地植被恢复区。

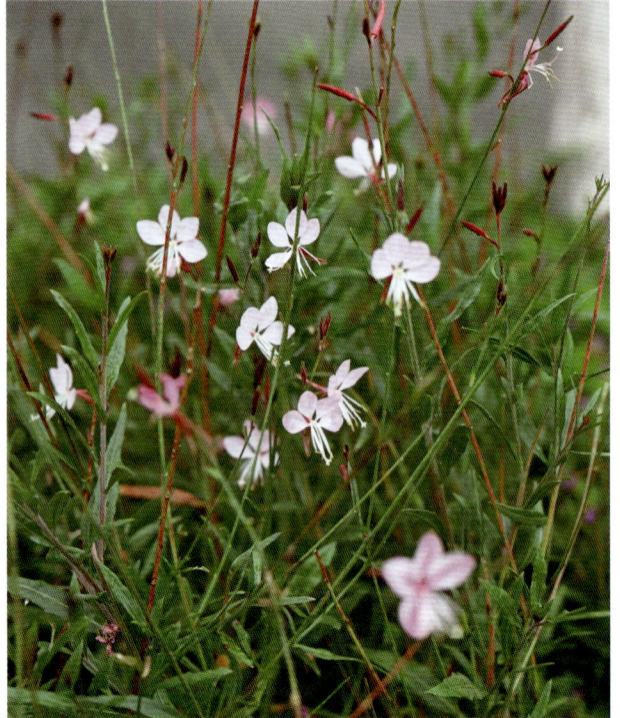

粉花月见草 *Oenothera rosea* L'Hér. ex Aiton

柳叶菜科 Onagraceae

多年生草本。茎常丛生，上升，长30～50cm，多分枝，被曲柔毛。基生叶紧贴地面，倒披针形，开花时枯萎；茎生叶披针形或长圆状卵形，长3～6cm，宽1～2.2cm，边缘具齿突。花单生于茎、枝顶部叶腋，早晨日出时开放；萼片绿色带红色；花瓣粉红至紫红色。蒴果棒状，具4条纵翅；种子每室多数。

分布于金家村、竹林坡、丰家梁子等地。国内分布于华东、西南。

红千层 *Callistemon rigidus* R. Br.

桃金娘科 Myrtaceae

小乔木。树皮坚硬，灰褐色。嫩枝有棱，初时有长丝毛，不久变无毛。叶片坚革质，条形，长5～9cm，先端尖锐，初时有丝毛，不久脱落，油腺点明显，干后突起，中脉在两面均突起，侧脉明显，边脉位于边上，突起；叶柄极短。穗状花序生于枝顶；萼管略被毛，萼齿半圆形，近膜质；花瓣绿色，卵形，有油腺点；雄蕊鲜红色，花药暗紫色，椭圆形；花柱比雄蕊稍长，先端绿色，其余红色。蒴果半球形，先端平截，萼管口圆，果瓣稍下陷，3片裂开，果片脱落。种子条状。

分布于矿山迹地植被恢复区。

赤桉 *Eucalyptus camaldulensis* Dehnh.

桃金娘科 Myrtaceae

乔木，高达25m。树皮平滑，暗灰色，片状脱落；幼态叶宽披针形，长6～9cm；成熟叶窄披针形或披针形，长6～30cm，两面有黑色腺点，叶柄长1.5～2.5cm。伞形花序腋生，有5～8朵花，花序梗圆柱形，纤细，长1～1.5cm；花梗长5～7mm；花蕾卵圆形，长约8mm；萼筒半球形；帽状体长约6mm，先端收缩，尖锐。蒴果近球形，径5～6mm，果瓣常为4瓣，稀3或5瓣。

分布于矿山迹地植被恢复区。

黄金香柳 *Melaleuca bracteata* 'Revolution Gold'

桃金娘科 Myrtaceae

多年生常绿小灌木或乔木，6~8m。主干直立，枝条密集，细长柔软，嫩枝红色。叶互生，叶片革质，披针形至条形，具油腺点，金黄色。穗状花序，花两性，花瓣绿白色，雄蕊多数，呈绿白色，子房下位，花柱条形。

分布于矿山迹地植被恢复区。

番石榴 *Psidium guajava* L.

桃金娘科 Myrtaceae

常绿乔木，高达13m。树皮平滑，片状剥落。叶对生，叶片长圆形至椭圆形，长6~12cm，宽3.5~6cm。花单生或2~3朵排成聚伞花序；萼管钟形，有毛，萼帽近圆形，不规则裂开；花瓣白色；子房下位，与萼合生，花柱与雄蕊等长。浆果球形、卵圆形或梨形，顶端有宿存萼片，果肉白色及黄色，胎座肥大，肉质，淡红色。种子多数。

分布于金家村、四二四坟地、银厂沟、硝厂沟。

洋蒲桃 *Syzygium samarangense* (Blume) Merr. et L. M. Perry

桃金娘科 Myrtaceae

乔木，高12m。叶薄革质，椭圆形或长椭圆形，先端钝或稍尖，基部变狭，圆形或微心形，上面干后变黄褐色，下面多细小腺点。聚伞花序顶生或腋生，有花数朵；萼管倒锥形，萼齿4枚，半圆形；花白色；雄蕊多数，长约1.5cm；花柱长2.5～3cm。果梨形或圆锥形，肉质，洋红色，有光泽，顶部凹陷，具宿存肉质萼片。种子1颗。

分布于矿山迹地植被恢复区。

巴西野牡丹 *Pleroma* 'Cote d'Azur'

野牡丹科 Melastomataceae

常绿小灌木，株高一般30～150cm。茎四棱形，枝条红褐色。叶对生，长椭圆至披针形，叶上面无毛，背面被细柔毛，全缘。花顶生，大型；花萼5枚，红色；花瓣5枚，紫蓝色。蒴果球形，被毛。

分布于矿山迹地植被恢复区。

✦ 白头树 *Garuga forrestii* W. W. Sm.

橄榄科 Burseraceae

落叶乔木。幼枝密被毛，老枝紫褐色，有纵条纹。奇数羽状复叶，有小叶11～19枚；小叶近无柄，披针形至长圆形，有圆形小托叶。圆锥花序侧生和腋生，常多数聚集于近小枝顶部，密被直立的柔毛；花白色；花托杯状，外被绒毛；萼片钻形；花瓣卵形。果近卵形，一侧肿胀，横切面多少呈钝三角形。

分布于金家村、硝厂沟等地。国内分布于西南。

✦ 羊角天麻 *Dobinea delavayi* (Baill.) Baill.

漆树科 Anacardiaceae

多年生亚灌木状草本。茎带紫色，具条纹。叶心形或卵状心形，长6～11cm，边缘具不整齐锯齿，近无毛。花小，单性异株；雄花序聚伞总状或聚伞圆锥状，顶生或生于上部叶腋，雄蕊8～10枚；雌花序总状，顶生或生于上部叶腋，花梗与苞片中脉下半部合生，雌花无花萼、花瓣及雄蕊。果直径3～4mm，着生在苞片中下部，被微柔毛，具条纹。

分布于滤水崖、丰家梁子等地。国内分布于西南。

杧果 *Mangifera indica* L.

漆树科 Anacardiaceae

常绿大乔木，高10～20m。树皮灰褐色。小枝褐色，无毛。叶薄革质，常集生枝顶，叶形和大小变异较大，通常长圆形或长圆状披针形，长12～30cm，边缘皱波状，无毛，具光泽；叶柄基部膨大。圆锥花序长20～35cm，被灰黄色微柔毛，分枝开展；苞片披针形，被微柔毛；花小，杂性，黄色或淡黄色；花梗具节；萼片卵状披针形，外面被微柔毛，边缘具细睫毛；花瓣长圆形或长圆状披针形，无毛，里面具3～5条棕褐色突起的脉纹；花盘膨大，肉质，5浅裂；雄蕊仅1个发育，花药卵圆形，不育雄蕊3～4枚，具极短的花丝和疣状花药原基或缺；子房斜卵形，无毛，花柱近顶生。核果大，肾形，压扁，成熟时黄色。

分布于牛坪子。

✦ 黄连木 *Pistacia chinensis* Bunge

漆树科 Anacardiaceae

落叶乔木，高达20m。树皮鳞片状剥落。奇数羽状复叶互生，具5～6对小叶，叶轴及叶柄被微柔毛；小叶近对生，纸质，披针形或条状披针形，长5～10cm，宽1.5～2.5cm，先端渐尖或长渐尖，基部窄楔形或近圆，侧脉两面突起，小叶柄长1～2mm。花雌雄异株，先花后叶；圆锥花序腋生，雄花序排列紧密，雌花序排列疏松；雄花的花被片2～4枚，披针形或条状披针形，边缘具睫毛，雄蕊3～5枚，花丝极短，雌蕊缺；雌花的花被片7～9枚，长0.7～1.5mm，披针形或条状披针形，无退化雄蕊。核果倒卵球形，熟时紫红色。

分布于竹林坡等地。国内分布于华南、华东、华中、华北、西南、西北。

清香木 *Pistacia weinmanniifolia* J. Poiss. ex Franch.

漆树科 Anacardiaceae

灌木或小乔木，高2～8m。树皮灰色，小枝具棕色皮孔。偶数羽状复叶互生，有小叶4～9对，叶轴具狭翅；小叶长圆形，长1.3～3.5cm，先端微缺，具芒刺状硬尖头，全缘。花序腋生，与叶同出，被黄棕色柔毛和红色腺毛；花小，紫红色，无梗；雄花花被片5～8枚，有退化雌蕊；雌花花被片7～10枚，无退化雄蕊。核果球形，熟时红色。

分布于环行便道、牛坪子、猴子沟、防火步道、丰家梁子、竹林坡、硝厂沟、滤水崖、松坪子、矿山迹地植被恢复区。国内分布于华南、西南。

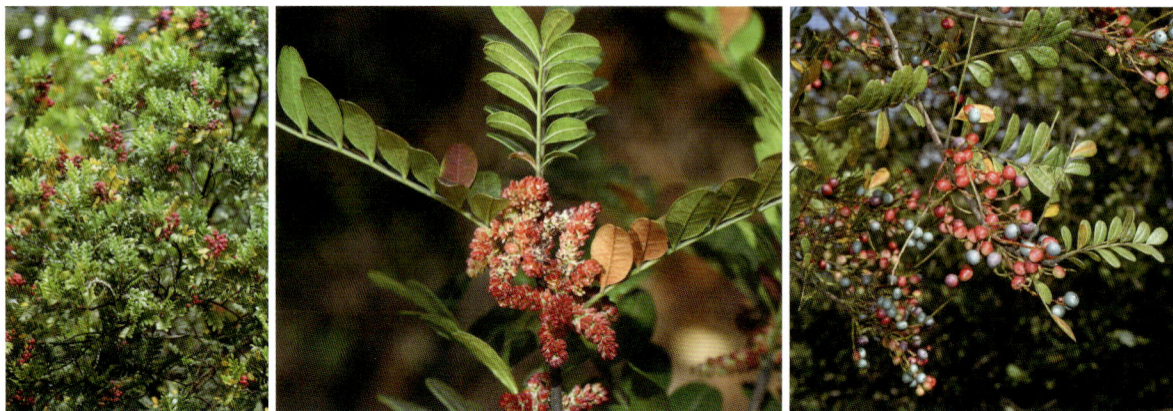

野漆 *Toxicodendron succedaneum* (L.) Kuntze

漆树科 Anacardiaceae

落叶乔木或小乔木，高达10m。小枝粗壮，无毛。奇数羽状复叶互生，常集生小枝顶端，长25～35cm，有小叶4～7对；小叶对生或近对生，长圆状椭圆形、阔披针形或卵状披针形，长5～16cm，全缘，两面无毛，叶背常具白粉。圆锥花序长7～15cm，多分枝；花黄绿色，直径约2mm。核果大，偏斜，直径7～10mm，压扁。

分布于滤水崖、猴子沟、环行便道、金家村、硝厂沟、银厂沟、松坪子等地。国内分布于华南、华东、华中、华北、西南、西北。

鸡爪槭 *Acer palmatum* Thunb.

无患子科 Sapindaceae

　　落叶小乔木，高5～8m。树皮深灰色。当年生枝紫色或淡紫绿色；多年生枝淡灰紫色或深紫色。叶对生，纸质，轮廓圆形，5～9掌状分裂，通常7裂，裂片长圆状卵形或披针形，边缘具紧贴的尖锐锯齿；叶柄细瘦，无毛。伞房花序，无毛；花紫色，杂性，雄花与两性花同株；萼片5枚；花瓣5枚；雄蕊8枚，无毛，内藏；花盘位于雄蕊的外侧；子房无毛，花柱长，2裂，柱头扁平。翅果嫩时紫红色，成熟时淡棕黄色，小坚果球形；翅与小坚果张开成钝角。

　　分布于矿山迹地植被恢复区。

✦ 金沙槭 *Acer paxii* Franch.

无患子科 Sapindaceae

　　常绿乔木，高5～10m。叶对生，厚革质，全缘或三裂；中裂片三角形；上面无毛，平滑，有光泽，下面密被白粉。花绿色，杂性，雄花与两性花同株，伞房花序；花丝无毛，花药黄色；花盘无毛；子房初被白色绒毛，花开后毛陆续脱落。翅长圆形，与小坚果共长3cm。

　　分布于竹林坡等地。国内分布于华南、西南。

茶条木 *Delavaya toxocarpa* Franch.

无患子科 Sapindaceae

灌木或小乔木，高3～8m。树皮褐红色。小枝无毛。三出复叶对生，中间的小叶椭圆形至披针状卵形，长8～15cm，侧生的较小，卵形，近无柄，全部小叶边缘均有稍粗的锯齿，很少全缘，两面无毛。花序狭窄，柔弱而疏花；花瓣白色或粉红色，长约8mm；子房无毛或被稀疏腺毛。蒴果深紫色。

分布于硝厂沟、牛坪子等地。国内分布于华南、西南。

车桑子 *Dodonaea viscosa* Jacq.

无患子科 Sapindaceae

灌木或小乔木，高1～3m。小枝扁，有棱角。单叶，形状和大小变异很大，条形、条状匙形、条状披针形、倒披针形或长圆形，长5～12cm，全缘或不明显的浅波状，两面有黏液，无毛。花序顶生或在小枝上部腋生；萼片4枚；雄蕊7或8枚；子房椭圆形，外面有胶状黏液。蒴果倒心形或扁球形，具2或3个翅。种子每室1或2颗，透镜状，黑色。

分布于苏铁自然保护区全区。国内分布于华南、华东、西南。

川滇无患子 *Sapindus delavayi* (Franch.) Radlk.

无患子科 Sapindaceae

　　落叶乔木，高达10m。树皮黑褐色。小枝被柔毛。小叶4～6（～7）对，对生或近互生；纸质，卵形或卵状长圆形，两侧常不对称，长6～14cm，先端短尖，基部钝，上面中脉和侧脉有柔毛，下面被疏柔毛或近无毛，侧脉纤细，多达18对；小叶柄长不及1cm。花序顶生，直立，常三回分枝，主轴和分枝被柔毛；萼片5枚；花瓣4枚；花盘半月形，肥厚。发育果片近球形，径约2.2cm，黄色。

　　分布于牛坪子、滤水崖等地。国内分布于华中、西南、西北。

臭节草 *Boenninghausenia albiflora* (Hook.) Rchb. ex Meisn.

芸香科 Rutaceae

　　常绿草本。叶薄纸质，小裂片倒卵形、菱形或椭圆形，背面灰绿色，老叶常变褐红色。花序有花甚多，花枝细，基部有小叶；花瓣白色，有时顶部桃红色，长圆形或倒卵状长圆形，有透明油点；8枚雄蕊长短相间，花丝白色，花药红褐色；子房绿色，基部有细柄。分果瓣长约5mm，每分果瓣有种子4颗，稀3或5粒。种子肾形，长约1mm，褐黑色，表面有细瘤状凸起。

　　分布于丰家梁子等地。国内分布于华南、华东、华中、西南、西北。

竹叶花椒 *Zanthoxylum armatum* DC.

芸香科 Rutaceae

落叶小乔木，高3~5m。茎枝多锐刺。奇数羽状复叶有小叶3~9枚，稀11枚；小叶对生，常为披针形，长3~12cm，宽1~3cm。花序近腋生或同时生于侧枝之顶，有花约30朵以内；花被片6~8枚；雄花的雄蕊5~6枚；雌花有心皮2~3枚，不育雄蕊短丝状。蓇葖果熟时紫红色，有微凸起少数油点。种子褐黑色。

分布于瀑水崖、丰家梁子、银厂沟等地。国内分布于华中、华东、华南、西南、西北。

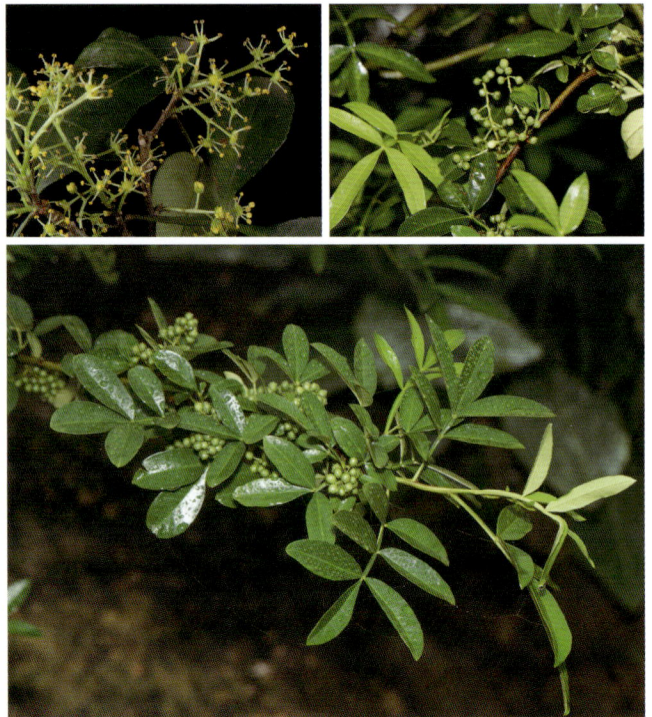

浆果楝 *Cipadessa baccifera* (Roth) Miq.

楝科 Meliaceae

灌木。小枝红褐色，有灰白色皮孔。奇数羽状复叶互生，有小叶4~6对；小叶对生，长卵形、长椭圆形至披针形。圆锥花序腋生，长8~13cm；花具短梗；花萼5齿裂，外面被微柔毛；花瓣白色或淡黄色；雄蕊短于花瓣，花丝和雄蕊管无毛。核果熟后紫黑色，有棱。

分布于瀑水崖等地。国内分布于华南、西南。

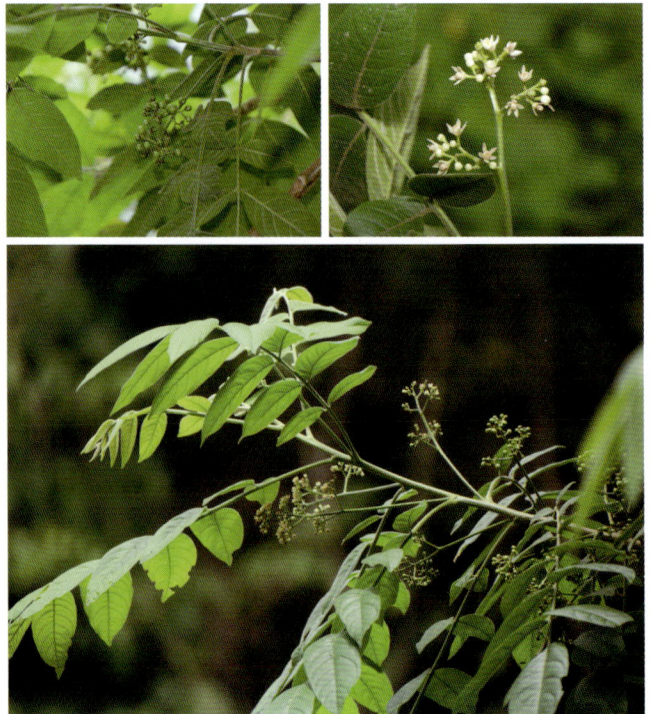

楝　*Melia azedarach* L.

楝科 Meliaceae

落叶乔木，高达10m。树皮纵裂。叶为二至三回奇数羽状复叶，长20～40cm；小叶对生，两面无毛，全缘或有钝锯齿。圆锥花序与叶近等长；花芳香；花萼5深裂；花瓣淡紫色，两面均被疏柔毛；雄蕊管圆柱状，紫色；子房近球形，包藏于雄蕊管内。核果球形至椭球形。种子椭圆球形。

分布于丰家梁子等地。国内分布于华南、华东、华中、华北、西南、西北。

羽状地黄连　*Munronia pinnata* (Wall.) W. Theob.　易危（VU）

楝科 Meliaceae

矮小亚灌木，高15～30cm。茎不分枝。奇数羽状复叶簇生于茎顶，有小叶5～9枚；小叶椭圆形，先端钝，边缘具粗齿。花序腋生，通常2～3朵生于一短的总花梗上；萼5裂达基部；花冠白色至粉红色，近无毛；雄蕊管下部与花冠管合生，无毛，具裂齿。蒴果扁球形，被柔毛。

除丰家梁子外，苏铁自然保护区广布。国内分布于华南、西南。

红椿 *Toona ciliata* M. Roem.

国家二级保护

楝科 Meliaceae

　　落叶乔木，高可达20m。羽状复叶长25～40cm，通常有小叶7～8对；小叶对生或近对生，长圆状卵形或披针形，全缘。圆锥花序顶生；花萼短，5裂；花瓣5枚，白色；雄蕊5枚，约与花瓣等长；子房密被长硬毛，每室有胚珠8～10枚。蒴果长椭圆形，木质，干后紫褐色，有苍白色皮孔。种子两端具翅；翅扁平，膜质。

　　分布于金家村、银厂沟、环行便道、防火步道、松坪子、猴子沟等地。国内分布于华南、华东、华中、西南。

✦ 木里秋葵 *Abelmoschus muliensis* K. M. Feng

濒危（EN）

锦葵科 Malvaceae

　　草本，高0.6～1m。全株密被柔毛。叶下部生的圆心形，边缘具粗齿；上部生的卵状箭形，长7～10cm，边缘具粗齿，两面均密被黄色硬毛；托叶丝形。蒴果单生或排列为总状，腋生；总梗密被黄色硬毛；蒴果卵状椭圆形，密被黄色长硬毛，顶端具短喙。种子肾形，具腺状条纹。

　　分布于银厂沟等地。国内分布于西南。

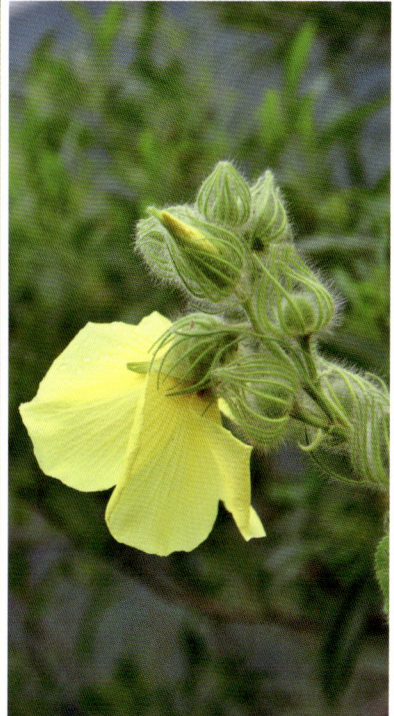

木棉 *Bombax ceiba* L.

　　落叶乔木，高达25m。幼树树干通常有圆锥状粗刺。掌状复叶，有小叶5～7枚；小叶长圆状披针形，长10～16cm，全缘，两面无毛。花单个顶生；花萼杯形，裂片3～5枚；花瓣常红色至橙红色，肉质；雄蕊管短，内轮部分花丝上部分2叉，中间10枚雄蕊较短，不分叉，外轮雄蕊多数，集成5束。蒴果椭球形。种子多数，倒卵形，光滑。

　　分布于硝厂沟、滤水崖等地。国内分布于华南、华东、西南。

美丽异木棉 *Ceiba speciosa* (A.St.-Hil. et al.) Ravenna

　　落叶乔木，高10～15m。树干下部膨大。幼树树皮浓绿色，密生圆锥状皮刺。侧枝放射状水平伸展或斜向伸展。掌状复叶，有小叶5～9枚；小叶椭圆形。花单生；花冠淡紫红色，中心白色，也有白、粉、黄色等，即使同一植株有可能多色并存。蒴果椭球形。

　　分布于猴子沟和矿山迹地植被恢复区。

✦ 云南梧桐

Firmiana major (W. W. Sm.) Hand.-Mazz.

国家二级保护 濒危（EN）

锦葵科 Malvaceae

　　落叶乔木，在保护区内为灌木，高3～5m。树皮青带灰黑色。叶互生，长18～26cm，宽22～28cm，掌状3裂。圆锥花序顶生或腋生；花紫红色；萼5深裂几至基部；雄花的雌雄蕊柄长管状，花药集生在雌雄蕊柄顶端成头状；雌花的子房具长柄。蓇葖果膜质。种子圆球形，着生在心皮边缘的近基部。

　　分布于猴子沟、环行便道、金家村、硝厂沟、滮水崖等地。国内分布于西南。

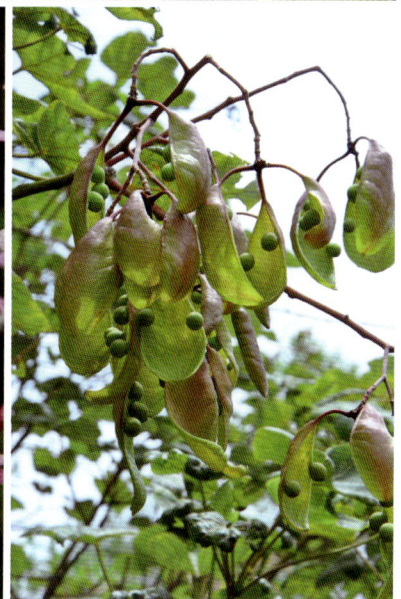

✦ 短柄扁担杆 *Grewia brachypoda* C. Y. Wu

锦葵科 Malvaceae

　　灌木，高1m。嫩枝密被灰黄色绒毛，稍粗糙。叶长圆状披针形或狭长圆形，长4～9cm，宽2～3.5cm，上面有星状粗毛，变秃净后遗下小瘤状突，下面略被黄褐色星状粗毛，三出脉的两侧脉到达叶片中部，中脉有侧脉3～4对，边缘有细锯齿。聚伞花序1～2枝腋生，每个花序有花3朵；萼片外面被毛，内面无毛；子房被长毛。核果圆球形，2裂，发亮。

　　除丰家梁子外，苏铁自然保护区内均有分布。国内分布于西南。

✦ 旱地木槿 *Hibiscus aridicola* J. Anthony

锦葵科 Malvaceae

　　落叶灌木，高1～2m。全株密被黄色星状绒毛。嫩枝具棱，小枝圆柱。叶厚革质，卵形或圆心形，边缘具粗齿状；托叶条形。花单生于叶腋，花梗端具节；小苞片匙形，基部合生；花萼杯状，裂片5枚，三角状渐尖形，长为花萼的一半，外面密被黄色星状长绒毛，内面疏被长柔毛，基部具髯毛；雄蕊不外露，花药红黄色；花柱分枝5个，具长丝状毛。蒴果卵圆形。种子肾形，被白色绵毛。

　　分布于矿山迹地植被恢复区。

木芙蓉 *Hibiscus mutabilis* L.

锦葵科 Malvaceae

　　落叶灌木或小乔木，高2～5m。小枝、叶柄、花梗和花萼均密被星状毛与直毛相混的细绵毛。叶宽卵形至圆卵形或心形，常5～7裂，裂片三角形，具疏钝圆锯齿，上面疏被星状细毛和点，下面密被星状细绒毛。花单生于枝端叶腋间；花梗近端具节；小苞片8枚，条形，密被星状绵毛，基部合生；萼钟形，裂片5枚，卵形；花初开白色或淡红色，后变深红色，花瓣近圆形，外面被毛，基部具髯毛；雄蕊无毛；花柱5枚，疏被毛。蒴果扁球形，被淡黄色刚毛和绵毛，果片5枚。种子肾形，背面被长柔毛。

　　分布于矿山迹地植被恢复区。

野西瓜苗 *Hibiscus trionum* L.

锦葵科 Malvaceae

　　一年生草本，常平卧，稀直立。茎柔软，被白色星状粗毛。叶二形，下部的叶圆形，不分裂，上部叶掌状3～5深裂，中裂片较长，两侧裂片较短，裂片倒卵形或长圆形，常羽状全裂，上面近无毛或疏被粗硬毛，下面疏被星状粗刺毛；托叶条形，被星状粗硬毛。花单生于叶腋；花梗长1～2.5cm，被星状粗硬毛；花萼钟形，被长硬毛或星状硬毛，中部以下合生；花冠淡黄色，内面基部紫色。蒴果长圆状球形，直径约1cm，被硬毛，果片5枚。种子肾形，黑色，具腺状突起。

　　分布于竹林坡、松坪子等地。全国广布。

野葵 *Malva verticillata* L.

锦葵科 Malvaceae

二年生草本，高50～100cm。茎被星状长柔毛。叶肾形或圆形，直径5～11cm，通常掌状5～7裂，裂片三角形，具钝尖头，边缘具钝齿，两面疏被糙伏毛或近无毛；叶柄长2～8cm，上面槽内被绒毛；托叶卵状披针形，被星状毛。花3朵至多朵簇生叶腋；花梗近无或极短；小苞片3枚，条状披针形，长5～6mm，被纤毛；花萼杯状，径5～8mm，5裂，裂片宽三角形，疏被星状毛；花冠白色或淡红色，长稍超过萼片，花瓣5枚，长6～8mm，先端微凹，爪无毛或具少数细毛。果扁球形，直径5～7mm；分果爿10～11枚，背面无毛，两侧具网纹。种子肾形，长约1.5mm，无毛，紫褐色。

分布于竹林坡等地。全国广布。

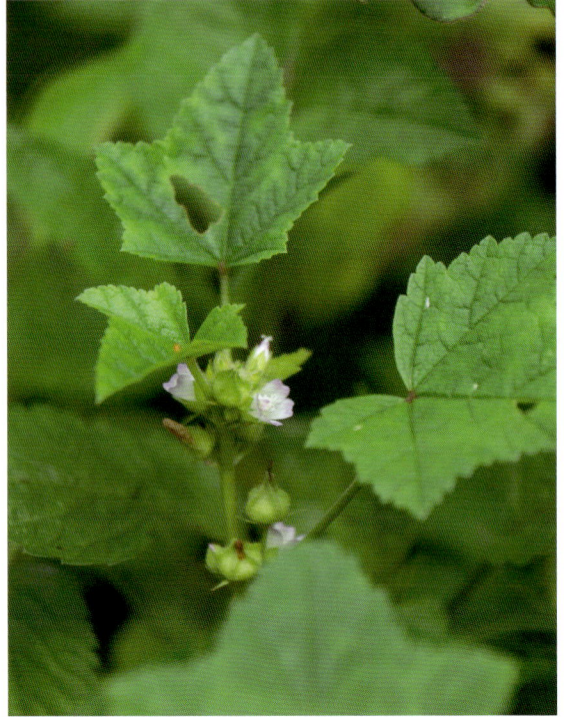

赛葵 *Malvastrum coromandelianum* (L.) Garcke

锦葵科 Malvaceae

亚灌木状，直立，高1m。疏被单毛和星状毛。叶卵形或卵状披针形，长3～6cm，先端钝尖，基部宽楔形或圆，边缘具粗齿，上面疏被长毛，下面疏被长毛和星状长毛；托叶披针形。花单生于叶腋；花梗长约5mm，被长毛；萼浅杯状，5裂，裂片卵形，基部合生，疏被星状长毛和单长毛；花冠黄色，直径约1.5cm，花瓣5枚，倒卵形。果径约6mm；分果爿8～12个，肾形，具芒刺2枚。

分布于矿山迹地植被恢复区。国内分布于华南、华东、西南。

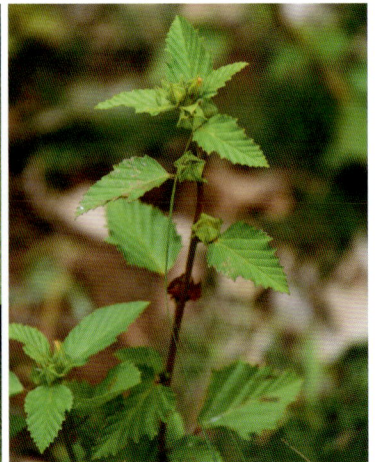

心叶黄花稔 *Sida cordifolia* L.

锦葵科 Malvaceae

　　直立亚灌木，高约1m。小枝密被星状柔毛并混生长柔毛。叶卵形，长1～1.5cm，边缘具钝齿，两面均密被星状柔毛；托叶线形，密被星状柔毛。花单生或簇生于叶腋或枝端；萼杯状；花黄色；雄蕊柱被长硬毛。蒴果直径6～8mm；分果爿10个，顶端具2枚长芒，突出于萼外，被倒生刚毛。种子长卵形。

　　分布于滮水崖、金家村等地。国内分布于华南、华东、西南。

✦ 云南黄花稔 *Sida yunnanensis* S. Y. Hu

锦葵科 Malvaceae

　　直立亚灌木，高达1m。小枝被星状柔毛。叶椭圆形、长圆形或倒卵形，长1～4cm，边缘具钝锯齿；托叶条形。花近簇生于短枝端或腋生；花梗长3～4mm，果时延长达1.5cm，被星状柔毛；花黄色，直径约1cm；花瓣倒卵状楔形，长约8mm；雄蕊柱疏被长硬毛。蒴果；分果爿6～7个，密被星状柔毛，顶端具2枚芒。

　　分布于竹林坡、矿山迹地植被恢复区、防火步道、环行便道等地。国内分布于华南、西南。

单毛刺蒴麻 *Triumfetta annua* L.

锦葵科 Malvaceae

一年生草本或亚灌木。叶卵形或卵状披针形，长5～13cm，两面有稀疏长柔毛，边缘有锯齿。聚伞花序腋生；花序梗极短；萼片长5mm，先端有角；花瓣倒披针形，比萼片稍短；雄蕊10枚；子房被刺毛。蒴果扁球形，开裂为3或4瓣，有刺；刺先端钩状。

分布于丰家梁子、金家村等地。国内分布于华南、华东、华中、西南。

刺蒴麻 *Triumfetta rhomboidea* Jacq.

锦葵科 Malvaceae

亚灌木或草本。嫩枝被灰褐色毡毛。叶柄长1～5cm；叶二形，生于茎下部的阔卵圆形至圆形，先端常3裂，生于上部的长圆状披针形，上面有疏毛，下面有星状柔毛，边缘有不规则的粗锯齿。聚伞花序3～5枝腋生；萼片狭长圆形，被长柔毛，顶端有角；花瓣比萼片略短，黄色；雄蕊10枚；子房有刺。蒴果球形，具刺，不开裂。

分布于滥水崖、金家村、硝厂沟等地。国内分布于华南、华东、西南。

地桃花 *Urena lobata* L.

锦葵科 Malvaceae

　　直立亚灌木状草本，高达1m。嫩枝被星状毡毛。托叶条形，早落；茎下部的叶近圆形，长4～5cm，先端浅3裂，边缘具锯齿；中部的叶卵形，长5～7cm；上部的叶披针形。花腋生，单生或稍丛生；花萼杯状，裂片5枚，被星状毛；花冠淡红色，花瓣5枚，外面被星状柔毛；花柱分枝10个，有硬毛。果实扁球形，直径1cm，具星状短柔毛和锚状刺。

　　分布于滤水崖、竹林坡等地。国内分布于华南、华东、华中、西南。

狼毒 *Stellera chamaejasme* L.

瑞香科 Thymelaeaceae

　　多年生草本，高20～50cm。茎直立，丛生，不分枝。叶散生，稀对生或近轮生，披针形或长圆状披针形，长1.2～2.8cm，宽0.3～1cm，边缘全缘。头状花序顶生，圆球形；花白色、黄色至淡紫色，芳香；花萼筒细瘦，裂片5枚；雄蕊10枚，2轮，下轮着生萼筒的中部以上，上轮着生于萼筒的喉部。果实圆锥形。种皮淡紫色。

　　分布于丰家梁子、庙子、竹林坡等地。国内分布于华中、华北、西南、西北、东北。

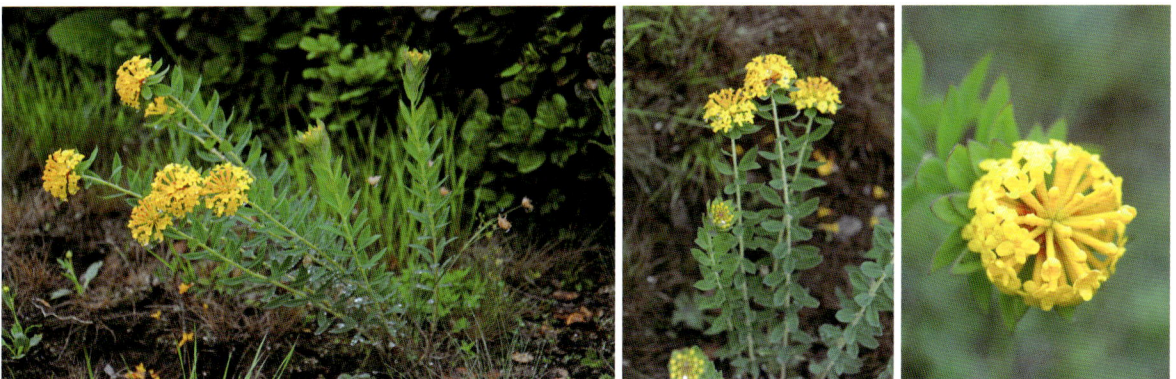

✦ 一把香 *Wikstroemia dolichantha* Diels

瑞香科 Thymelaeaceae

灌木，高0.5～1m。茎多分枝，幼枝被灰色绢状毛。叶互生，长圆形至倒披针形，长1.5～3cm，宽0.4～1cm。穗状花序具花序梗；花黄色；花萼顶端5裂；雄蕊10枚，2列，上列5枚着生于花萼筒喉部，下列5枚着生于花萼筒中部以上；子房棒状，上端被疏柔毛。果长纺锤形，为残存花萼所包被。

分布于丰家梁子、银厂沟、竹林坡、防火步道、环行便道、滤水崖、松坪子。国内分布于西南。

辣木 *Moringa oleifera* Lam.

辣木科 Moringaceae

乔木，高3～12m。树皮软木质。枝有明显的皮孔和叶痕。根有辛辣味。叶通常为三回羽状复叶，长25～60cm，羽片基部具条形或棍棒状稍弯的腺体；腺体多数脱落；小叶3～9片，薄纸质；小叶柄有毛。花序广展，长10～30cm；苞片小，条形；花具梗，白色，芳香；萼片条状披针形，有短柔毛；花瓣匙形；雄蕊和退化雄蕊基部有毛；子房有毛。蒴果细长，长20～50cm，下垂，3瓣裂。种子近球形，有3棱，棱有膜质翅。

分布于苗圃。

番木瓜 *Carica papaya* L.

番木瓜科 Caricaceae

　　常绿小乔木，高达8～10m，具乳汁。茎具螺旋状排列的托叶痕。叶大，聚生于茎顶端，近盾形，通常深裂，每裂片再羽状分裂；叶柄中空。花单性或两性；植株有雄株、雌株和两性株；雄花排列成下垂的圆锥花序，花无梗，萼片基部联合，花冠乳黄色，冠管细管状，花冠裂片5枚，披针形，雄蕊10枚，5长5短，被白色绒毛，子房退化；雌花单生或排列成伞房花序，着生叶腋内，具短梗或近无梗，萼片5枚，中部以下合生，花冠裂片5枚，分离，乳黄色或黄白色，长圆形或披针形，子房上位，卵球形，花柱流苏状；两性花雄蕊5枚，着生于花冠管上，或为10枚，排列成2轮。浆果肉质，成熟时橙黄色或黄色，长圆球形、倒卵状长圆球形、梨形或圆球形，味香甜。种子多数，卵球形，具皱纹。

　　分布于竹林坡。

野香橼花 *Capparis bodinieri* H. Lév.

山柑科 Capparaceae

　　灌木或小乔木，高5～10m。枝被毛，有强壮的刺。叶卵形或披针形，表面微凸至微凹，背面凸起。花蕾球形；花（1～）2～6（～7）朵排成一列，腋上生；萼片4枚，背面近基部向外作龙骨状突起，向内凹入成浅囊状，囊底花后期呈鲜红色，萼片边缘特别是顶部被绒毛；花瓣白色，被绒毛，相邻一侧中部以下彼此贴合，基部向外反折，包着花盘，正面中央有一纵向细缝；花盘小而坚硬。果球形，成熟时黑色。

　　分布于滮水崖等地。国内分布于华南、西南。

弯蕊芥 *Cardamine pulchella* (Hook. f. et Thomson) Al-Shehbaz et G. Yang

十字花科 Brassicaceae

　　多年生草本，高6.5～20cm。基生叶常1枚，具小叶1～2对，小叶长椭圆形，长5～17mm，全缘；茎生叶1～3枚，小叶3～5枚。总状花序顶生，有花2～8朵；花瓣白色、粉红色至紫色；雌蕊柱头2浅裂。长角果条状长椭圆形，两侧边缘具棱。种子2～10颗，淡褐色。

　　分布于丰家梁子等地。国内分布于西南、西北。

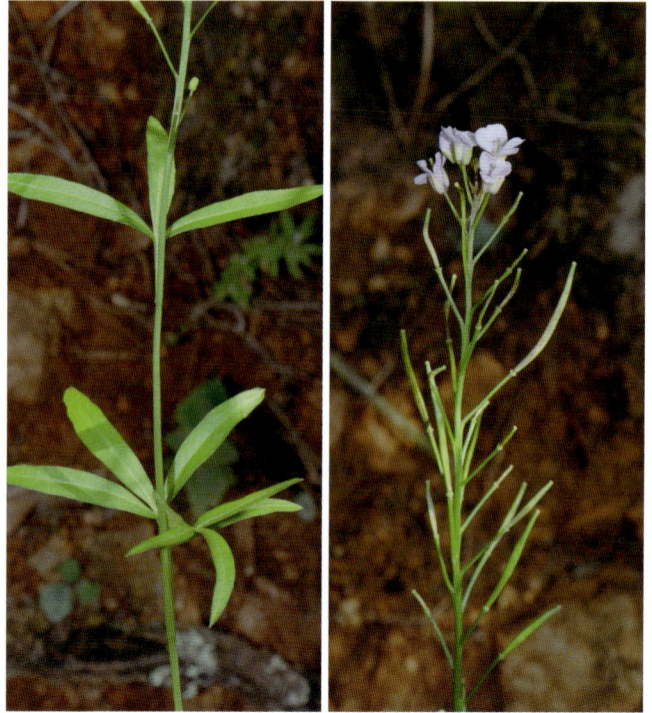

沙针 *Osyris lanceolata* Hochst. et Steud.

檀香科 Santalaceae

　　常绿灌木或小乔木，高2～5m。枝细长，嫩时呈三棱形。叶椭圆状披针形或椭圆状倒卵形，基部渐狭而成短柄。花小，黄绿色；雄花2～4朵集成小聚伞花序，花被裂片3枚，雄蕊3枚，花盘肉质；雌花单生，偶有3或4朵聚生，花盘和雄蕊如同雄花，但雄蕊不育；两性花外形似雌花，但具发育的雄蕊，胚珠通常3枚，柱头3裂。核果近球形，顶端有宿存花盘残痕，熟时橙黄色至红色。

　　分布于滗水崖、丰家梁子、庙子、牛坪子、环行便道、防火步道、松坪子、竹林坡等地。国内分布于华南、西南。

✦ 滇西百蕊草 *Thesium ramosoides* Hendrych

檀香科 Santalaceae

多年生草本。根茎粗长；茎近直立或斜升，多分枝。叶密生，条形，具单脉。总状花序通常集成圆锥状；花排列疏松，白色，阔钟形，5数；花被裂至中部，裂片顶端先外折再内弯呈爪状；雄蕊和花柱均内藏。坚果卵状椭圆形至椭圆形，长约3mm，有明显的纵脉，具短的小果柄；宿存花被短，长约1mm。

分布于丰家梁子等地。国内分布于西南。

✦ 华南青皮木 *Schoepfia chinensis* Gardner et Champ.

青皮木科 Schoepfiaceae

落叶小乔木，高2～6m。小枝有白色皮孔。叶长椭圆形、椭圆形或卵状披针形，长5～9cm，宽2～4.5cm；叶脉红色；叶柄红色。花叶同放；花无梗，单生或2～3朵排成短穗状或近似头状花序的螺旋状聚伞花序；花萼筒大部与子房合生，4～5裂；花冠管状，黄白色或淡红色，4～5裂；雄蕊着生在花冠管上；子房半埋在花盘中。果椭圆状，长7～10mm，成熟时几全部为花萼筒所包围，花萼筒外部红色或紫红色。

分布于丰家梁子等地。国内分布于华南、华东、华中、西南。

小红花寄生 *Scurrula parasitica* var. *graciliflora* (Wall. ex DC.) H. S. Kiu

桑寄生科 Loranthaceae

寄生灌木，高0.5～1m。嫩枝、叶、花序和花均密被黄褐色星状毛。叶长卵形或长圆形，长5～6cm，宽2～4cm。花序具花3～7朵，密集；花托陀螺状，长约2mm；副萼环状；花冠黄绿色，长1～1.2cm，裂片披针形。果梨形，红黄色，下半部骤狭呈长柄状，被疏毛。

分布于丰家梁子、庙子、竹林坡、环形便道、牛坪子、松坪子、防火步道等地。国内分布于华南、西南。

蓝雪花 *Ceratostigma plumbaginoides* Bunge

白花丹科 Plumbaginaceae

多年生直立草本，通常高20～30（60）cm。枝细弱，棱上有稀少硬毛，被细小钙质颗粒。叶宽卵形或倒卵形，长4～6cm，宽2～3cm，先端渐尖或偶见钝圆，除边缘外两面无毛或近无毛，常有细小钙质颗粒。花序生于枝端和上部1～3节叶腋的短柄上，基部紧托有1片披针形至长圆形的叶；花萼沿脉有稀少长硬毛；花冠筒部紫红色，裂片蓝色，倒三角形，顶缘浅凹而沿中脉伸出一窄三角形的短尖；花药蓝色；花柱异长。蒴果椭圆状卵形，淡黄褐色。种子红褐色，粗糙，有棱。

分布于矿山迹地植被恢复区。

草血竭 *Bistorta paleacea* (Wall. ex Hook. f.) Yonek. et H. Ohashi

蓼科 Polygonaceae

多年生草本。根状茎肥厚。茎直立，高40～60cm，无毛，具细条棱。基生叶窄长圆形或披针形，先端尖，基部楔形，稀近圆，边缘脉端增厚，微外卷，两面无毛；茎生叶披针形，较小；托叶鞘筒状膜质，下部绿色，上部褐色，开裂，无缘毛。穗状花序长4～6cm，紧密；苞片卵状披针形，膜质；花梗细，较苞片长；花被5深裂，淡红色或白色；花被片椭圆形；雄蕊8枚；花柱3枚。瘦果卵形，具3条锐棱，有光泽。

分布于庙子等地。国内分布于华南、西南。

金荞麦 *Fagopyrum dibotrys* (D. Don) H. Hara

国家二级保护

蓼科 Polygonaceae

多年生草本。根状茎木质化。茎直立，高50～100cm，具纵棱，无毛。叶三角形，长4～12cm，边缘全缘；叶柄长可达10cm；托叶鞘筒状，膜质，褐色，偏斜，无缘毛。花序伞房状，顶生或腋生；苞片卵状披针形，每苞内具2～4朵花；花梗中部具关节；花被5深裂，白色；雄蕊8枚；花柱3枚。瘦果宽卵形，具3条锐棱，黑褐色，无光泽，超出宿存花被2～3倍。

分布于丰家梁子等地。国内分布于华南、华东、华中、西南、西北。

✦ 细柄野荞麦 *Fagopyrum gracilipes* (Hemsl.) Dammer

蓼科 Polygonaceae

一年生草本。茎直立，高20～70cm，具纵棱，疏被糙伏毛。叶卵状三角形，长2～5cm，顶端渐尖，基部心形，两面疏生短糙伏毛；托叶鞘膜质，偏斜，具短糙伏毛，顶端尖。花序总状，腋生或顶生，极稀疏；花序梗细弱，俯垂；苞片漏斗状，每苞内具2～3朵花；花梗细弱；花被5深裂，淡红色；雄蕊8枚；花柱3枚。瘦果宽卵形，具3条锐棱，有时棱有狭翅，有光泽，突出花被之外。

分布于丰家梁子、竹林坡等地。国内分布于华中、华北、西南、西北。

✦ 小野荞麦 *Fagopyrum leptopodum* (Diels) Hedberg

蓼科 Polygonaceae

一年生草本。茎通常自下部分枝，高6～30cm，近无毛，细弱，上部无叶。叶片三角形或三角状卵形，长1.5～2.5cm，顶端尖，基部箭形或近截形；叶柄细弱；托叶鞘偏斜，膜质。花序总状，由数个总状花序再组成大型圆锥花序；苞片膜质，偏斜，每苞内具2～3朵花；花梗细弱，顶部具关节；花被5深裂，白色或淡红色；雄蕊8枚；花柱3枚，自基部分离。瘦果卵形，具3条棱，黄褐色，稍长于花被。

分布于猴子沟、环行便道、竹林坡、松坪子等地。国内分布于西南。

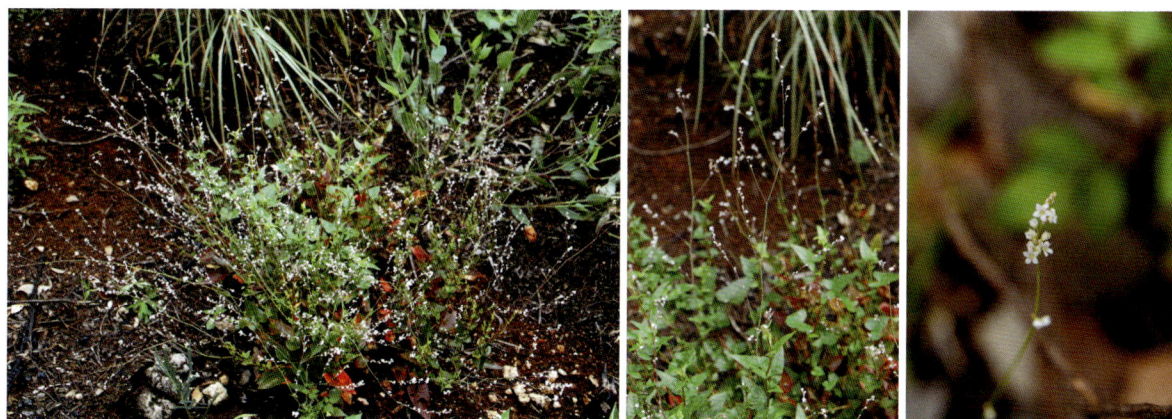

✦ 硬枝野荞麦 *Fagopyrum urophyllum* (Bureau et Franch.) H. Gross

蓼科 Polygonaceae

半灌木。茎近直立，高60～90cm，多分枝。老枝红褐色，一年生枝绿色。叶箭形或卵状长三角形，长2～8cm，顶端长渐尖或尾状尖，基部宽箭形，两侧裂片顶端钝圆，两面沿叶脉具短柔毛；叶柄长2～5cm；托叶鞘膜质，褐色，偏斜。花序圆锥状，顶生，大型，长15～20cm，分枝稀疏，开展，花排列稀疏；花梗近顶部有关节；花被5深裂，白色，花被片椭圆形，长2～3mm；雄蕊8枚；花柱3枚。瘦果宽卵形，具3条锐棱，黑褐色，有光泽。

分布于竹林坡等地。国内分布于西南。

头花蓼 *Persicaria capitata* (Buch.-Ham. ex D. Don) H. Gross

蓼科 Polygonaceae

多年生草本。茎匍匐，丛生；一年生枝具纵棱，疏生腺毛。叶卵形或椭圆形，顶端尖，基部楔形，全缘，上面有时具黑褐色新月形斑点；托叶鞘筒状，膜质，松散，具腺毛，顶端截形，有缘毛。花序头状，单生或成对，顶生；花被5深裂，淡红色；雄蕊8枚，短于花被；花柱3枚。瘦果长卵形，具3条棱，密生小点，包于宿存花被内。

分布于滤水崖、猴子沟、环行便道、金家村等地。国内分布于华南、华东、华中、西南。

尼泊尔蓼 *Persicaria nepalensis* (Meisn.) H. Gross

蓼科 Polygonaceae

　　一年生草本。茎自基部多分枝，高 20～40cm。茎下部叶卵形或三角状卵形，长 3～5cm，沿叶柄下延成翅；茎上部叶较小；托叶鞘筒状，膜质，淡褐色，顶端斜截形，无缘毛，基部具刺毛。花序头状，顶生或腋生，基部具 1 枚叶状总苞片；花被通常 5 裂，淡紫红色或白色；雄蕊 5～6 枚，与花被近等长；花柱 2 枚，下部合生。瘦果宽卵形，双凸镜状，黑色，密生洼点，无光泽，包于宿存花被内。

　　分布于竹林坡等地。全国广布。

✦ 赤胫散 *Persicaria runcinata* var. *sinensis* (Hemsl.) Bo Li

蓼科 Polygonaceae

　　多年生草本。茎具纵棱，节部倒生伏毛。叶羽裂，长 4～8cm，顶生裂片较大，侧生裂片 1 对，两面无毛或疏生短糙伏毛；托叶鞘膜质，筒状，顶端截形，具缘毛。花序头状，紧密，数个组成圆锥状；花被 5 深裂，淡红色或白色；雄蕊通常 8 枚；花柱 3 枚，中下部合生。瘦果具 3 条棱，包于宿存花被内。

　　分布于丰家梁子等地。国内分布于华南、华东、华中、西南、西北。

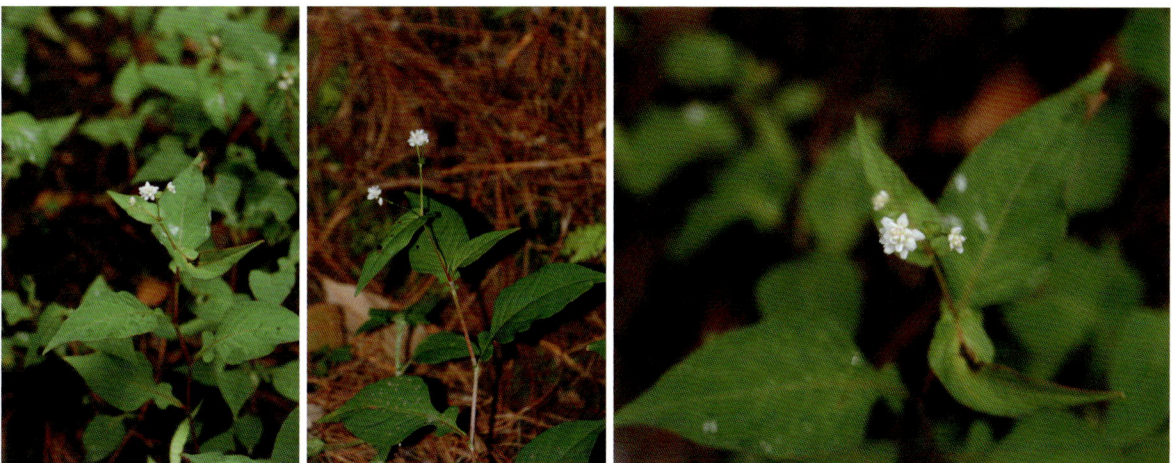

何首乌 *Pleuropterus multiflorus* (Thunb.) Turcz. ex Nakai

蓼科 Polygonaceae

多年生草质藤本。块根肥厚，长椭圆形，黑褐色。茎缠绕，具纵棱，无毛。叶卵形或长卵形，长3~7cm，基部心形，边缘全缘；托叶鞘膜质，偏斜，无毛。花序圆锥状，顶生或腋生，长10~20cm，分枝开展；苞片三角状卵形，每苞内具2~4朵花；花梗下部具关节；花被五深裂，白色或淡绿色，花被片外面3片较大，背部具翅；雄蕊8枚；花柱3枚。瘦果卵形，具3条棱，包于宿存花被内。

分布于澎水崖、竹林坡等地。全国广布。

戟叶酸模 *Rumex hastatus* D. Don

蓼科 Polygonaceae

　　灌木，高50～90cm。老枝木质，暗紫褐色，具沟槽；一年生枝草质，绿色，无毛。叶互生或簇生，戟形，近革质，长1.5～3cm，中裂片条形或狭三角形，两侧裂片向上弯曲。花序圆锥状，顶生；花杂性；花被片6枚，成2轮；雄花的雄蕊6枚；雌花的外轮花被片果时反折，内轮花被片淡红色。瘦果卵形，具3条棱，褐色，有光泽。

　　分布于丰家梁子、竹林坡、银厂沟、松坪子、滤水崖、防火步道、猴子沟等地。国内分布于西南。

尼泊尔酸模 *Rumex nepalensis* Spreng.

蓼科 Polygonaceae

　　多年生草本。根粗壮。茎直立，高50～100cm，具沟槽，无毛，上部分枝。基生叶长圆状卵形，长10～15cm，边缘全缘，两面无毛或下面沿叶脉具小突起；茎生叶卵状披针形；叶柄长3～10cm；托叶鞘膜质，易破裂。花序圆锥状；花被片6枚，成2轮，外轮花被片椭圆形，内花被片果时增大，宽卵形，边缘每侧具7～8个刺状齿，齿长2～3mm，顶端成钩状，一部分或全部具小瘤。瘦果卵形，具3条锐棱。

　　分布于竹林坡等地。国内分布于华南、华中、西南、西北。

✦ 金铁锁

国家二级保护 易危（VU）

Psammosilene tunicoides W. C. Wu et C. Y. Wu

石竹科 Caryophyllaceae

多年生草本。根长倒圆锥形，棕黄色，肉质。茎铺散，平卧，2叉状分枝，常带紫绿色，被柔毛。叶片卵形，长1.5~2.5cm，基部宽楔形或圆形，顶端急尖。三歧聚伞花序密被腺毛；花近无梗；花萼筒状钟形，密被腺毛，纵脉凸起，绿色；萼齿三角状卵形，顶端钝或急尖；花瓣紫红色，狭匙形，长7~8mm，全缘；雄蕊明显外露，花丝无毛，花药黄色。蒴果棒状，长约7mm。种子狭倒卵形，褐色。

分布于丰家梁子等地。国内分布于西南。

✦ 道孚蝇子草 *Silene dawoensis* H. Limpr.

石竹科 Caryophyllaceae

多年生草本，高30～80cm。根粗壮，圆锥形。茎疏丛生，直立，上部分泌黏液。叶片条形或条状披针形，长3～5cm，中脉明显。圆锥花序，小聚伞花序对生或互生，常减少为1朵花；花梗无毛，分泌黏液；花萼长筒状，无毛，果期膨大呈筒状棒形，纵脉紫色；花瓣淡红色，浅2裂；雄蕊外露，花丝无毛；花柱明显外露。蒴果长圆形。种子肾形，微压扁，暗褐色。

分布于丰家梁子、环行便道、竹林坡、松坪子、庙子、滤水崖等地。国内分布于西南。

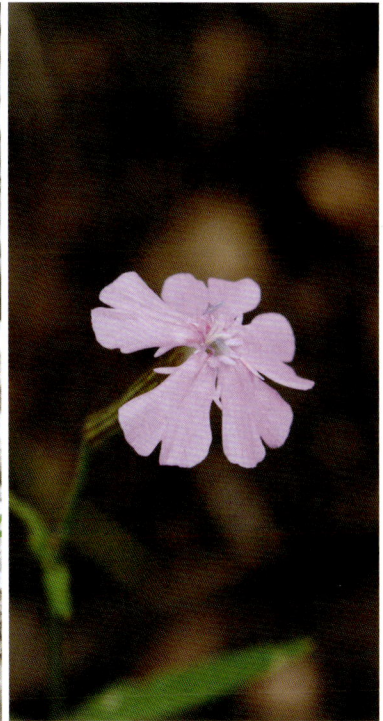

✦ 细蝇子草 *Silene gracilicaulis* C. L. Tang

石竹科 Caryophyllaceae

多年生草本，高20～50cm。茎直立或上升，不分枝，无毛。基生叶叶片条状倒披针形，长6～18cm，宽2～5mm，基部渐狭成柄状，两面均无毛；茎生叶较小。花序总状，花多数，对生，稀呈假轮生；苞片卵状披针形；花萼狭钟形，无毛，纵脉紫色；花瓣白色，下面带紫色，瓣片露出花萼，2裂达瓣片中部；雄蕊和花柱外露。蒴果长圆状卵形。种子圆肾形。

分布于丰家梁子、庙子等地。国内分布于西南、西北。

✦ 内弯繁缕 *Stellaria infracta* Maxim.

石竹科 Caryophyllaceae

多年生草本。全株被灰白色星状毛。茎铺散。叶片披针形，长1.5～3cm，基部抱茎，全缘。二歧聚伞花序顶生，具多数花；萼片5枚；花瓣5枚，白色，略短于萼片，2深裂达基部；雄蕊10枚，稍短于花瓣；花柱3枚。蒴果卵形，6齿裂。种子肾形，褐色，具突起。

分布于牛坪子等地。国内分布于华中、华北、西南、西北。

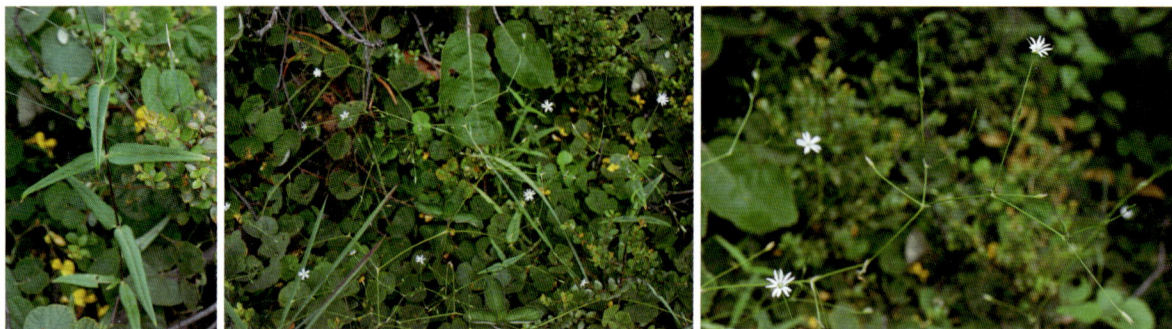

箐姑草 *Stellaria vestita* Kurz

石竹科 Caryophyllaceae

多年生草本。全株被星状毛。茎疏丛生，下部分枝，上部密被星状毛。叶片卵形或椭圆形，长1～3.5cm，全缘，两面均被星状毛。聚伞花序疏散；萼片5枚；花瓣5枚，2深裂至近基部；雄蕊10枚；花柱3枚，稀为4枚。蒴果卵形，6齿裂。种子多数，肾形，脊具疣状突起。

分布于丰家梁子、竹林坡、庙子等地。国内分布于华南、华东、华中、华北、西南、西北。

土牛膝 *Achyranthes aspera* L. var. *aspera*

苋科 Amaranthaceae

多年生草本，高20～120cm。茎四棱形，有柔毛，节部稍膨大。叶对生；叶片纸质，矩圆形，长1.5～7cm，顶端具突尖，两面密生柔毛或近无毛。穗状花序顶生；苞片披针形，小苞片刺状；花被片披针形，花后变硬且锐尖；退化雄蕊顶端截状或细圆齿状，有流苏状长缘毛。胞果卵形。

分布于滤水崖、丰家梁子、环行便道、松坪子等地。国内分布于华南、华东、华中、西南。

银毛土牛膝 *Achyranthes aspera* var. *argentea* (Lam.) Boiss.

苋科 Amaranthaceae

多年生草本。茎四棱形，具柔毛。叶宽卵状倒卵形或椭圆状长圆形，叶下面被银色绢毛。穗状花序顶生，直立，长10～30cm。胞果卵形。种子卵形，棕色。

分布于金家村、滤水崖等地。国内分布于西南。

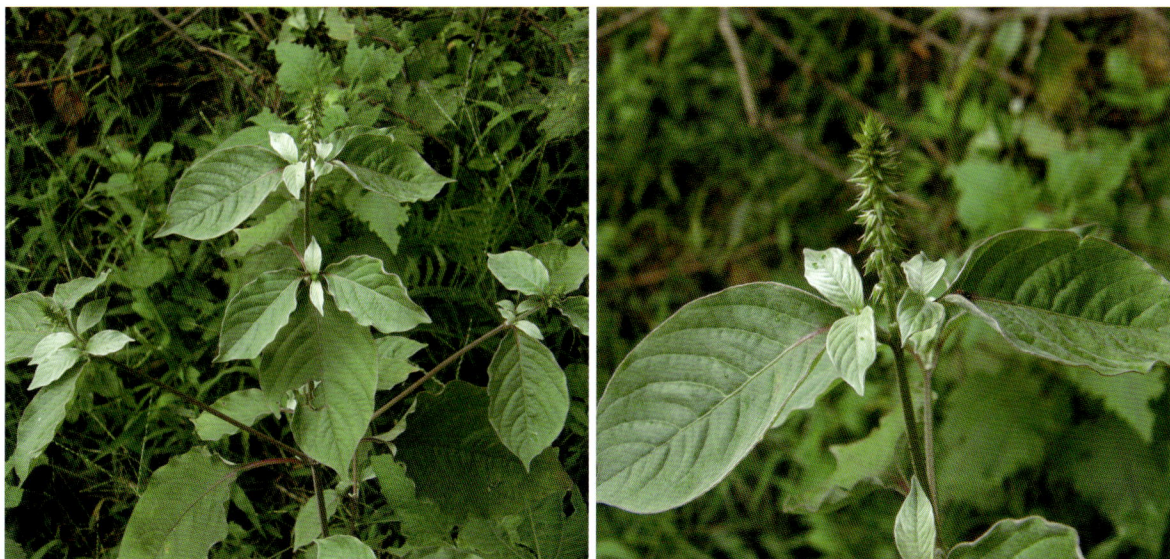

喜旱莲子草 *Alternanthera philoxeroides* (Mart.) Griseb.

苋科 Amaranthaceae

　　多年生草本。茎基部匍匐，上部上升，管状，具不明显4条棱，具分枝。叶片矩圆形、矩圆状倒卵形或倒卵状披针形，全缘。花密生，成具总花梗的头状花序，单生在叶腋，球形；苞片及小苞片白色，顶端渐尖，具1条脉，苞片卵形，小苞片披针形；花被片矩圆形；雄蕊花丝长2.5～3mm，基部连合成杯状；子房倒卵形，具短柄，背面侧扁，顶端圆形。

　　分布于矿山迹地植被恢复区等地。国内分布于华南、华东、华中、华北、西南。

刺花莲子草 *Alternanthera pungens* Kunth

苋科 Amaranthaceae

　　一年生草本。茎匍匐，密生伏贴白色硬毛。叶片卵形、倒卵形或椭圆状倒卵形，长1.5～4.5cm。头状花序无总花梗，1～3个，腋生，白色；花被片大小不等，2片外花被片披针形，花期后变硬，中部花被片长椭圆形，2片内花被片小，环包子房；雄蕊5枚。胞果宽椭圆形，褐色，极扁平，顶端截形或微凹。

　　分布于滤水崖、金家村、矿山迹地植被恢复区等地。国内分布于华南、华东、华中、西南。

莲子草 *Alternanthera sessilis* (L.) DC.

苋科 Amaranthaceae

　　多年生草本，高10～45cm。圆锥根粗。茎上升或匍匐。叶片形状及大小有变化，条状披针形、矩圆形、倒卵形、卵状矩圆形。头状花序1～4个，腋生；花密生，花轴密生白色柔毛；苞片卵状披针形，小苞片钻形；花被片卵形，白色，无毛，具1条脉；雄蕊3枚，花丝长约0.7mm，基部连合成杯状，花药矩圆形；退化雄蕊三角状钻形，比雄蕊短，顶端渐尖，全缘；花柱极短，柱头短裂。胞果倒心形，侧扁，翅状，深棕色，包在宿存花被片内。种子卵球形。

　　分布于矿山迹地植被恢复区等地。国内分布于华南、华东、华中、西南。

老鸦谷 *Amaranthus cruentus* L.

苋科 Amaranthaceae

　　一年生草本。茎直立，绿色，无毛。叶菱状卵形或矩圆状披针形，长4～13cm，先端急尖或渐尖，基部楔形，全缘或波状缘，无毛，绿色或紫红色。圆锥花序直立或以后下垂，穗顶端尖，多毛刺，红色或黄绿色；苞片及花被片顶端芒刺明显；花被片膜质，顶端钝圆；柱头3枚。胞果椭圆形，环状横裂，与宿存花被片等长。种子近球形，棕褐色。

　　分布于竹林坡等地。国内除华南外广布。

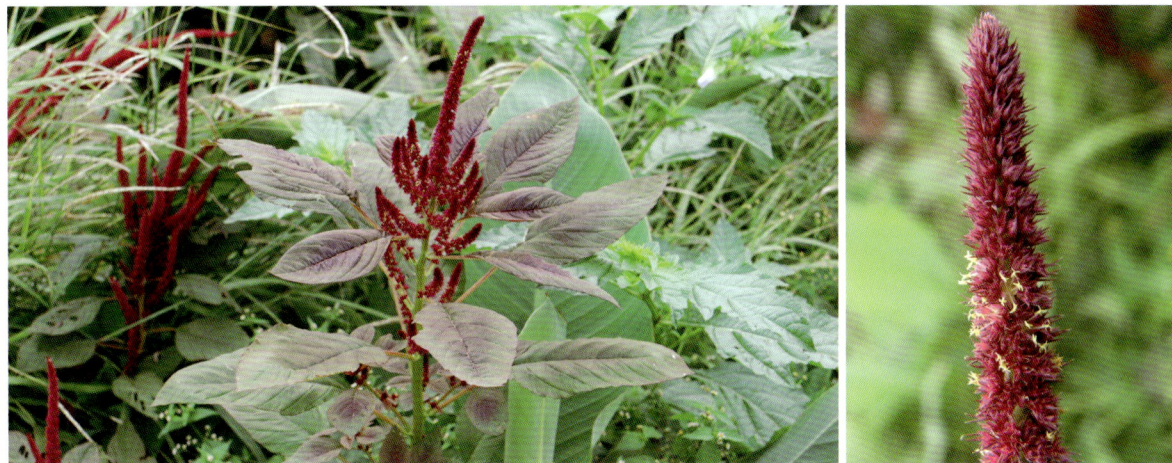

绿穗苋 *Amaranthus hybridus* L.

一年生草本，高30～50cm。茎有开展柔毛。叶片卵形或菱状卵形，长3～4.5cm，先端急尖或有缺刻，基部楔形，边缘波状，上面近无毛，下面被长柔毛。圆锥花序顶生，分枝穗状，细长，上端稍弯曲；苞片及小苞片钻状披针形，中脉向前伸出成尖芒；花被片长圆状披针形，绿色，具凸尖。胞果卵形，长于花被片。种子近球形，黑色。

分布于猴子沟、金家村、竹林坡、牛坪子等地。国内除东北外广布。

千穗谷 *Amaranthus hypochondriacus* L.

一年生草本，高10～80cm。茎绿色或紫色，分枝，无毛或上部微有柔毛。叶片菱状卵形或矩圆状披针形，无毛，基部楔形。圆锥花序顶生，直立，圆柱形；苞片及小苞片卵状钻形，绿色或紫红色，背部中脉隆起，成长凸尖；花被片矩圆形，顶端急尖或渐尖，绿色或紫红色，有1条深色中脉，成长凸尖；柱头2～3枚。胞果近菱状卵形，环状横裂。种子近球形，白色，边缘锐。

分布于竹林坡等地。国内分布于华东、华北、西南、西北、东北。

反枝苋 *Amaranthus retroflexus* L.

苋科 Amaranthaceae

一年生草本。茎直立，高20～80cm，粗壮，密生短柔毛。叶片菱状卵形或椭圆形，长5～12cm，全缘或波状缘，两面和边缘有柔毛。圆锥花序顶生或腋生；苞片及小苞片钻形，白色，顶端具长尖头；花被片白色，有1条淡绿色细中脉；雄蕊比花被片稍长；柱头3枚。胞果扁卵形，包裹在宿存花被片内。种子近球形，棕色或黑色。

分布于竹林坡、防火步道等地。国内分布于华南、华东、华北、西南、西北、东北。

苋 *Amaranthus tricolor* L.

苋科 Amaranthaceae

一年生草本。茎绿色或红色，高80～150cm，粗壮，分枝。叶片绿色或常呈红色、紫色或黄色，或部分绿色加杂其他颜色，卵形、卵状菱形或披针形，全缘或波状缘，无毛。花簇腋生，或同时具顶生花簇，成下垂的穗状花序；雄花和雌花混生；花被片绿色；雄蕊比花被片长或短。胞果卵状矩圆形，包裹在宿存花被片内。种子近球形或倒卵形，黑色。

分布于金家村、竹林坡等地。全国广布。

皱果苋 *Amaranthus viridis* L.

苋科 Amaranthaceae

一年生草本，高40～80cm。全体无毛。茎直立，有不明显棱角，稍有分枝，绿色或带紫色。叶卵形至卵状矩圆形，长3～9cm，顶端微缺，具小芒尖；叶柄绿色或带紫红色。圆锥花序顶生，由穗状花序形成；苞片和小苞片披针形；花被片矩圆形或宽倒披针形。胞果扁球形，不裂，极皱缩，超出宿存花被片。种子近球形。

分布于滤水崖、猴子沟、环行便道、金家村、科普区等地。全国广布。

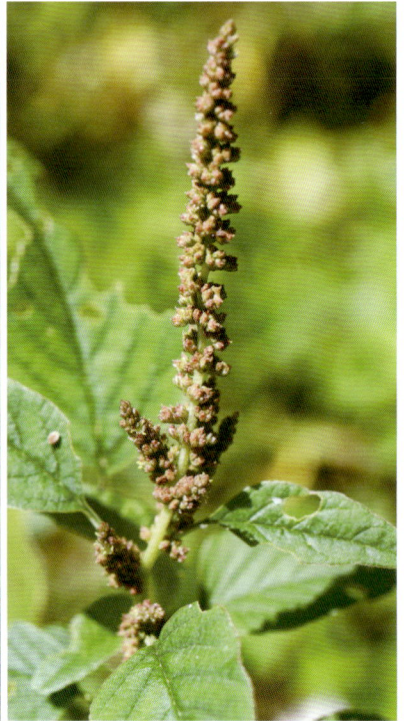

藜 *Chenopodium album* L.

苋科 Amaranthaceae

一年生草本，高30～150cm。茎直立，多分枝，枝条斜升或开展。叶片菱状卵形至宽披针形，长3～6cm，边缘具不整齐锯齿。花两性，花簇于枝上部排列成或大或小的穗状圆锥状或圆锥状花序；花被裂片5枚，宽卵形至椭圆形；雄蕊5枚，花药伸出花被；柱头2枚。果皮与种子贴生。种子横生，双凸镜状，黑色，有光泽，表面具浅沟纹。

分布于丰家梁子等地。全国广布。

土荆芥 *Dysphania ambrosioides* (L.) Mosyakin et Clemants

苋科 Amaranthaceae

一年生或多年生草本，高50～80cm。植株有强烈香味。茎直立，多分枝。叶片披针形，边缘具稀疏不整齐的大锯齿，上部叶渐小而近全缘。花两性及雌性，通常3～5个簇生于上部叶腋；花被裂片5枚，绿色；雄蕊5枚；柱头通常3枚。胞果扁球形，包于花被内。种子黑色或暗红色，平滑。

分布于澎水崖等地。国内分布于华南、华东、华中、西南。

黄细心 *Boerhavia diffusa* L.

紫茉莉科 Nyctaginaceae

多年生蔓生草本，长可达2m。叶片卵形，长1～5cm，宽1～4cm，顶端钝或急尖，基部圆形或楔形，边缘微波状，两面被疏柔毛；叶柄长4～20mm。头状聚伞圆锥花序顶生；苞片小，披针形，被柔毛；花被淡红色或亮紫色，花被筒上部钟形，下部倒卵形，具5肋，被疏柔毛及黏腺；雄蕊1～3枚，稀4或5枚，不外露或微外露；柱头浅帽状。果实棍棒状，具5条棱，有黏腺和疏柔毛。

分布于金家村等地。国内分布于华南、华东、西南。

光叶子花 *Bougainvillea glabra* Choisy

紫茉莉科 Nyctaginaceae

藤状灌木。茎粗壮，枝下垂，无毛或疏生柔毛。刺腋生。叶片纸质，卵形或卵状披针形，长5～13cm，顶端急尖或渐尖，基部圆形或宽楔形，上面无毛，下面被微柔毛。花顶生枝端的3个苞片内，花梗与苞片中脉贴生，每个苞片上生1朵花；苞片叶状，紫色或洋红色，长圆形或椭圆形，纸质；花被管淡绿色，疏生柔毛，有棱，顶端5浅裂；雄蕊6～8枚；花柱侧生，边缘扩展成薄片状，柱头尖；花盘基部合生呈环状，上部撕裂状。

分布于庙子和矿山迹地植被恢复区。

紫茉莉 *Mirabilis jalapa* L.

紫茉莉科 Nyctaginaceae

一年生草本，高可达1m。茎直立，圆柱形，节稍膨大。叶片卵形或卵状三角形，长3～15cm，宽2～9cm，顶端渐尖，基部截形或心形，全缘，两面均无毛，脉隆起。花常数朵簇生枝端；总苞钟形，5裂，裂片三角状卵形，无毛，具脉纹，果时宿存；花被紫红色、黄色、白色或杂色，高脚碟状，5浅裂；花午后开发，有香气，次日午前凋萎；雄蕊5枚，常伸出花外；柱头头状。瘦果球形，革质，黑色，表面具皱纹。

分布于硝厂沟等地。全国广布。

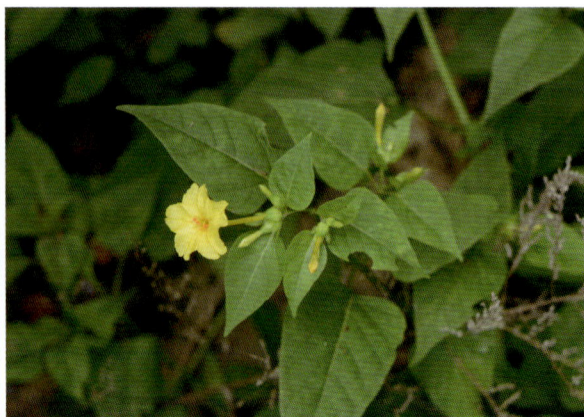

落葵薯 *Anredera cordifolia* (Ten.) Steenis

多年生缠绕藤本，长可达数米。根状茎粗壮。叶互生，叶片卵形至近圆形，长2～6cm，宽1.5～5.5cm，基部圆形或心形，稍肉质，腋生珠芽。总状花序具多花；花序轴纤细，长7～25cm；花梗长2～3mm；花被片白色，长约3mm；雄蕊白色，伸出花外；花柱白色，柱头3枚。

分布于金家村等地。国内分布于华南、华东、华北、西南。

连城角 *Acanthocereus tetragonus* (L.) Hummelinck

丛生肉质灌木，高4～5m，深绿色。分枝多而具棱角，窠孔内具刺及绵毛，深褐色针状周刺5～6枚。花大而长，白色长筒漏斗状，夜间开放，通常单朵生于茎之一侧；萼片通常淡绿色；花瓣白色或红色；花后不久，花被即凋落；雄蕊多数。果熟时红色，稀黄色。

分布于矿山迹地植被恢复区。

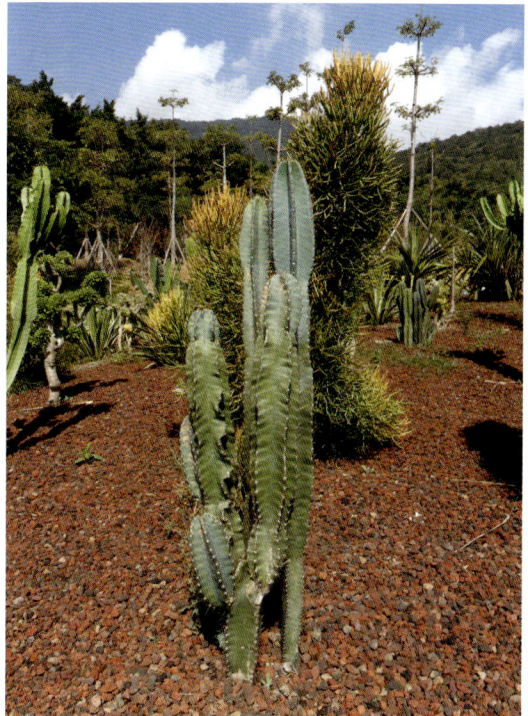

金琥 *Kroenleinia grusonii* (Hildm.) Lodé

仙人掌科 Cactaceae

　　多年生多浆植物，高达1.2m，直径达1m。茎圆球形，球体大，浅黄绿色，顶部有多数浅黄色羊毛状刺；20～37条棱，棱上有刺座，密生硬刺，金黄色刺有光泽，后变褐。花单生先端绵毛丛中，黄色，具光泽，喇叭状。果实陀螺形，果肉多汁。

　　分布于矿山迹地植被恢复区。

梨果仙人掌 *Opuntia ficus-indica* (L.) Mill.

仙人掌科 Cactaceae

　　肉质灌木或小乔木，高1.5～5m，有时基部具圆柱状主干。分枝多数，宽椭圆形至长圆形，长25～60cm，宽7～20cm，厚达2～2.5cm；表面平坦，具多数小窠；小窠圆形至椭圆形，具早落的短绵毛和少数倒刺刚毛，通常无刺，有时具1～6枚开展的白色刺；刺针状，基部略背腹扁，稍弯曲。叶锥形，早落。花直径7～10cm；萼状花被片深黄色或橙黄色，具中肋；瓣状花被片深黄色或橙红色。浆果椭圆球形。

　　分布于滤水崖、丰家梁子、金家村、竹林坡、硝厂沟等地。国内分布于华南、西南。

缩刺仙人掌 *Opuntia stricta* (Haw.) Haw.

仙人掌科 Cactaceae

丛生肉质灌木，高1.5～3m。分枝狭椭圆形、狭倒卵形或倒卵状椭圆形，先端圆形，边缘通常不规则波状，基部楔形或渐狭，绿色至蓝绿色，无毛；小窠疏生，明显突出，刺不发育或单生于分枝边缘的小窠上。叶钻形，绿色，早落。花辐状，直径5～6.5cm；花托倒卵形，顶部截形并凹陷，基部渐狭，疏生小窠；萼状花被片宽倒卵形至狭倒卵形，先端急尖或圆形，具小尖头，黄色；瓣状花被片倒卵形或匙状倒卵形，先端圆形、截形或微凹，边缘全缘或浅啮噬状；花丝淡黄色，花药黄色；花柱淡黄色，柱头5枚，黄白色。浆果倒卵球形，顶端凹陷，基部多少狭缩成柄状，紫红色。种子多数，扁圆形。

分布于矿山迹地植被恢复区。

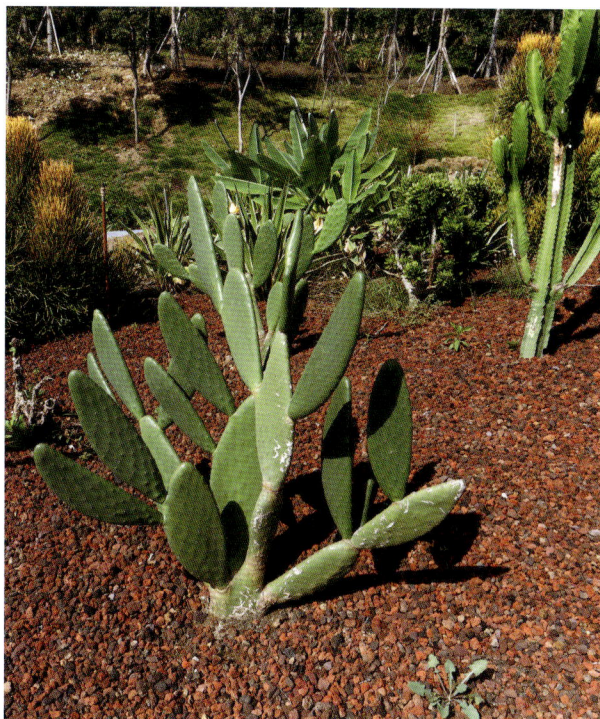

头状四照花 *Cornus capitata* Wall.

山茱萸科 Cornaceae

常绿乔木，稀灌木，高3～15m。叶对生，椭圆形至长圆状披针形，长5.5～11cm，下面被白色贴生短柔毛；叶柄有毛。头状花序球形，为100余朵绿色花聚集而成；总苞片4枚，白色，倒卵形；花萼管状，先端4裂；花瓣4枚，长圆形，下面被有白色贴生短柔毛；雄蕊4枚。果序扁球形，成熟时紫红色。

分布于丰家梁子、竹林坡等地。国内分布于西南。

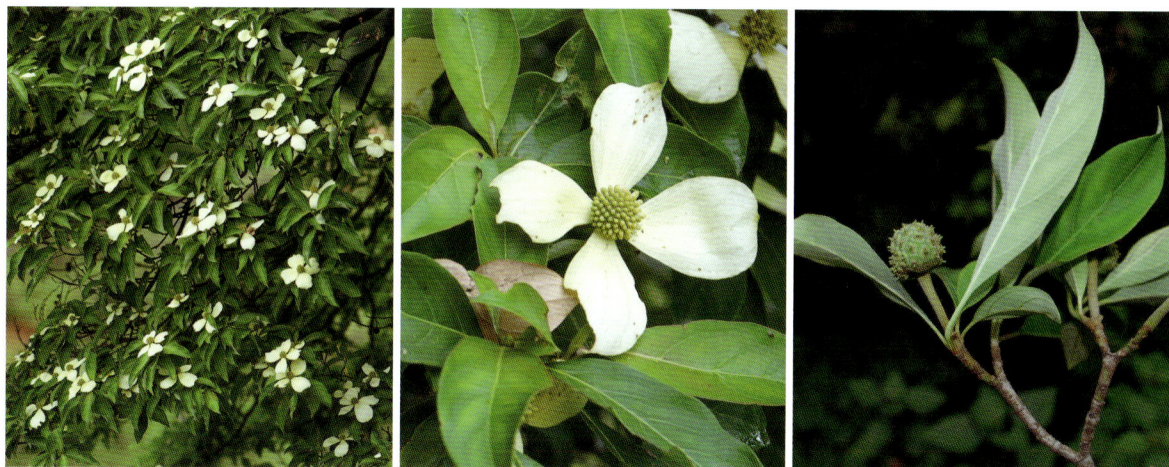

锐齿凤仙花 *Impatiens arguta* Hook. f. et Thomson

凤仙花科 Balsaminaceae

多年生草本，高达70cm。茎直立，有毛。叶互生；卵形或卵状披针形，长4～15cm，边缘有锐锯齿，两面无毛；叶柄基部有2个具柄腺体。总花梗极短，腋生，具1～2朵花；花梗基部常具2枚刚毛状苞片；花大，粉红色或紫红色；萼片4枚，外面2枚半卵形，内面2枚狭披针形；翼瓣无柄，2裂；唇瓣囊状，基部延长成内弯的短距。蒴果纺锤形，顶端喙尖。种子少数，圆球形。

分布于庙子、松坪子、竹林坡等地。国内分布于西南。

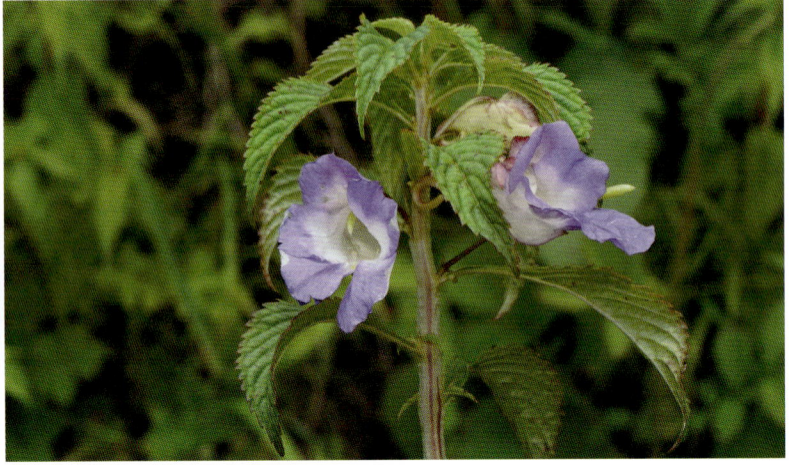

✦ 黄麻叶凤仙花 *Impatiens corchorifolia* Franch.

凤仙花科 Balsaminaceae

一年生草本，高30～50cm。茎直立，分枝或不分枝。叶互生，卵形或卵状披针形，先端尾状渐尖，基部圆钝或稍尖，有缘毛状具柄腺体，边缘有锯齿；叶柄长3～10mm。总花梗细，短于叶，花2朵，少有1朵花；花梗短，在花下部有1枚卵形宿存的苞片，或中部有1～2枚条形苞片；花大，黄色，有时有紫斑；侧生萼片4枚，外面2枚卵状矩圆形，先端渐尖，内面2枚，矩圆状披针形或条形；旗瓣圆形，背面中肋有龙骨突；翼瓣近无柄，基部裂片圆形，上部裂片较大，宽斧形，背面有较大的耳；唇瓣囊状，基部圆形，距极短，内弯，2裂；花药钝。蒴果条形。

分布于丰家梁子等地。国内分布于西南。

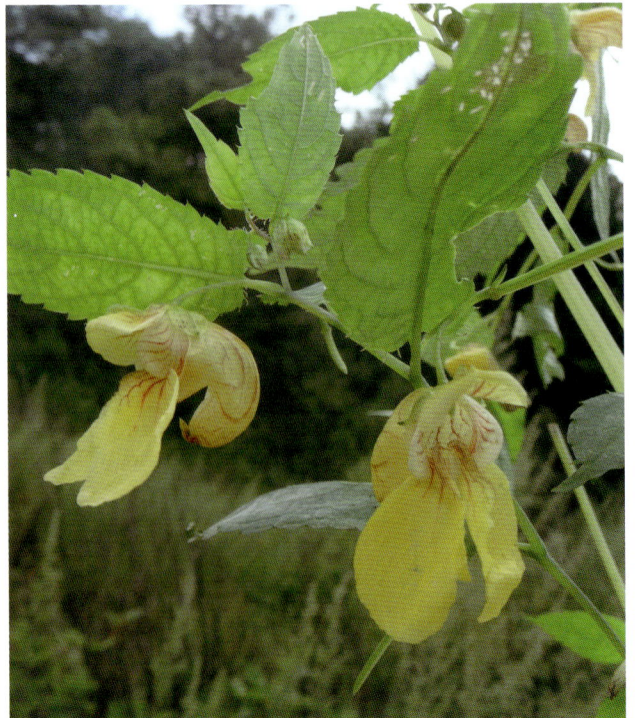

岩柿 *Diospyros dumetorum* W. W. Sm.

柿科 Ebenaceae

小乔木或乔木，高10～14m。叶披针形、卵状披针形或倒披针形，通常长2～3.5cm，宽1～1.3cm，初时有短柔毛，后变无毛。雄花序生于当年生小枝叶腋，有绒毛，有花1～4朵，花萼钟形，四深裂，花冠白色，壶形，裂片4枚，雄蕊16枚，每2枚连生成对；雌花单生，白色，花萼和花瓣4裂，花柱4枚，柱头2浅裂。果卵形，成熟时由黄色变红色以至紫黑色。种子卵形，黑褐色。

分布于苏铁自然保护区全区。国内分布于西南。

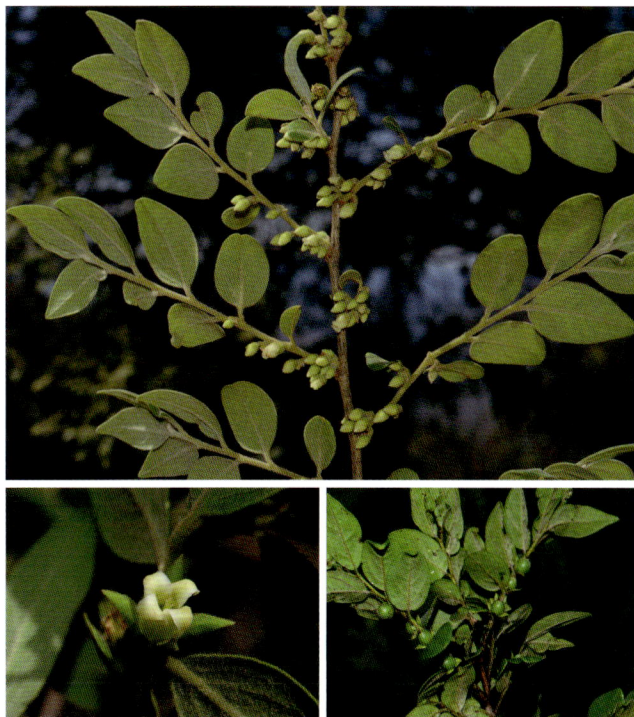

✦ 过路黄 *Lysimachia christiniae* Hance

报春花科 Primulaceae

多年生草本。茎柔弱，平卧延伸。叶对生，卵圆形至肾圆形，先端锐尖或圆钝至圆形，基部截形至浅心形。花单生叶腋；花萼分裂至近基部；花冠黄色，基部合生，质地稍厚，具黑色长腺条；花丝下半部合生成筒；子房卵珠形。蒴果球形，无毛，有稀疏黑色腺条。

分布于竹林坡等地。国内分布于华南、华东、华中、华北、西南、西北。

小寸金黄 *Lysimachia deltoidea* var. *cinerascens* Franch.

报春花科 Primulaceae

多年生草本，高 4～25cm。根簇生成丛，稍肥厚。茎通常数条簇生，直立，密被多细胞柔毛。下部的叶 1 或 2 对，鳞片状；上部的叶对生或互生，椭圆形至近圆形，长 1～2.5cm，两面密被多细胞柔毛。花单生于茎上部叶腋；萼片披针形，背面有毛，顶部急尖；花冠黄色，深裂，裂片倒卵状椭圆形，具透明腺点；子房无毛。蒴果近球形。

分布于丰家梁子、巡护步道入口等地。国内分布于华南、西南。

干生珍珠菜 *Lysimachia lichiangensis* var. *xerophylla* C. Y. Wu

报春花科 Primulaceae

多年生草本。叶较小，常对折，质地较厚，除边缘外，腺点不明显。花萼长 3.5～4mm；花冠白色或淡红色，长 6～7mm，裂片开展，雄蕊通常稍长于花冠。蒴果球形。

分布于潲水崖、丰家梁子、环行便道、牛坪子等地。国内分布于西南。

✦ 云贵腺药珍珠菜
Lysimachia stenosepala var. *flavescens* F. H. Chen et C. M. Hu

报春花科 Primulaceae

多年生草本。叶通常狭披针形，下面被极细密的红褐色小腺点。花冠长4～6mm，基部2～3mm合生，裂片椭圆形或阔椭圆形，宽2～3mm，常有稀疏黑色短腺条。蒴果。

分布于丰家梁子、松坪子、环行便道等地。国内分布于西南。

铁仔 *Myrsine africana* L.

报春花科 Primulaceae

灌木，高0.5～2m。叶片椭圆状倒卵形，长1～3cm，边缘中部以上具锯齿，两面无毛，背面具小腺点，尤以边缘较多。花簇生或近伞形花序；花4数；花萼长约0.5mm，基部微微连合或近分离；花冠在雌花中长为萼的2倍以上，基部连合成管；雄蕊在雄花中伸出花冠很多。果球形，红色变紫黑色，光亮。

分布于丰家梁子、庙子、牛坪子、松坪子、竹林坡等地。国内分布于华南、华东、华中、西南、西北。

✦ 巴塘报春 *Primula bathangensis* Petitm.

报春花科 Primulaceae

多年生草本。叶3～5枚丛生，叶片圆肾形，长3～12cm，边缘具波状圆齿或呈浅裂状；叶柄被毛。花葶直立，高10～70cm；总状花序顶生；花萼阔钟状，开花时裂片开张，花后增大；花冠黄色；花柱异长。蒴果近球形。

分布于滤水崖、丰家梁子、环行便道、庙子、牛坪子、竹林坡等地。国内分布于西南。

✦ 葵叶报春 *Primula malvacea* Franch.

报春花科 Primulaceae

多年生草本。叶片近圆形至阔卵形，直径2.5～12cm，先端圆形，基部心形，边缘具波状圆齿或呈浅裂状。花葶高3～40cm，密被白色柔毛；花序顶生，花通常排成1～8轮，但有时仅近于轮生或排成总状花序；花萼阔钟状，果时增大；花冠粉红色或深红色，稀白色，冠筒口周围黄色或黄绿色；长花柱花雄蕊着生于冠筒中部；短花柱花雄蕊着生于冠筒的1/3。蒴果球形。

分布于竹林坡等地。国内分布于西南。

✦ 五柱滇山茶 *Camellia yunnanensis* (Pit. ex Diels) Cohen-Stuart

山茶科 Theaceae

常绿灌木至小乔木，高达7m。嫩枝有长绒毛。叶椭圆形至卵形，长4～7cm，宽2～3.3cm，边缘密生细锯齿，中脉上有多数瘤状突起；叶柄有粗毛。花单生枝顶，白色，直径4～5cm，无柄；苞片及萼片8～9片；花瓣8～12片，最外侧2～3片较短而厚，过渡为萼片状；雄蕊除基部略与花瓣连生外，完全分离，排列成4～5轮；子房4～5室，花柱4～5枚。蒴果球形，每室有种子1～2颗，果爿4～5裂。

分布于丰家梁子等地。国内分布于西南。

✦ 楚雄安息香 *Styrax limprichtii* Lingelsh. et Borza

易危（VU）

安息香科 Styracaceae

灌木，高1～2.5m。嫩枝被毛，后变无毛，暗紫红色，具纵条纹。叶互生，宽椭圆形或倒卵形，长4～7cm，宽3～4cm，边缘上部有锯齿；叶柄密被黄褐色星状绒毛。总状花序顶生，有花3～6朵；花白色，芳香；花萼杯状；花冠裂片花蕾时作覆瓦状排列；花丝扁平，下部联合成管，上部分离。果实球形，密被灰白色星状短柔毛，具不规则纵皱纹，基部较为明显。种子卵形，褐色，无毛。

分布于庙子、牛坪子等地。国内分布于西南。

珍珠花 *Lyonia ovalifolia* (Wall.) Drude

杜鹃花科 Ericaceae

常绿或落叶灌木或小乔木，高8~16m。枝无毛。叶卵形或椭圆形，长8~10cm，宽4~5.8cm，无毛；叶柄无毛。总状花序着生叶腋；花萼五深裂；花冠圆筒状，上部五浅裂，裂片向外反折；雄蕊10枚，顶端有2枚芒状附属物，中下部疏被白色长柔毛；子房近球形，无毛。蒴果球形，缝线增厚。种子短无翅。

分布于丰家梁子、科普区等地。国内分布于华南、华东、华中、西南、西北。

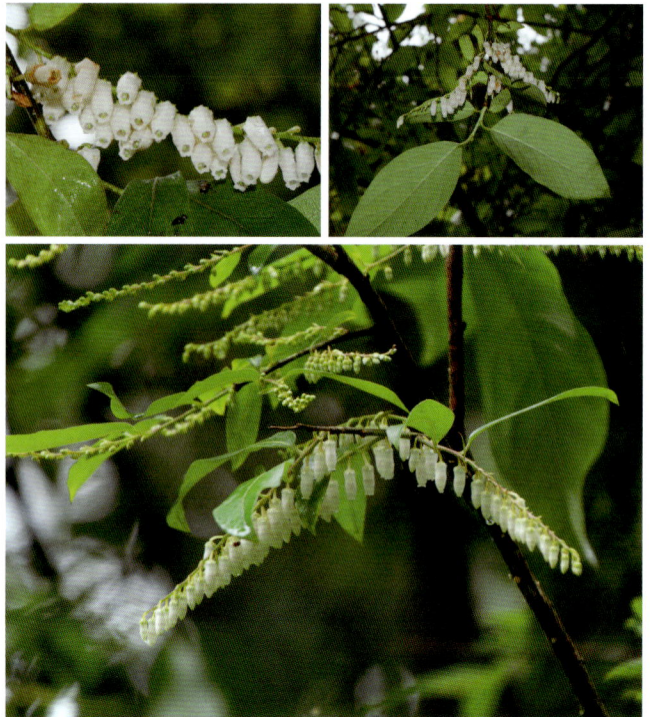

大白杜鹃 *Rhododendron decorum* Franch.

杜鹃花科 Ericaceae

常绿灌木，高1~7m。树皮灰褐色或灰白色。幼枝无毛。冬芽卵圆形。叶厚革质，长圆形或长圆状椭圆形，长5~14.5cm或更长，宽3~5.7cm，两端钝圆，无毛，边缘反卷；叶柄圆柱形，无毛。顶生总状伞形花序大，有花8~10朵；花梗粗壮，长2.5~3.5cm，淡绿色带紫红色；花萼小，浅碟形；花冠白色或淡红色，漏斗状钟形，花冠筒长3~5cm，裂片6~8枚；雄蕊13~16枚；子房圆柱形，密被白色有柄腺体。蒴果长圆柱形，长2.5~4cm。

分布于丰家梁子等地。国内分布于西南。

✦ 爆杖花 *Rhododendron spinuliferum* Franch.

杜鹃花科 Ericaceae

常绿小灌木，高0.5～3.5m。幼枝被灰色短柔毛，杂生长刚毛。叶片倒卵形、椭圆形至披针形，长3～10.5cm。伞形花序腋生枝顶成假顶生，有2～4朵花；花萼浅杯状，无裂片；花冠筒状，朱红色、鲜红色或橙红色，上部5裂；雄蕊10枚，不等长，略伸出花冠之外；子房5室。蒴果长圆形，长1～1.4cm，被疏绒毛并可见鳞片。

分布于丰家梁子、防火步道、竹林坡、猴子沟等地。国内分布于西南。

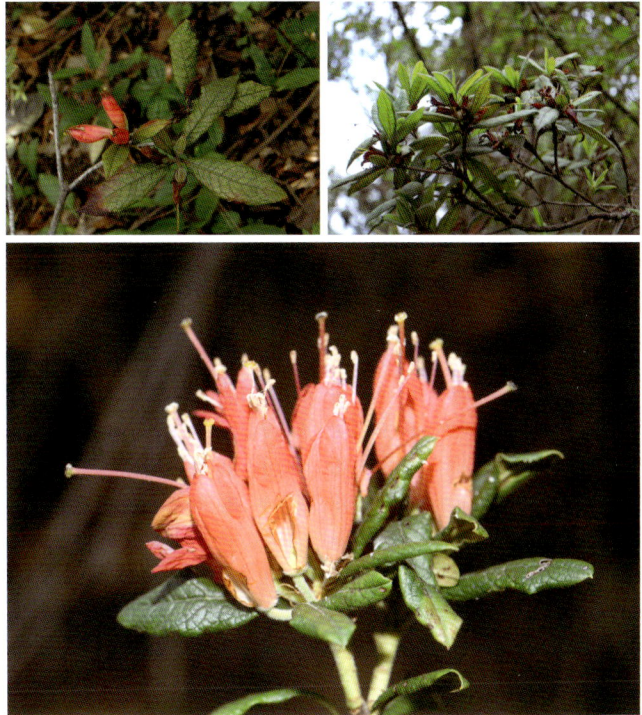

✦ 西昌杜鹃 *Rhododendron xichangense* Z. J. Zhao

杜鹃花科 Ericaceae

常绿灌木，高1～2m。当年生枝伸长，紫色，密被鳞片。叶革质，椭圆形，长2.5～5cm，上面深绿色，疏生鳞片，下面密被深浅不同的褐色鳞片，鳞片相距为其直径的0.5～1倍。花序2～3个顶生，每花序有2～5朵花，伞形着生；花萼长1.5mm，环状；花冠长1.5～1.8cm，白色或粉红色；雄蕊10枚，不等长；子房密被鳞片，花柱长2.2～2.7cm。

分布于丰家梁子等地。国内分布于西南。

小红参 *Galium elegans* Wall.

茜草科 Rubiaceae

　　多年生直立或攀援草本，高0.1～1m，有紫红色的根。茎4棱。叶厚，4片轮生，卵形至卵状披针形、椭圆形或披针形，长0.6～3cm。聚伞花序顶生和腋生，多花，常成圆锥花序式排列，常三歧分枝；花小，单性，稀两性；花冠白色或淡黄色；雄蕊4枚，与花冠裂片互生；花柱顶端二裂。果小，果爿单生或双生，密被钩状长毛。

　　分布于丰家梁子、竹林坡等地。国内分布于华南、华东、华中、西南、西北。

✦ 须弥茜树 *Himalrandia lichiangensis* (W. W. Sm.) Tirveng.

茜草科 Rubiaceae

　　无刺灌木，高0.6～3m。植株多分枝，枝粗壮。叶倒卵形或倒卵状匙形，长1～6.5cm，两面有贴生的糙伏毛；近无柄；托叶卵形。花单朵顶生于侧生短枝上；近无梗；萼裂片5枚；花冠黄色，内面被白色硬毛；雄蕊5枚，伸出；柱头纺锤形。浆果球形，直径5～6mm。种子1～2颗，椭圆形。

　　分布于丰家梁子、庙子、牛坪子、竹林坡、滤水崖等地。国内分布于西南。

土连翘 *Hymenodictyon flaccidum* Wall.

茜草科 Rubiaceae

　　落叶乔木，高6～20m。叶常聚生于枝顶，卵形、倒卵形或椭圆形，长10～26cm；叶柄有短柔毛；托叶较大，卵状长圆形或近三角形，反折。总状花序腋生，多少弯垂，密花，在总花梗上有1～2片具柄的叶状苞片；花小；花萼裂片5枚；花冠管状，红色，外面被短柔毛。蒴果倒垂，椭圆状卵形，褐色，有灰白色斑点。种子多数，扁平，具翅，翅基部2裂。

　　分布于滤水崖、牛坪子、金家村、环行便道、硝厂沟等地。国内分布于华南、西南。

✦ 绵毛野丁香 *Leptodermis lanata* H. S. Lo

茜草科 Rubiaceae

　　灌木，高0.5～1m。短枝上有鳞片状宿存托叶。叶在短枝上密生，椭圆形或倒卵形，长5～10mm，上面被短绒毛，下面被绵毛；托叶三角形。花无梗，常3朵簇生小枝之顶或在短枝近顶部腋生；小苞片2片，干膜质，中部以下合生；萼管无毛；花冠淡红色，漏斗状，长12～14mm，外面被短绒毛；雄蕊5枚；花柱异长。果长约6mm。种子覆有与种皮粘贴的网状假种皮。

　　分布于滤水崖、牛坪子等地。国内分布于西南。

✦ 川滇野丁香 *Leptodermis pilosa* Diels

茜草科 Rubiaceae

灌木，高0.7～2m。叶纸质，阔卵形、卵形、长圆形、椭圆形或披针形，长0.5～2.5cm，两面被稀疏至很密的柔毛或下面近无毛；托叶基部阔三角形。聚伞花序顶生和近枝顶腋生，通常有花3朵；小苞片干膜质，2/3～3/4合生；萼管裂片5枚；花冠漏斗状，管长9～10mm，外面密被短绒毛，里面被长柔毛；花柱异长。果长4.5～5mm。种子覆有与种皮紧贴的网状假种皮。

分布于澎水崖、环行便道等地。国内分布于华中、西南、西北。

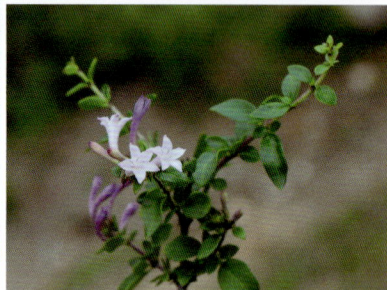

✦ 野丁香 *Leptodermis potaninii* Batalin

茜草科 Rubiaceae

灌木，高0.5～2m。叶对生，椭圆形或卵形，顶端钝，有短尖头，两面被白色短毛，下面近无毛；叶柄短；托叶膜质，三角形。聚伞花序顶生，无梗，具1～3朵花；花梗红色，有柔毛；花冠漏斗形，长1.5cm，裂片5～6枚；雄蕊5或6枚；子房3室。蒴果成熟时5裂，由顶部开裂直达基部。

分布于丰家梁子、竹林坡等地。国内分布于华中、西南、西北。

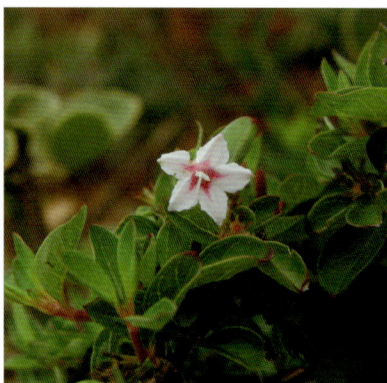

✦ 撕裂野丁香 *Leptodermis scissa* H. J. P. Winkl.

茜草科 Rubiaceae

灌木，高20～50cm。叶对生，在小枝上密生，纸质，长圆状卵形或阔卵形，上部叶长1.5～2.3cm，宽7～13mm，两面近无毛；托叶近膜质。花常3朵在短枝上顶生；小苞片卵形，分离几达基部，长2.8～3mm；花冠管长约11mm，漏斗状，微弯，外面无毛，里面被长柔毛。果卵状，长约4mm，假种皮与种皮明显分离。

分布于丰家梁子等地。国内分布于西南。

鸡屎藤 *Paederia foetida* L.

茜草科 Rubiaceae

藤本。叶对生，稀3叶轮生，纸质至近革质，形状变化很大，卵形、卵状长圆形至披针形或椭圆形，长5～10cm；托叶卵状披针形。圆锥花序式的聚伞花序腋生和顶生，长6～18cm；花冠紫蓝色，通常被绒毛。果阔球形，无毛。

分布于丰家梁子、庙子、银厂沟、竹林坡、环行便道、滤水崖、猴子沟等地。国内分布于华南、华东、华中、华北、西南、西北。

茜草 *Rubia cordifolia* L.

茜草科 Rubiaceae

　　草质攀援藤木。茎方柱形，有4棱，棱上倒生皮刺。叶通常4片轮生，披针形或长圆状披针形，纸质，基部心形，边缘有齿状皮刺，两面粗糙，脉上有微小皮刺；叶柄有倒生皮刺。聚伞花序腋生和顶生，花序和分枝有微小皮刺；花冠淡黄色，干时淡褐色，花冠裂片近卵形，微伸展，外面无毛。果球形，成熟时橘黄色。

　　分布于丰家梁子、竹林坡等地。国内分布于华东、华中、华北、西南、西北。

川滇茜草 *Rubia edgeworthii* Hook. f.

茜草科 Rubiaceae

　　攀援草本，全株被柔毛。茎有8条直棱，粗糙。叶4片轮生，披针形，长4~7cm，宽1.2~2cm，全缘，掌状脉3~5条；叶柄短或近无柄。聚伞花序排成圆锥状，腋生和顶生；萼管球状；花冠淡黄色，稍肉质，裂片5枚；雄蕊着生在冠管之上部；花柱深2裂，柱头头状。

　　分布于丰家梁子、环行便道、牛坪子、竹林坡等地。国内分布于华南、西南。

白花蛇舌草 *Scleromitrion diffusum* (Willd.) R. J. Wang

茜草科 Rubiaceae

一年生纤细披散草本，高20～50cm。茎扁圆柱形，从基部分枝。叶对生，无柄，条形，长1～3cm；托叶基部合生。花4数，单生或双生于叶腋；萼管球形；花冠白色，管形；雄蕊生于冠管喉部，花药突出；柱头2裂。蒴果扁球形，成熟时顶部室背开裂。种子每室约10颗，具棱，干后深褐色，有深而粗的窝孔。

分布于丰家梁子等地。国内分布于华南、华东、西南。

灰莉 *Fagraea ceilanica* Thunb.

龙胆科 Gentianaceae

乔木，高达15m，有时附生呈攀援状灌木。全株无毛。树皮灰色。老枝上有凸起的叶痕和托叶痕。叶片稍肉质，椭圆形、卵形、倒卵形或长圆形，有时长圆状披针形；叶柄基部有鳞片状托叶。花单生或二歧聚伞花序顶生，花序梗短而粗，基部有披针形苞片；花萼绿色，肉质，裂片卵形至圆形，边缘膜质；花冠漏斗状，白色，芳香，花冠管上部扩大，裂片倒卵形，上部内侧有凸起的花纹；雄蕊内藏。浆果卵状或近

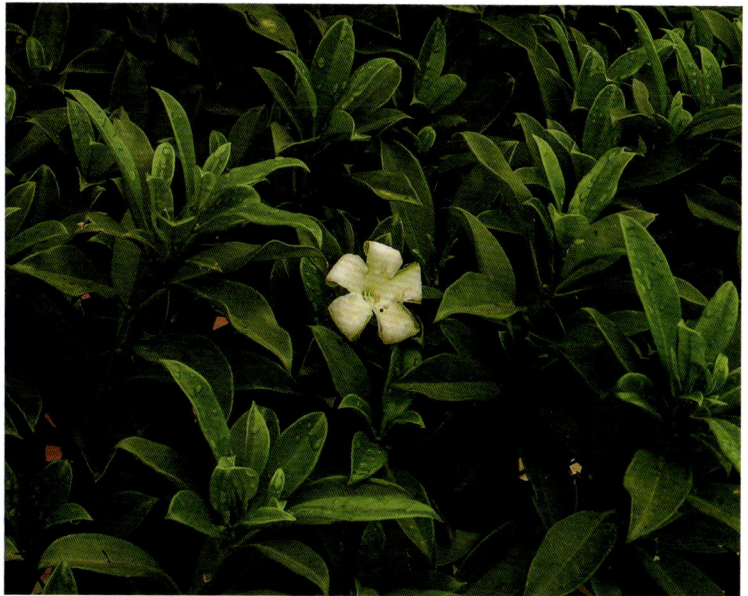

圆球状，顶端有尖喙，淡绿色，有光泽，基部有宿萼。种子椭圆状肾形。

分布于矿山迹地植被恢复区。

✦ 微籽龙胆 *Gentiana delavayi* Franch.

龙胆科 Gentianaceae

一年生草本，高5～10cm。茎直立，密被紫红色乳突。叶密集，交互对生；基部的叶狭椭圆形或披针形，长10～15mm；中上部的叶椭圆状披针形，长2～5cm。花多数，簇生小枝顶端呈头状；花儿无梗；萼筒倒锥状筒形；花冠漏斗状，蓝紫色，长2.8～4cm，裂片卵状三角形。蒴果内藏，椭圆状披针形或椭圆形。种子褐色，矩圆形，表面蜂窝状。

分布于牛坪子等地。国内分布于西南。

✦ 四川龙胆 *Gentiana sutchuenensis* Franch.

龙胆科 Gentianaceae

一年生草本，高2.5～8cm。茎直立，黄绿色，疏带乳突。叶略肉质，绿色；基生叶甚大，宿存，椭圆形或条状椭圆形，长15～45mm；茎生叶小，卵形至披针形，长5～20mm。花多数，单生于小枝顶端，多个小枝密集；花萼倒锥形；花冠上部蓝色或蓝紫色，漏斗形；雄蕊着生于冠筒下部。蒴果外露或内藏，矩圆形或倒卵状矩圆形，长3.5～5mm。种子红褐色，表面具细网纹。

分布于丰家梁子等地。国内分布于西南、西北。

卵萼花锚 *Halenia elliptica* D. Don

龙胆科 Gentianaceae

　　一年生草本，高15~60cm。茎直立，上部分枝，无毛，四棱形。基生叶椭圆形；茎生叶卵形、椭圆形、长椭圆形或卵状披针形，长1.5~7cm，全缘；叶脉5条。聚伞花序腋生和顶生；花4数；花冠蓝色或紫色，裂片卵圆形或椭圆形，顶端具尖头。蒴果宽卵形。种子褐色，椭圆形或近圆形。

　　分布于丰家梁子、竹林坡等地。国内分布于华中、华北、西南、西北、东北。

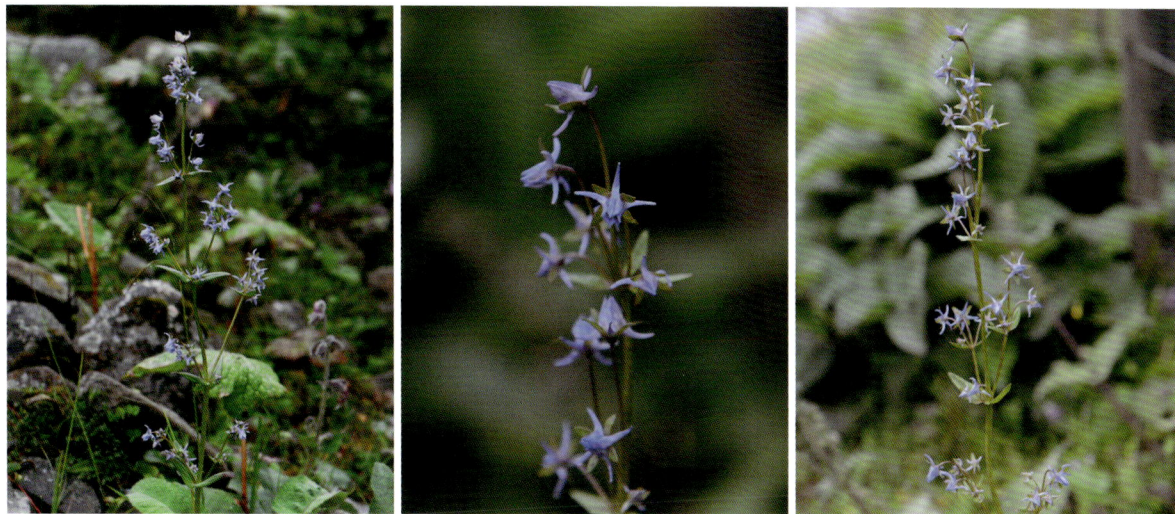

✦ 红花龙胆 *Metagentiana rhodantha* (Franch.) T. N. Ho et S. W. Liu

龙胆科 Gentianaceae

　　多年生草本，高20~50cm。茎常带紫色。基生叶呈莲座状，椭圆形、倒卵形或卵形；茎生叶宽卵形或卵状三角形，长1~4cm，宽0.7~2cm，边缘浅波状。花单生茎顶，无梗；花萼膜质，有时微带紫色；花冠淡红色，上部有紫色纵纹。蒴果内藏或仅先端外露，长椭圆形。种子淡褐色，近圆形，具翅。

　　分布于丰家梁子、竹林坡等地。国内分布于华南、华中、西南、西北。

✦ 丽江獐牙菜 *Swertia delavayi* Franch.

龙胆科 Gentianaceae

一年生草本，高10～40cm。茎直立，具狭翅，从基部起作帚状分枝。基生叶披针形，长1.5～3cm，宽0.6～0.7cm；茎生叶狭椭圆形至条形。花5数，单生枝端，径达3cm，具花梗；花萼绿色，脉纹紫色，包被花冠；花冠蓝紫色，裂片卵形或卵状椭圆形，近基部有2个腺窝。

分布于丰家梁子等地。国内分布于西南。

✦ 开展獐牙菜 *Swertia patula* Harry Sm.

龙胆科 Gentianaceae

一年生草本，高5～15cm。茎从基部多分枝，枝斜生，具4棱。基生叶在花期常枯萎，具短柄；茎生叶条形，连柄长7～18mm，宽1.5～3mm，具1条脉。花4数，单生枝顶；花萼绿色，裂片条状披针形，长10～18mm；花冠白色或淡紫色，具紫色脉纹，裂片匙状矩圆形，长1.2～1.7cm，下部具2个腺窝，腺窝黄绿色，杯状，仅顶端具短流苏。

分布于牛坪子等地。国内分布于西南。

沙漠玫瑰 *Adenium obesum* (Forssk.) Roem. et Schult.

夹竹桃科 Apocynaceae

多年生落叶肉质灌木或小乔木，高达4.5m，全株具有透明乳汁。树干肿胀。单叶互生，倒卵形至椭圆形，全缘，近无柄。顶生伞房花序有花10余朵；花冠漏斗状，5裂，裂片边缘波状，外缘红色至粉红色，中部色浅。种子有白色柔毛。

分布于矿山迹地植被恢复区。

牛角瓜 *Calotropis gigantea* (L.) W. T. Aiton

夹竹桃科 Apocynaceae

直立灌木，高达3m；全株具乳汁。幼枝部分被灰白色绒毛。叶倒卵状长圆形或椭圆状长圆形，长8～20cm，两面被灰白色绒毛，老渐脱落。聚伞花序伞状，腋生和顶生；花冠紫蓝色，辐状；副花冠裂片比合蕊柱短，基部有距。蓇葖果单生，膨胀，长7～9cm，直径3cm，顶端外弯，被短柔毛。种子顶端具白色绢质种毛。

分布于猴子沟、四二四坟地等地。国内分布于华南、西南。

✦ 巴东吊灯花 *Ceropegia driophila* C. K. Schneid.

夹竹桃科 Apocynaceae

攀援半灌木，高0.7～1.3m。茎干后中空，圆柱状或略具细条纹，黄色，无毛。叶薄膜质，长圆形，长2.5～6.5cm。聚伞花序具花2～8朵；花萼裂片条形，花萼内面基部具有5枚小腺体；花冠暗红色，裂片舌状长圆形，顶端黏合，有缘毛；副花冠外轮杯状，裂片三角状急尖，有缘毛，内轮条形；花粉块长圆状椭圆形，顶端有透明膜边，花粉块柄短，着粉腺比花粉块略短。

分布于丰家梁子等地。国内分布于华中、西南。

✦ 金雀马尾参 *Ceropegia mairei* (H. Lév.) H. Huber

夹竹桃科 Apocynaceae

多年生草本。茎上部缠绕，下部直立。叶直立展开，椭圆形或椭圆状披针形，长0.9～4cm，叶面及叶柄具微柔毛。聚伞花序近无梗，少花；花萼裂片狭披针形；花冠筒近圆筒状，喉部略微膨大，内面具微毛，裂片与花冠筒等长；副花冠杯状，外轮裂片三角形，内轮狭条形；花粉块斜卵圆形，花粉块柄平展。

分布于庙子、牛坪子等地。国内分布于西南。

✦ 丽子藤 *Dregea yunnanensis* (Tsiang) Tsiang et P. T. Li

夹竹桃科 Apocynaceae

　　攀援灌木，全株具乳汁。除花冠和合蕊柱外，全株均被小绒毛。叶卵圆形，长1.3～3cm，基部心形，叶面被短柔毛。伞形状聚伞花序腋生，着花达15朵；花萼内面基部具5枚小腺体；花冠白色，辐状；副花冠裂片肉质。蓇葖果披针形，平滑无皱褶。种子卵圆形，顶端具白色绢毛。

　　分布于环行便道、金家村、牛坪子、松坪子、丰家梁子、防火步道、滤水崖等地。国内分布于西南、西北。

夹竹桃 *Nerium oleander* L.

夹竹桃科 Apocynaceae

　　常绿直立大灌木，高达5m。枝条灰绿色，嫩枝具棱，被微毛，老时脱落。叶3～4片轮生，或对生，革质，窄披针形，先端渐尖，基部楔形；叶柄具腺体。聚伞花序顶生；花萼5深裂，红色，披针形；花冠漏斗状，裂片向右覆盖，花色多样，单瓣或重瓣，芳香；花药箭头状，附着柱头，基部耳状，被柔毛。蓇葖果2枚，离生，长圆形。种子长圆形，基部较窄，顶端钝，褐色，种皮被锈色短柔毛。

　　分布于猴子沟和矿山迹地植被恢复区。

鸡蛋花 *Plumeria rubra* L.

夹竹桃科 Apocynaceae

小乔木，高达5m。枝条粗壮，带肉质，无毛，具丰富乳汁。叶厚纸质，长圆状倒披针形或长椭圆形，顶端短渐尖，基部狭楔形；侧脉扁平，不达叶缘；叶柄上面基部有腺体，无毛。聚伞花序顶生；总花梗三歧，肉质，绿色；花冠外面白色，内面黄色，花冠筒圆筒形；心皮2枚，离生。蓇葖果双生，圆筒形。种子斜长圆形，扁平。

分布于矿山迹地植被恢复区。

黄花夹竹桃 *Thevetia peruviana* (Pers.) K. Schum.

夹竹桃科 Apocynaceae

乔木，高达5m，全株具丰富乳汁。全株无毛。树皮棕褐色，皮孔明显。叶互生，近革质，无柄，条形或条状披针形，光亮，全缘，边稍背卷。聚伞花序顶生；花大，黄色，具香味；花萼绿色，5裂，裂片三角形；花冠漏斗状，花冠筒喉部具5枚被毛的鳞片，花冠裂片向左覆盖，比花冠筒长；雄蕊着生于花冠筒的喉部；子房无毛，2裂。核果扁三角状球形，生时绿色而亮，干时黑色。

分布于矿山迹地植被恢复区。

人参娃儿藤 *Tylophora kerrii* Craib

夹竹桃科 Apocynaceae

柔弱攀援小灌木。除花外，全株无毛。叶条形或条状披针形，长5.5～7.5cm。伞房状聚伞花序腋外生；花小，白色；花萼内面基部有5枚腺体；花冠辐状，外面无毛，内面具疏柔毛；副花冠裂片卵形；花粉块每室1个，圆球状。蓇葖果条状披针形。

分布于环行便道、牛坪子、松坪子、滤水崖等地。国内分布于华南、华东、西南。

娃儿藤 *Tylophora ovata* (Lindl.) Hook. ex Steud.

夹竹桃科 Apocynaceae

攀援藤本。全株被锈色柔毛。茎上部缠绕。叶卵形，长2.5～6cm，宽2～5.5cm，顶端急尖，具细尖头，基部浅心形；侧脉明显，每边约4条。伞房状聚伞花序，丛生于叶腋；花小，淡黄色或黄绿色；花萼内面基部无腺体；花冠辐状，裂片长圆状披针形，两面被微毛；副花冠裂片卵形；花粉块每室1个，圆球状；柱头五角状。蓇葖双生，圆柱状披针形。种子卵形，顶端截形，具白色绢质种毛。

分布于环行便道、庙子、科普区等地。国内分布于华南、华东、华中、西南。

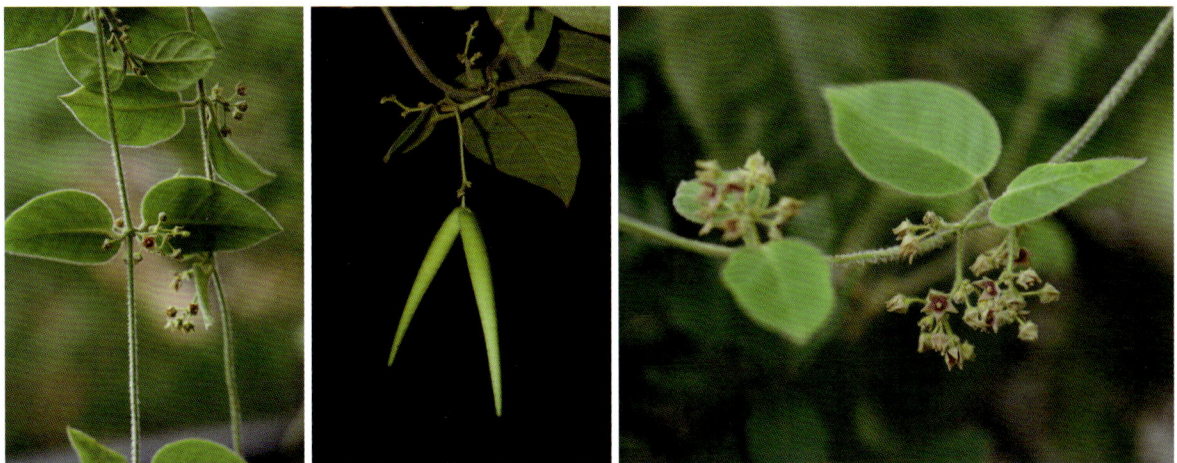

✦ 云南娃儿藤 *Tylophora yunnanensis* Schltr.

夹竹桃科 Apocynaceae

直立半灌木，高约50cm。茎不分枝或极少分枝，顶部缠绕状。叶对生，卵状椭圆形，长3～7.5cm，宽1.5～3.5cm，下面被微毛。聚伞花序腋生，长5cm，有花多朵；花梗丝状；花萼裂片披针形，外面被毛；花冠辐状，深5裂，裂片有缘毛，内面具疏长柔毛；副花冠5裂，卵圆状隆肿。蓇葖果双生，披针形，无毛。种子顶端具黄白色种毛。

分布于丰家梁子、环行便道、庙子、牛坪子、竹林坡等地。国内分布于西南。

✦ 大理白前 *Vincetoxicum forrestii* (Schltr.) C. Y. Wu et D. Z. Li

夹竹桃科 Apocynaceae

多年生直立草本，高20～45cm。茎单生，不分枝。叶对生，有时相近成轮生状，宽卵形至卵状披针形，长4～8cm，两面无毛或仅脉被微毛。聚伞花序腋生，具总花梗，着花5～8朵；花萼5深裂，裂片披针形；花冠近辐状，外面无毛，里面被疏长柔毛，先端钝；副花冠环状，肉质。蓇葖果单生或双生。种子顶端具白色绢质种毛。

分布于丰家梁子等地。国内分布于西南、西北。

倒提壶 *Cynoglossum amabile* Stapf et J. R. Drumm.

紫草科 Boraginaceae

多年生草本，高15～60cm。茎单一或数条丛生，密生贴伏短柔毛。基生叶具长柄，长圆状披针形或披针形，长5～20cm，两面密生短柔毛；茎生叶长圆形或披针形，无柄，长2～7cm。圆锥花序无苞片；花冠通常蓝色，稀白色，喉部具5个梯形附属物；花丝着生于花冠筒中部。小坚果卵形，背面微凹，密生锚状刺，边缘锚状刺基部连合，成狭或宽的翅状边。

分布于丰家梁子、竹林坡等地。国内分布于西南、西北。

小花琉璃草 *Cynoglossum lanceolatum* Forssk.

紫草科 Boraginaceae

多年生草本，高20～90cm。枝密生基部具基盘的硬毛。基生叶及茎下部叶具柄，长圆状披针形，长8～14cm，上面被具基盘的硬毛及稠密的伏毛，下面密生短柔毛；茎中部叶无柄或具短柄，披针形，长4～7cm。总状花序顶生及腋生；花冠淡蓝色，钟状，喉部有5个半月形附属物。小坚果卵球形，背面密生长短不等的锚状刺。

分布于丰家梁子、竹林坡、滤水崖等地。国内分布于华南、华东、华中、西南、西北。

粗糠树 *Ehretia dicksonii* Hance

紫草科 Boraginaceae

落叶乔木，高达15m。枝条被柔毛。叶宽椭圆形、卵形或倒卵形，长8~25cm，边缘具开展的锯齿，上面密生具基盘的短硬毛；叶柄被柔毛。聚伞花序顶生；花萼裂至近中部；花冠筒状钟形，白色至淡黄色，芳香；雄蕊伸出花冠外。核果黄色，近球形，内果皮成熟时分裂为2个具2颗种子的分核。

分布于滤水崖、丰家梁子、硝厂沟、竹林坡等地。国内分布于华南、华东、华中、西南、西北。

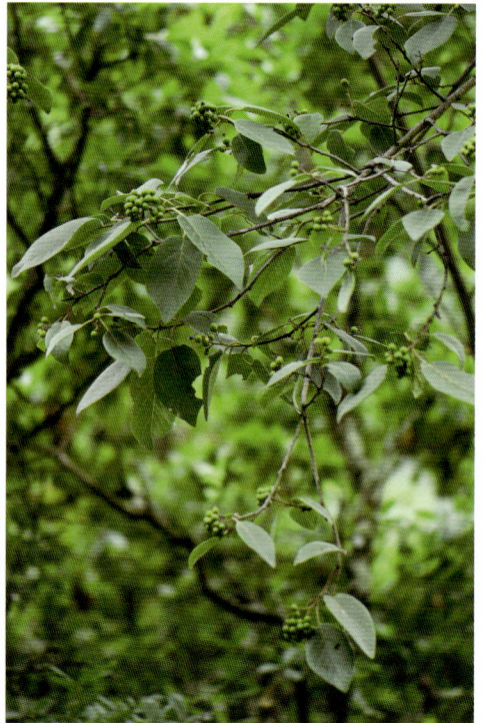

✦ 密花滇紫草 *Onosma confertum* W. W. Sm.

紫草科 Boraginaceae

多年生草本，高30~70cm。全株密生具基盘的硬毛及短伏毛。茎单一或数条丛生，直立，不分枝。基生叶丛生，倒披针形，长8~12cm；茎中部及上部叶披针形，长5~10cm，上面具白斑点，下面灰白色，密生伏毛。花序单一或分枝，顶生及腋生，集为圆锥状；花冠红色或淡紫色；花丝着生于花冠基部；花柱无毛。小坚果灰褐色，具光泽，有疣状突起。

分布于牛坪子、竹林坡等地。国内分布于西南。

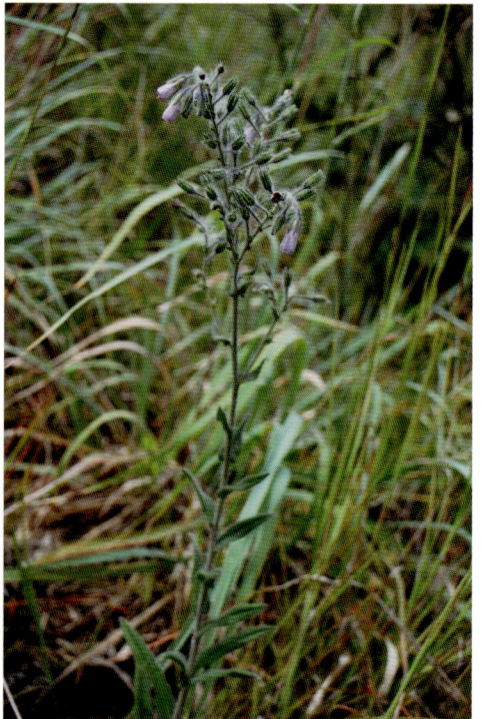

✦ 三列飞蛾藤 *Dinetus duclouxii* (Gagnep. et Courchet) Staples

旋花科 Convolvulaceae

攀援藤本。茎缠绕，被毡毛至无毛。叶宽卵状心形，长6～8cm，两面无毛或疏被短柔毛，背面苍白色，侧脉及网脉密生小瘤点；叶柄无毛。总状花序或圆锥花序，腋生；萼片条形，近等长，果熟时3个极增大；总花梗、花梗及花萼密被近腺状短柔毛或近无毛；花冠狭漏斗形，白色、淡粉色或紫色，冠檐浅裂；雄蕊着生于花冠管中下部，3列。蒴果球形，紫红色。

分布于澺水崖、环行便道、金家村、硝厂沟等地。国内分布于华中、西南。

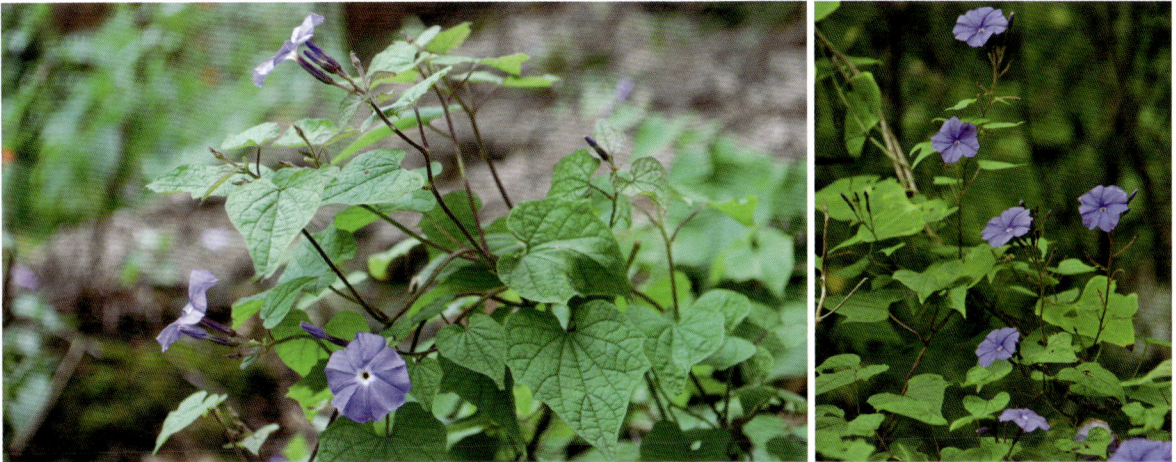

飞蛾藤 *Dinetus racemosus* (Roxb.) Sweet

旋花科 Convolvulaceae

攀援灌木。茎圆柱形，缠绕，具小瘤。叶互生，卵形，长6～11cm，宽5～10cm，顶端渐尖，基部心形，叶两面被毛；掌状脉7～9条。圆锥花序腋生；苞片叶状；萼片5枚，裂片极小，条状披针形，果期全部扩大，长可达18mm；花冠白色，管部带黄色，漏斗状，长约1cm，顶端5裂。蒴果卵形，长7～8mm。种子1颗，卵形，平滑。

分布于澺水崖等地。国内分布于华南、华东、华中、西南、西北。

五爪金龙 *Ipomoea cairica* (L.) Sweet

旋花科 Convolvulaceae

　　多年生缠绕草本。全体无毛。茎细长。叶掌状5深裂或全裂；叶柄长2～8cm，基部具小的掌状5裂的假托叶。聚伞花序腋生，具1～3朵花；花冠紫红色、紫色或淡红色，偶有白色，漏斗状；雄蕊不等长，基部贴生于花冠管基部以上。蒴果近球形，2室，4瓣裂。种子黑色，边缘有褐色柔毛。

　　分布于滤水崖、环行便道、金家村、硝厂沟等地。国内分布于华南、华东、西南。

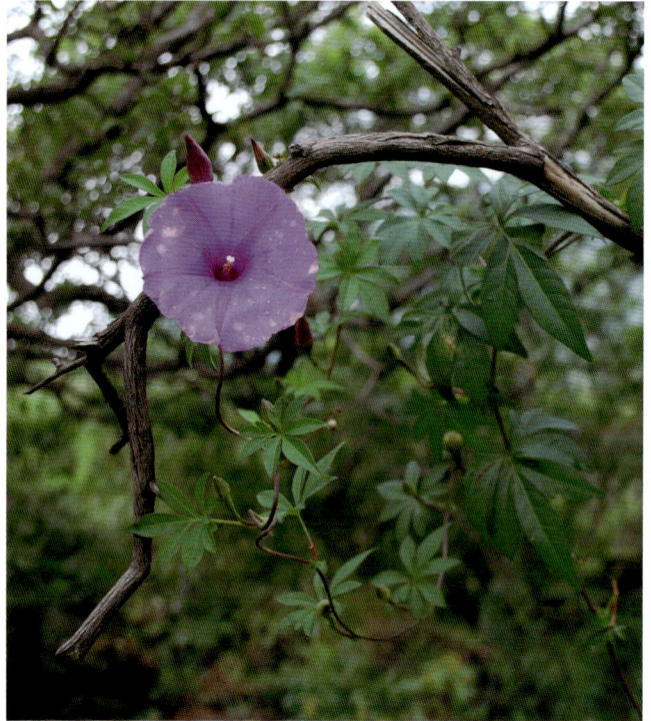

圆叶牵牛 *Ipomoea purpurea* (L.) Roth

旋花科 Convolvulaceae

　　一年生缠绕草本。茎上被倒向的短柔毛并杂有长硬毛。叶圆心形或宽卵状心形，长4～18cm，基部圆，心形，常全缘，偶有3裂，两面被刚伏毛。花腋生，单一或2～5朵成伞形聚伞花序；萼片近等长，被开展的硬毛；花冠漏斗状，紫红色、红色或白色；雄蕊与花柱内藏。蒴果近球形，3瓣裂。种子卵状三棱形，黑褐色或米黄色。

　　分布于滤水崖等地。全国广布。

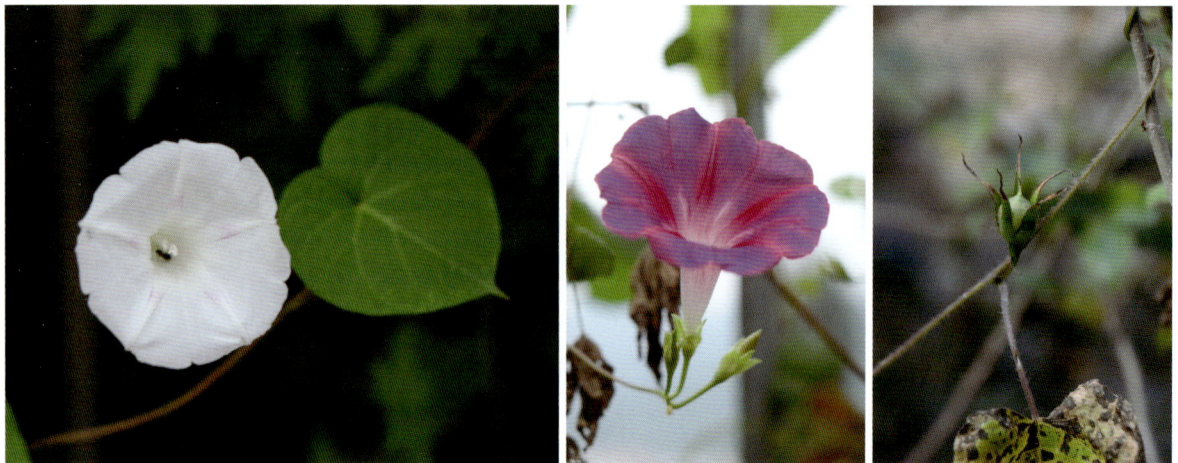

✦ 山土瓜 *Merremia hungaiensis* (Lingelsh. et Borza) R. C. Fang

旋花科 Convolvulaceae

多年生缠绕草本。地下块根球形，有时2～3个串生。茎有细棱，无毛。叶椭圆形、卵形或长圆形，长2.5～11.5cm，边缘微啮蚀状或近全缘；叶柄被柔毛。聚伞花序腋生，着生2～3朵或数朵花；花冠黄色，漏斗状；雄蕊稍不等长；花盘环状；子房圆锥状，2室，无毛，柱头2枚，球形。蒴果长圆形，4瓣裂。种子被黑褐色绒毛。

分布于丰家梁子等地。国内分布于西南。

✦ 蓝花土瓜 *Merremia yunnanensis* (Courchet et Gagnep.) R. C. Fang

旋花科 Convolvulaceae

多年生缠绕草本。茎细长，有细棱，密被柔毛。叶菱形，长3～9cm，全缘，两面密被黄褐色绢毛。聚伞花序腋生，着生1～3朵花；萼片不等长；花冠淡蓝色，狭钟状；雄蕊不等长；子房无毛。蒴果长圆形，4瓣裂。种子黑色，无毛。

分布于环行便道、庙子、牛坪子、防火步道、丰家梁子等地。国内分布于西南。

曼陀罗 *Datura stramonium* L.

茄科 Solanaceae

草本或半灌木状，高0.5～1.5m。叶广卵形，长8～17cm，边缘有不规则波状浅裂。花单生于枝杈间或叶腋，直立；花萼筒状，有5个棱角，花后自近基部断裂，宿存部分随果实而增大并向外反折；花冠漏斗状，白色或淡紫色；雄蕊不伸出花冠。蒴果卵状，表面生有坚硬针刺或有时无刺而近平滑，成熟后淡黄色，4瓣裂。种子卵圆形，黑色。

分布于滤水崖、环行便道、牛坪子、竹林坡、松坪子等地。全国广布。

假酸浆 *Nicandra physalodes* (L.) Gaertn.

茄科 Solanaceae

一年生草本，高0.4～1.5m。茎直立，有棱条。叶卵形或椭圆形，长4～12cm，基部楔形，边缘有具圆缺的粗齿或浅裂，两面有稀疏毛。花单生于枝腋而与叶对生，俯垂；花萼五深裂，果时包围果实；花冠钟状，浅蓝色，5浅裂。浆果球形，棕色或黄色。种子淡褐色。

分布于滤水崖、竹林坡等地。全国广布。

小酸浆 *Physalis minima* L.

茄科 Solanaceae

一年生草本。茎顶端多二歧分枝，分枝披散而卧于地上或斜升。叶片卵形或卵状披针形，长2～3cm，全缘而波状或有少数粗齿。花具细弱的花梗；花萼钟状，外面生短柔毛；花冠黄色，长约5mm。果梗细瘦，俯垂；果萼卵球状，直径1～1.5cm；果实球形。

分布于环行便道等地。国内分布于华南、华东、华中、华北、西南、东北。

喀西茄 *Solanum aculeatissimum* Jacq.

茄科 Solanaceae

直立草本至亚灌木，高1～2m。茎、枝、叶、花柄及花萼被硬毛、腺毛及基部宽扁直刺，刺长0.2～1.5cm。叶宽卵形，5～7深裂，裂片边缘不规则齿裂及浅裂；叶柄粗壮。蝎尾状花序腋外生；花梗长约1cm；花萼钟状，长约7mm；花冠筒淡黄色，长约1.5mm，冠檐白色。浆果球形，径2～2.5cm，成熟时淡黄色。种子淡黄色，近倒卵圆形，径2～2.8mm。

分布于防火步道、滤水崖、牛坪子、松坪子、竹林坡等地。国内分布于华南、华东、华中、西南、东北。

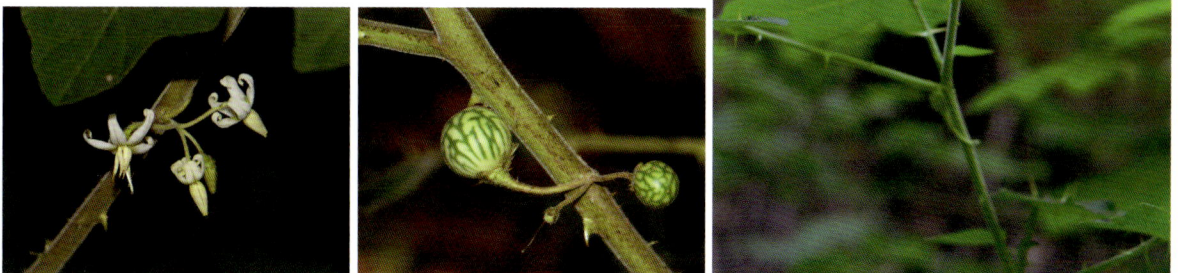

少花龙葵 *Solanum americanum* Mill.

茄科 Solanaceae

　　纤弱草本，高约1m。茎无毛或近于无毛。叶薄，卵形至卵状长圆形，长4～8cm，宽2～4cm，近全缘、波状或有不规则的粗齿，两面均具疏柔毛；叶柄具疏柔毛。花序近伞形，腋外生，纤细，具微柔毛；萼绿色，5裂达中部，具缘毛；花冠白色，筒部隐于萼内。浆果球状，直径约5mm，幼时绿色，成熟后黑色。种子近卵形，两侧压扁。

　　分布于防火步道、银厂沟等地。国内分布于华南、华东、华中、西南。

假烟叶树 *Solanum erianthum* D. Don

茄科 Solanaceae

　　小乔木，高1.5～10m。小枝密被白色具柄头状簇绒毛。叶大而厚，卵状长圆形，长10～29cm，全缘或略作波状。聚伞花序多花，形成近顶生圆锥状花序；花白色；萼钟形，5半裂；花冠筒隐于萼内，花冠5深裂；雄蕊5枚。浆果球状，具宿存萼，黄褐色。种子扁平。

　　分布于滤水崖、环行便道、牛坪子、银厂沟、硝厂沟等地。国内分布于华南、华东、华中、西南。

龙葵 *Solanum nigrum* L.

茄科 Solanaceae

　　一年生直立草本，高0.3～1m。叶卵形，长2.5～10cm，宽1.5～5.5cm，全缘或每边具不规则的波状粗齿。蝎尾状花序腋外生，由3～10朵花组成；萼小，浅杯状；花冠白色，5深裂；子房卵形，柱头小，头状。浆果球形，熟时黑色。种子多数，近卵形，两侧压扁。

　　分布于滤水崖、猴子沟、环行便道、金家村等地。国内除东北外均产。

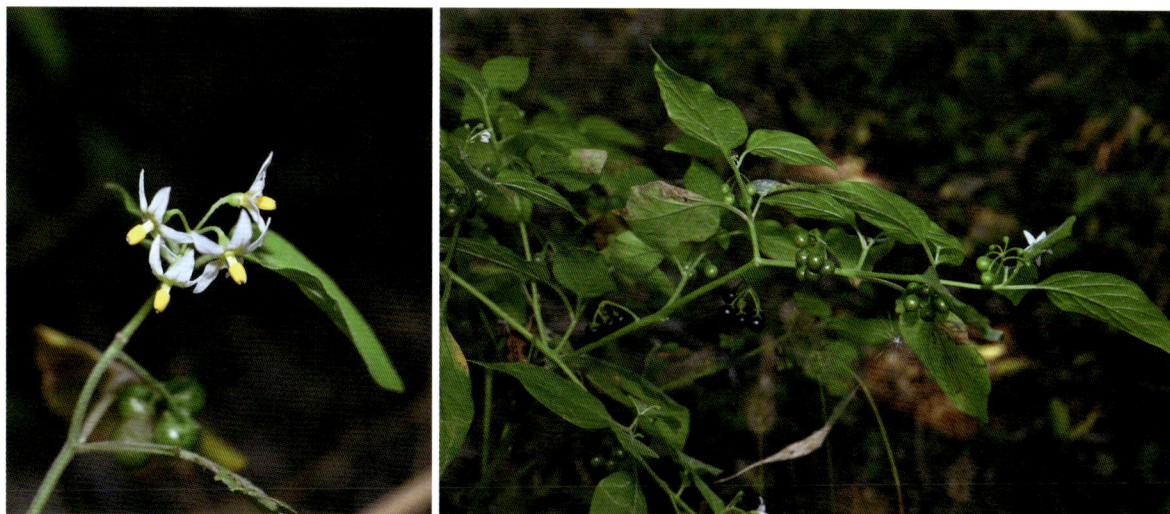

海桐叶白英 *Solanum pittosporifolium* Hemsl.

茄科 Solanaceae

　　蔓生灌木，长达1m。植株无毛或疏被短柔毛。小枝具棱角。叶互生，披针形至卵圆状披针形，长3.5～10.5cm，宽1.6～3.5cm，全缘，两面均光滑无毛。聚伞花序腋外生；总花梗长1～5.5cm；花梗长约1.1cm；萼小，浅杯状，直径约3mm；花冠白色，少数为紫色，边缘被缘毛，开放时向外反折。浆果球状，成熟后红色，直径0.8～1.2cm。种子多数，扁平，直径2～2.5mm。

　　分布于丰家梁子等地。全国广布。

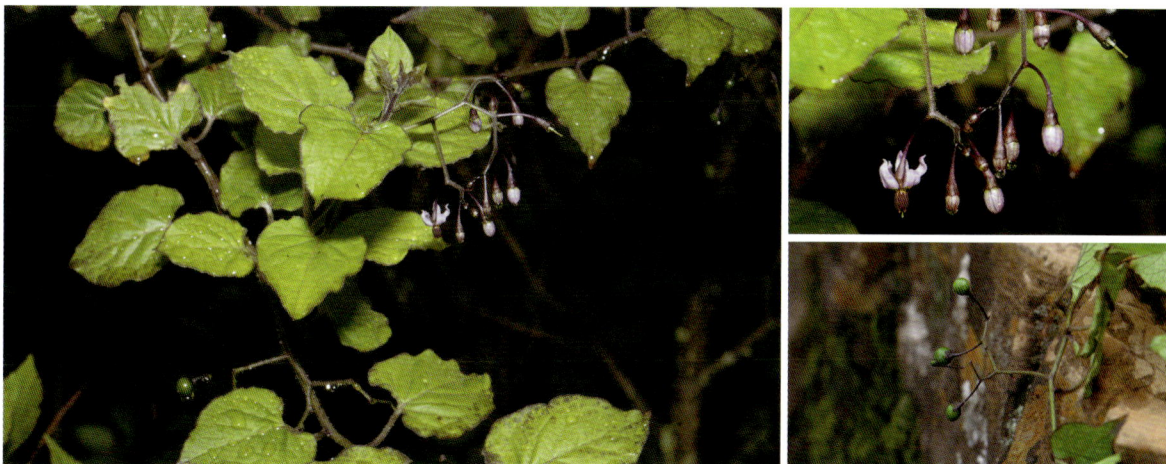

刺天茄 *Solanum violaceum* Ortega

茄科 Solanaceae

　　多枝灌木，高0.5～1.5m。小枝、叶下面、叶柄、花序均密被具分枝和柄的星状绒毛；小枝被钩刺。叶卵形，长5～11cm，边缘5～7深裂或成波状浅圆裂；叶柄长2～4cm，密被星状毛且具1～2枚钻形皮刺。蝎尾状花序腋外生；花蓝紫色，稀白色；萼杯状，密被细直刺；花冠辐状，先端5裂。浆果球形，光亮，成熟时橙红色。

　　分布于澎水崖、猴子沟、金家村、牛坪子、松坪子等地。国内分布于华南、华东、西南。

黄果茄 *Solanum virginianum* L.

茄科 Solanaceae

　　直立或匍匐草本，高50～70cm。植物体各部被具7～9分枝的星状绒毛，并密生细长的针状皮刺。叶卵状长圆形，长4～6cm，边缘通常5～9裂或羽状深裂。聚伞花序腋外生，通常具3～5朵花；花蓝紫色；萼钟形，外面被星状绒毛及尖锐的针状皮刺；花冠辐状，先端5裂。浆果球形，初时绿色并具深绿色的条纹，成熟后则变为淡黄色。种子近肾形，扁平。

　　分布于猴子沟、防火步道、松坪子、牛坪子等地。国内分布于华南、华东、华中、西南、东北。

✦ 三叶梣 *Fraxinus trifoliolata* W. W. Sm.

木樨科 Oleaceae

　　直立灌木或小乔木，高3～8m。树皮灰白色；枝干具纵棱，密生白色皮孔。三出羽状复叶；小叶卵形至椭圆形，长8～12cm，叶缘具整齐锐锯齿。圆锥花序大，顶生及侧生于枝梢叶腋，花密集；花芳香；花萼钟状，顶端4裂不等大；雄花花冠白色，雄蕊2枚。翅果匙形，密被锈色糠秕状毛，翅扁平，延至坚果中部以下，脉纹明显。

　　分布于潋水崖、丰家梁子、硝厂沟、牛坪子、环行便道、防火步道、银厂沟、松坪子等地。国内分布于西南。

亮叶素馨 *Jasminum seguinii* H. Lév.

木樨科 Oleaceae

　　缠绕木质藤本。当年生小枝紫色或淡褐色，无毛。叶对生，单叶，叶片卵形至椭圆形，近革质，长4～10cm；叶柄中部明显具关节。总状或圆锥状聚伞花序，顶生或腋生；苞片对生；花芳香；花萼杯状，无毛，裂片4枚；花冠白色，高脚碟状，裂片6～8枚；花柱异长。果近球形，黑色。

　　分布于潋水崖、环行便道、牛坪子、防火步道、丰家梁子、松坪子、猴子沟等地。国内分布于华南、华东、西南。

扩展女贞 *Ligustrum expansum* Rehder

木樨科 Oleaceae

　　直立灌木，高3m。小枝淡灰棕色。叶片长圆状椭圆形、长圆状披针形至倒卵形，长2.5～12cm。圆锥花序顶生，下部具叶状苞片；花萼无毛，先端近截形或具不明显齿；花冠高脚碟状；花柱细长，稍长于花冠管。果倒卵状长圆形。

　　分布于潵水崖、丰家梁子、环行便道、金家村、牛坪子、竹林坡、猴子沟、防火步道、环形便道、硝厂沟、松坪子、矿山迹地植被恢复区。国内分布于华南、华东、华中、西南。

✦ 裂果女贞 *Ligustrum sempervirens* (Franch.) Lingelsh.

易危（VU）

木樨科 Oleaceae

　　常绿灌木，高1～4m。小枝具棱，红棕色。叶片椭圆形、卵形至近圆形，长1.5～11cm，上面深绿色，光亮。圆锥花序顶生，塔形，花密；花序轴具棱；花冠裂片先端稍呈兜状而具喙，反折；雄蕊与花冠裂片近等长或稍长，花丝长约为花冠裂片的1/2，花药黄色。果宽椭圆形，成熟时紫黑色，室背开裂。

　　分布于丰家梁子、庙子、牛坪子、硝厂沟、竹林坡、松坪子等地。国内分布于西南。

锈鳞木樨榄
Olea europaea subsp. *cuspidata* (Wall. et G. Don) Cif.

木樨科 Oleaceae

灌木或小乔木，高3～10m。枝灰褐色，圆柱形，粗糙；小枝褐色或灰色，近四棱形，密被细小鳞片。叶革质，狭披针形至长圆状椭圆形，叶缘稍反卷，下面密被锈色鳞片；叶柄被锈色鳞片，无毛。圆锥花序腋生；花序梗具棱，稍被锈色鳞片；花白色，两性；花萼无毛，杯状，裂齿短，宽三角形或近截形；花冠裂片椭圆形；花丝极短，花药内藏。果宽椭球形或近球形，成熟时暗褐色。

分布于矿山迹地植被恢复区。

✦ 云南木樨榄 *Olea tsoongii* (Merr.) P. S. Green

木樨科 Oleaceae

灌木或乔木，高3～15m。树皮灰白色。叶对生，叶片革质，倒披针形或倒卵状椭圆形，长3～13cm，常全缘或具不规则的锯齿。花序腋生，圆锥状，有时呈总状或伞形；花白色、淡黄色或红色；杂性异株；雄花雄蕊花丝扁平，极短，着生于近花冠的基部；两性花雄蕊2枚，稀4枚，花丝短，着生于花冠管中部，子房卵球形，柱头头状。果卵球形、长椭球形或近球形，熟时紫黑色。

分布于庙子、松坪子等地。国内分布于华南、西南。

珊瑚苣苔 *Corallodiscus lanuginosus* (Wall. ex R. Br.) B. L. Burtt

苦苣苔科 Gesneriaceae

多年生草本。叶柄长达4cm，被毛；叶片菱状卵形、阔卵形至椭圆形，长1~5cm。聚伞花序具4~15朵花；总梗长3~17cm；花萼钟状；花冠筒状，蓝色或紫色至白色或黄色，上唇2裂，下唇3裂；雌蕊无毛。蒴果狭长圆形。

分布于丰家梁子、庙子、竹林坡、环行便道、防火步道、松坪子、牛坪子、滮水崖等地。国内分布于华南、华中、华北、西南、西北。

✦ 川滇马铃苣苔 *Oreocharis henryana* Oliv.

苦苣苔科 Gesneriaceae

多年生草本。根状茎短而粗。叶全部基生，具长柄；叶片披针状狭卵形，长2~6.7cm，宽1.2~3.5cm，顶端钝，边缘波状或具三角状锯齿，上面被短柔毛，下面密被褐色毡毛；叶柄密被褐色毡毛。花萼5裂至近基部，裂片长约4mm，宽不及1mm，外面被柔毛和腺状柔毛，内面近无毛；花冠钟状，深紫色，长约1cm，外面近无毛；花盘环状。蒴果倒披针形，长2.5~3.3cm，无毛。

分布于滮水崖等地。国内分布于西南、西北。

✦ 扁圆石蝴蝶 *Petrocosmea oblata* Craib

多年生小草本。叶6～12枚，具长柄；叶片扁圆形或近圆形，长0.8～2.3cm，宽0.9～3.2cm，顶端圆形或截形，基部浅心形、截状心形或宽楔形，边缘不明显浅波状。花序3～8个；花序梗常带紫色；花萼钟状，5裂达基部；花冠蓝色，无毛；上唇2浅裂，下唇3裂近中部；雄蕊无毛；退化雄蕊小；子房卵形，密被白色贴伏短柔毛。蒴果，长约4mm。

分布于滤水崖、金家村、牛坪子等地。国内分布于西南。

✦ 中华石蝴蝶 *Petrocosmea sinensis* Oliv.

多年生小草本。叶12～15枚，常具长柄；叶片近圆形、宽菱状倒卵形或宽菱形，长0.9～2.5cm，宽0.7～1.8cm，顶端圆形或钝，基部宽楔形或圆形，边缘全缘。花序4～10个；花序梗顶端有1朵花；花萼5裂达基部；花冠蓝色或紫色，外面被短柔毛，内面无毛，花冠筒2裂超过中部，下唇3深裂；雄蕊2枚，花丝着生于花冠基部；退化雄蕊3枚。蒴果椭圆球形，被短柔毛。种子褐色，狭椭圆形。

分布于丰家梁子等地。国内分布于华中、西南。

✦ 长冠苣苔 *Rhabdothamnopsis sinensis* Hemsl.

苣苔苔科 Gesneriaceae

　　小灌木，高15～50cm。叶对生，有时节上密集，具柄；叶片形状变异较大，狭椭圆形、椭圆状卵形或倒卵形，长1.5～3.5cm，宽0.8～1.8cm。单花腋生；花梗细，长0.8～2cm，被短柔毛；花萼5裂至近基部，全缘，外面被短柔毛；花冠长3cm，直径1cm，外面被短柔毛。蒴果长圆形，长约2.5cm，直径约3mm，螺旋状卷曲。种子多数，卵形或倒卵形，长约0.4mm，褐色。

　　分布于金家村等地。国内分布于西南。

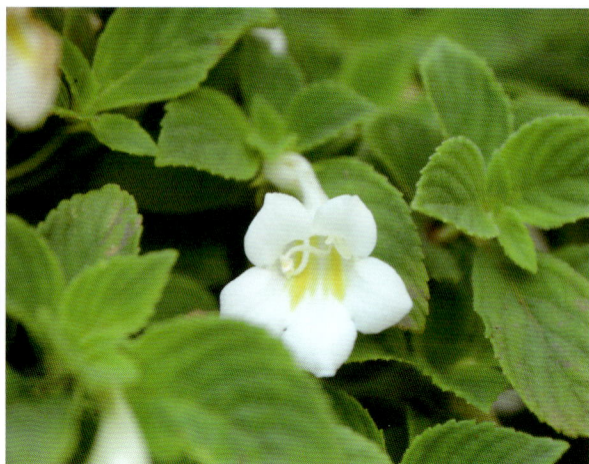

金鱼草 *Antirrhinum majus* L.

车前科 Plantaginaceae

　　多年生直立草本，高可达80cm。茎基部无毛，中上部被腺毛。下部叶对生，上部叶常互生，具短柄；叶片无毛，披针形至长圆状披针形，全缘。总状花序顶生，密被腺毛；花冠颜色多种，从红色、紫色至白色，基部在前面下延成兜状，上唇直立，宽大，2半裂，下唇3浅裂，在中部向上唇隆起，封闭喉部，使花冠呈假面状；雄蕊4枚，二强。蒴果卵形，基部强烈向前延伸，被腺毛，顶端孔裂。

　　分布于矿山迹地植被恢复区。

毛地黄 *Digitalis purpurea* L.

车前科 Plantaginaceae

　　一年生或多年生草本，除花冠外，全体被灰白色短柔毛和腺毛，有时茎上几无毛，高60～120cm。基生叶卵形或长椭圆形，长5～15cm，先端尖或钝，基部渐狭，边缘具带短尖的圆齿，少有锯齿；茎生叶下部的与基生叶同形，向上渐小，叶柄短直至无柄而成为苞片。萼钟状，长约1cm，果期略增大，5裂几达基部；花冠紫红色，内面具斑点，长3～4.5cm，裂片很短，先端被白色柔毛。蒴果卵形。

　　分布于矿山迹地植被恢复区。

伏胁花 *Mecardonia procumbens* (Mill.) Small

车前科 Plantaginaceae

　　多年生草本。全株无毛。茎四棱形。叶对生，无柄或基部渐狭而具带翅的柄；叶卵形，两面无毛，叶缘具锯齿，侧脉显著。花单生于叶腋；萼片5枚，完全分离，覆瓦状排列，全缘；花冠筒状，黄色，二唇形，基部内面密被黄色柔毛；雄蕊4枚，贴生于冠管的基部。蒴果椭圆状，黄褐色，室间开裂。种子圆柱状，黑色，表面具网纹。

　　分布于矿山迹地植被恢复区。国内分布于华东、华南。

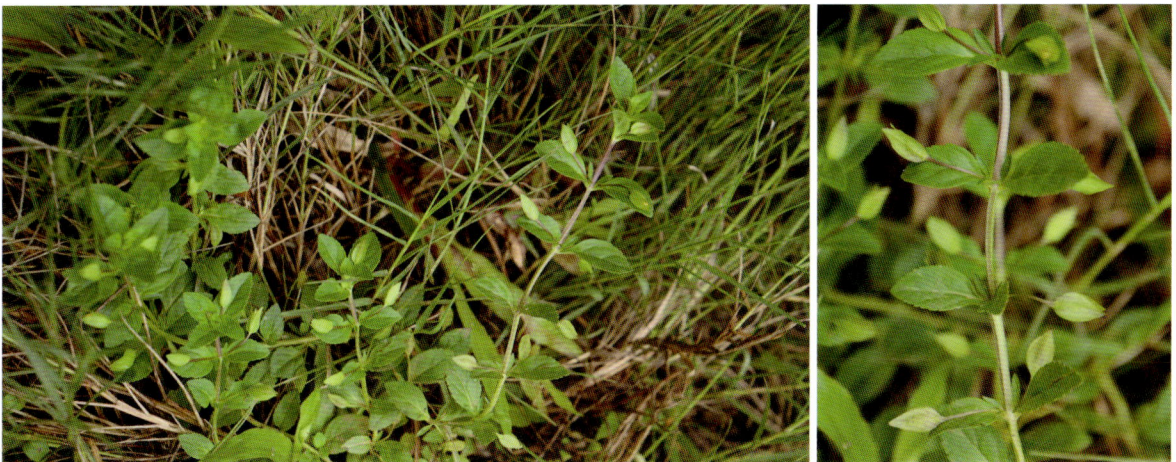

车前 *Plantago asiatica* L.

车前科 Plantaginaceae

二年生或多年生草本。须根多数。叶基生呈莲座状；叶片卵形或宽卵形，长4～12cm，宽4～9cm；脉5～7条。穗状花序细圆柱状，3～10个；花冠白色，于花后反折；雄蕊与花柱明显外伸。蒴果纺锤状卵形、卵球形或圆锥状卵形。种子5～6颗，卵状椭圆形或椭圆形。

分布于猴子沟、金家村、硝厂沟等地。全国广布。

北水苦荬 *Veronica anagallis-aquatica* L.

车前科 Plantaginaceae

多年生草本。全体无毛，稀花序轴、花梗、花萼、蒴果有疏腺毛。叶对生，无柄，上部的半抱茎，多为椭圆形，长2～10cm。总状花序多花；花梗上升，与花序轴成锐角；花冠浅蓝色、浅紫色或白色；雄蕊短于花冠。蒴果近圆形，顶端微凹，长宽近相等。

分布于牛坪子、滤水崖等地。国内分布于华东、华中、华北、西南、西北、东北。

密蒙花 *Buddleja officinalis* Maxim.

玄参科 Scrophulariaceae

灌木，高1～4m。小枝略呈四棱形，灰褐色。叶对生，长卵形或卵状披针形，长4～19cm，宽2～8cm，通常全缘，稀有疏锯齿。聚伞圆锥花序，花多而密集，花序长5～15cm，宽2～10cm；花梗极短；花萼钟状；花冠紫堇色，后变白色或淡黄白色，喉部橘黄色。蒴果椭圆状，长4～8mm，宽2～3mm，2瓣裂。种子多颗，狭椭圆形，长1～1.2mm，宽0.3～0.5mm，两端具翅。

分布于澎水崖、银厂沟、竹林坡、牛坪子、环行便道等地。国内分布于华南、华东、华中、华北、西南、西北。

假杜鹃 *Barleria cristata* L.

爵床科 Acanthaceae

小灌木，高达2m。茎圆柱状，被柔毛，有分枝。叶片椭圆形、长椭圆形或卵形，长3～10cm，基部下延，两面被长柔毛，全缘。腋生短枝的叶腋内通常着生2朵花；花冠蓝紫色或白色，二唇形，花冠管圆筒状，喉部渐大，冠檐5裂，裂片近相等；能育雄蕊4枚，二强。蒴果长圆形，无毛。

除丰家梁子外，苏铁自然保护区内均有分布。国内分布于华南、华东、西南。

✦ 旱杜根藤 *Justicia siccanea* W. W. Sm.

爵床科 Acanthaceae

平卧灌木。茎基部木质化，多曲折。叶片卵形或披针形，长1.5～4cm，基部楔形，两面被毛。花小，通常单花，腋生或成双圆锥花序或穗状花序；花萼5浅裂；花冠白色带红色，冠管外面被微毛，上唇较短，2裂，下唇极短，3裂；雄蕊2枚，药室下部有距。种子扁。

分布于滤水崖、环行便道等地。国内分布于西南。

✦ 地皮消 *Pararuellia delavayana* (Baill.) E. Hossain

爵床科 Acanthaceae

多年生草本。茎极缩短。叶对生，成莲座状；叶片通常为长圆形，长4～12cm，边缘波状，具圆齿。头状复聚伞花序在花莛上1～2节；花萼5裂；花冠白色、淡蓝色或粉红色，冠檐5裂。蒴果圆柱状，2片裂，每片有2列8颗种子。种子近圆形，两侧压扁，黑色，被长柔毛，遇水即现白色密绒毛。

分布于滤水崖、丰家梁子、环行便道、庙子、牛坪子、松坪子、竹林坡等地。国内分布于西南。

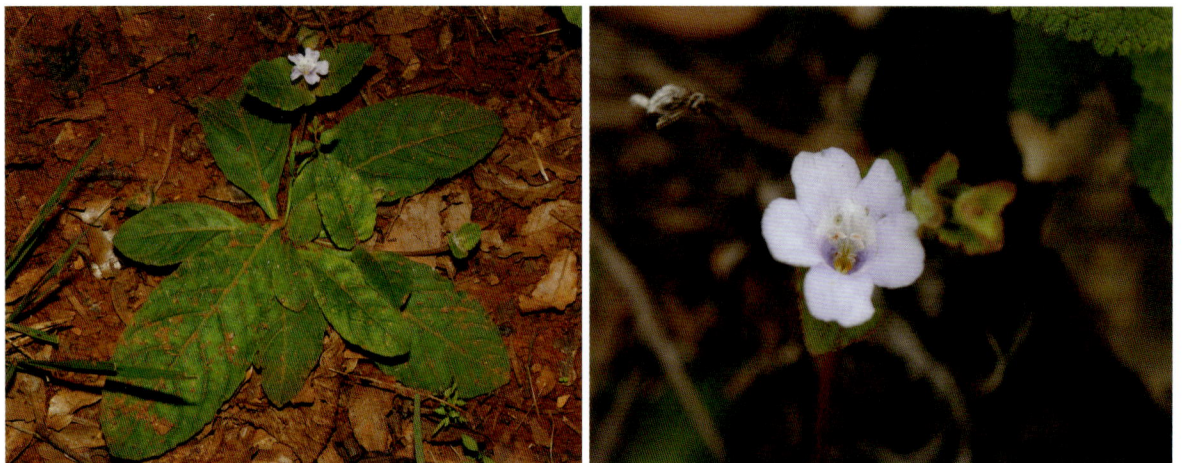

双萼观音草 *Peristrophe paniculata* (Forssk.) Brummitt

爵床科 Acanthaceae

　　直立草本，高0.6～1.2m。茎有棱，通常幼枝4棱，老枝6棱，被开展伸直白色硬毛。叶对生，叶片卵形，顶端尾状渐尖，长3～4.5cm，边缘疏具锯齿。花腋生和顶生，连同叶组成大型松散的圆锥花序；花序轴被毛；花萼5裂，被毛；花冠二唇形，上唇直立，下唇开展；雄蕊2枚，被白色微毛。蒴果，长0.9～1.3cm，被柔毛。

　　分布于猴子沟、环行便道、金家村、牛坪子、硝厂沟等地。国内分布于华南、西南。

✤ 金江鳔冠花 *Phlogacanthus yangtsekiangensis* (H. Lév.) C. Xia et Y. F. Deng

爵床科 Acanthaceae

　　丛生灌木，高达1m。全株被微柔毛。茎近圆柱状，具条纹。叶片卵形，长约3.5cm，全缘，先端锐尖，两面短柔毛，灰白色，基部楔形。圆锥聚伞花序顶生或腋生，长达7cm；花梗长2～4mm，被腺毛；花萼长0.7～1cm，密被淡黄短柔毛；花冠蓝色或红色，钟状，长约2.5cm，宽约1.2cm；雄蕊内藏，花丝具髯毛，花药卵球形。

　　分布于硝厂沟、滮水崖、牛坪子等地。国内分布于西南。

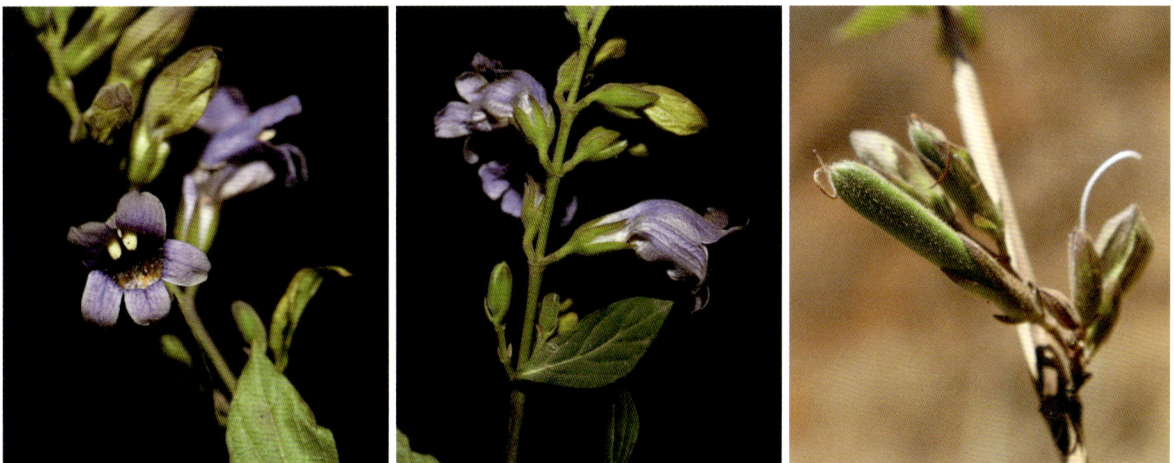

芦莉草 *Ruellia tuberosa* L.

爵床科 Acanthaceae

多年生草本，高达45cm。根具细长的块茎状隆起。叶对生，长圆状倒卵形，长4~8cm，两面无毛，基部楔形并逐渐变窄至叶柄，具波状边缘或边全缘；叶柄无毛。二歧聚伞花序腋生；花冠浅蓝色，漏斗状，5裂，裂片近圆形。蒴果无柄，条状椭圆形。种子盘状。

分布于矿山迹地植被恢复区。

山一笼鸡 *Strobilanthes aprica* (Hance) T. Anderson ex Benth.

爵床科 Acanthaceae

多年生草本或灌木，高达70cm。茎直立，具4棱，节明显，基部木质化，被倒生白色糙硬毛。叶片椭圆形或长椭圆形，全缘，具糙硬缘毛；叶柄具白色柔毛。头状穗状花序腋生或顶生；花萼裂片有缘毛；花冠紫色或白色，漏斗状，长2.5~3.5cm；雄蕊2枚。蒴果长圆形，长1~1.3cm，有种子4颗。种子卵球形，两面凸起，初被细柔毛。

分布于竹林坡等地。国内分布于华南、华东、西南。

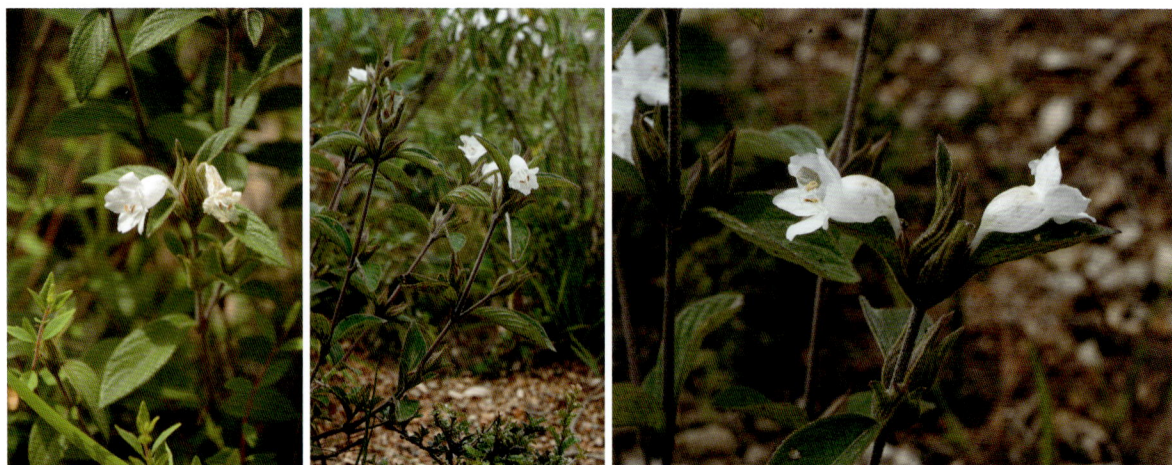

蒙自金足草 *Strobilanthes lamiifolia* (Nees) T. Anderson

爵床科 Acanthaceae

　　草本，高30～60cm。茎多分枝。叶椭圆形、卵形、倒卵形或卵状披针形，长1～7cm，边缘具锯齿。花序通常顶生或腋生，穗状；花萼裂片5枚，达基部；花冠紫红色至蓝色，长3.5～5cm，外面有毛，冠管圆柱形；雄蕊4枚。蒴果纺锤形，具4颗种子。种子卵形，淡褐色。

　　分布于丰家梁子等地。国内分布于西南。

黄花风铃木 *Handroanthus chrysanthus* (Jacq.) S. O. Grose

紫葳科 Bignoniaceae

　　落叶或半常绿乔木，高4～6m。树干直立，树冠圆伞形。掌状复叶对生，小叶4～5枚，倒卵形，有疏锯齿，被褐色细绒毛。花冠漏斗形，风铃状，皱曲，花色鲜黄。蒴果，向下开裂。种子有绒毛。

　　分布于矿山迹地植被恢复区。

两头毛 *Incarvillea arguta* Royle

多年生草本，高达1.5m。叶互生，一回羽状复叶；小叶5～11枚，卵状披针形，长3～5cm。顶生总状花序，有花6～20朵；花冠淡红色或紫红色，钟状长漏斗形，长约4cm；雄蕊4枚，二强，着生于花冠筒近基部，花药成对连着。蒴果条状圆柱形，长约20cm。种子细小，多数，两端尖，被丝状种毛。

分布于竹林坡等地。国内分布于西南、西北。

蓝花楹 *Jacaranda mimosifolia* D. Don

紫葳科 Bignoniaceae

落叶大乔木，高达15m。叶对生，为二回羽状复叶，羽片通常在16对以上，每一羽片有小叶16～24对；小叶椭圆状披针形至椭圆状菱形，顶端急尖，基部楔形，全缘。花蓝色，花序长约30cm；花萼筒状，萼齿5枚；花冠筒细长，蓝色，下部微弯，上部膨大，花冠裂片圆形；雄蕊4枚，二强，花丝着生于花冠筒中部；子房圆柱形，无毛。蒴果木质，扁卵圆形，长宽均约5cm。

分布于矿山迹地植被恢复区。

炮仗藤 *Pyrostegia venusta* (Ker Gawl.) Miers

紫葳科 Bignoniaceae

藤本。具有3叉丝状卷须。叶对生；小叶2～3枚，卵形，顶端渐尖，基部近圆形，两面无毛，下面有极细小分散的腺穴，全缘。圆锥花序生于侧枝顶端；花萼钟形，5枚小齿；花冠筒状，内面中部有一毛环，基部收缩，橙红色，裂片5枚，长椭圆形，花蕾时镊合状排列，花开放后反折，边缘被白色短柔毛；雄蕊着生于花冠筒中部，花丝丝状，花药叉开；子房圆柱形，密被细柔毛。果瓣革质，舟状，内有种子多列。种子具翅，薄膜质。

分布于矿山迹地植被恢复区。

假连翘 *Duranta erecta* L.

马鞭草科 Verbenaceae

灌木，高1.5～3m。枝条有皮刺，幼枝有柔毛。叶对生，少有轮生；叶纸质，卵状椭圆形或卵状披针形，顶端短尖或钝，基部楔形，全缘或中部以上有锯齿，有柔毛；叶柄长约1cm，有柔毛。总状花序顶生或腋生，常排成圆锥状；花萼管状，有毛，5裂，有5棱；花冠通常蓝紫色，稍不整齐，5裂，裂片平展，内外有微毛；花柱短于花冠管，子房无毛。核果球形，无毛，有光泽，熟时红黄色，有增大宿存花萼包围。

分布于矿山迹地植被恢复区。

美女樱
Glandularia × hybrida (Groenland et Rümpler) G. L. Nesom et Pruski

马鞭草科 Verbenaceae

多年生草本。全株具灰色柔毛。茎4棱，横展、匍匐状、低矮粗壮，丛生而铺覆地面。叶对生，有短柄、长圆形、卵圆形或披针状三角形，边缘具缺刻状粗齿或整齐的圆钝锯齿，叶基部常有裂刻。穗状花序顶生，多数小花密集排列呈伞房状；苞片近披针形；花萼细长筒状，先端5裂；花冠漏斗状，长约为萼筒的2倍，先端5裂，裂片端凹入；花色多，有白、粉红、深红、紫、蓝等不同颜色，也有复色品种，略具芬芳。蒴果。

分布于矿山迹地植被恢复区。

马缨丹 *Lantana camara* L.

马鞭草科 Verbenaceae

直立或蔓生的灌木。茎枝均呈四方形，通常有短而倒钩状刺。单叶对生，揉烂后有强烈的气味；叶片卵形至卵状长圆形，长3~9cm，宽1.5~5cm，边缘有钝齿，表面有粗糙的皱纹和短柔毛。伞形花序；花冠黄色，开花后不久转为深红色。果圆球形，成熟时紫黑色。

分布于猴子沟、环行便道、金家村、硝厂沟、牛坪子、竹林坡、银厂沟、松坪子、防火步道、滤水崖等地。国内分布于华南、华东、西南。

蔓马缨丹 *Lantana montevidensis* Briq.

马鞭草科 Verbenaceae

常绿蔓生小灌木。叶卵形，先端尖，基部楔形，边缘有粗齿。头状花序，具长总花梗，花淡紫红色，苞片阔卵形。

分布于矿山迹地植被恢复区。

过江藤 *Phyla nodiflora* (L.) Greene

马鞭草科 Verbenaceae

多年生草本。多分枝，全株被紧贴"丁"字状短毛。叶近无柄，匙形、倒卵形至倒披针形，长1～3cm，中部以上的边缘有锐锯齿。穗状花序腋生；花萼膜质；花冠白色、粉红色至紫红色，内外无毛；雄蕊短小，不伸出花冠外；子房无毛。果淡黄色，内藏于膜质的花萼内。

分布于硝厂沟等地。国内分布于华南、华东、华中、西南。

马鞭草 *Verbena officinalis* L.

多年生草本，高30～120cm。茎四棱形，节和棱上有硬毛。叶片卵圆形至倒卵形或长圆状披针形，长2～8cm，基生叶边缘常有锯齿和缺刻，茎生叶多数3深裂。穗状花序顶生和腋生，细弱；花小，最初密集，结果时疏离；花冠淡紫色至蓝色，裂片5枚；雄蕊4枚，着生于花冠管的中部。果长圆形，4瓣裂。

分布于丰家梁子、竹林坡、防火步道、松坪子等地。国内分布于华南、华东、华中、西南、西北、华北。

✦ 灰毛莸 *Caryopteris forrestii* Diels

落叶小灌木，高0.3～1.2m。嫩枝密生绒毛，老枝近无毛。叶片狭椭圆形或卵状披针形，长2～6cm，全缘，背面密被灰白色绒毛。伞房状聚伞花序腋生或顶生；花冠黄绿色或绿白色，花冠管喉部具一圈柔毛，下唇中裂片较大，顶端齿状分裂；雄蕊4枚，几等长，与花柱均伸出花冠管外。蒴果通常包藏在花萼内，4瓣裂。

分布于丰家梁子、竹林坡等地。国内分布于西南。

海州常山 *Clerodendrum trichotomum* Thunb.

唇形科 Lamiaceae

　　落叶灌木或小乔木，高1.5～10m。叶卵形、卵状椭圆形或三角状卵形，长5～16cm，全缘或有时具波状齿；叶柄长2～8cm。伞房状聚伞花序顶生或腋生，通常二歧分枝；花萼蕾时绿白色，后紫红色；花冠白色或带粉红色；雄蕊4枚，与花柱同伸出花冠外。核果近球形，包于增大的宿萼内，熟时蓝紫色。

　　分布于金家村、竹林坡等地。全国广布。

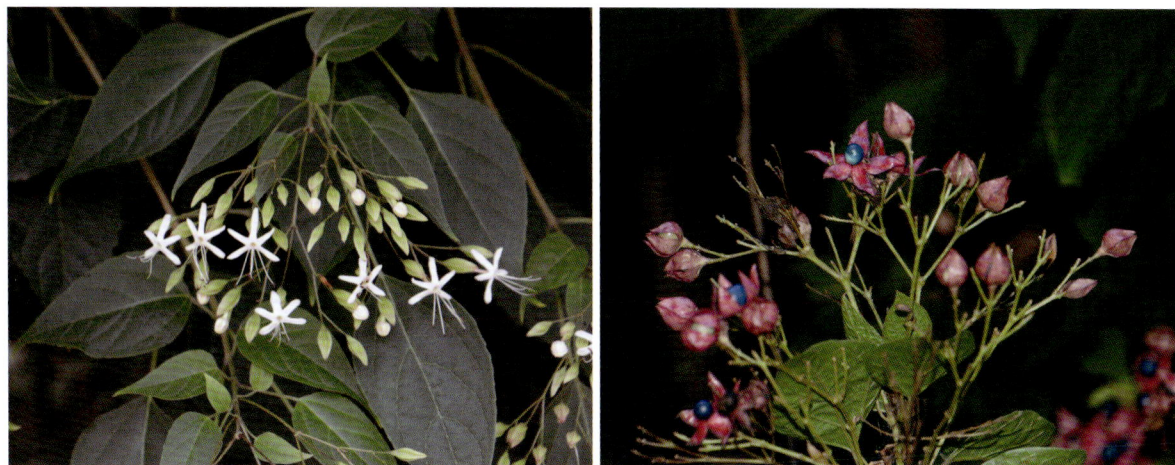

细风轮菜 *Clinopodium gracile* (Benth.) Kuntze

唇形科 Lamiaceae

　　一年生纤细草本，高8～30cm。茎多数，自匍匐茎生出，四棱形，具槽，被倒向的短柔毛。下部的叶卵形，长1.2～3.4cm，边缘具锯齿；上部的叶卵状披针形。轮伞花序，或密集于茎端成短总状花序；花萼管状；花冠白色至紫红色，冠檐二唇形，下唇3裂，中裂片较大；雄蕊4枚，前对能育。小坚果卵球形，光滑。

　　分布于丰家梁子等地。国内分布于华南、华东、华中、西南、西北。

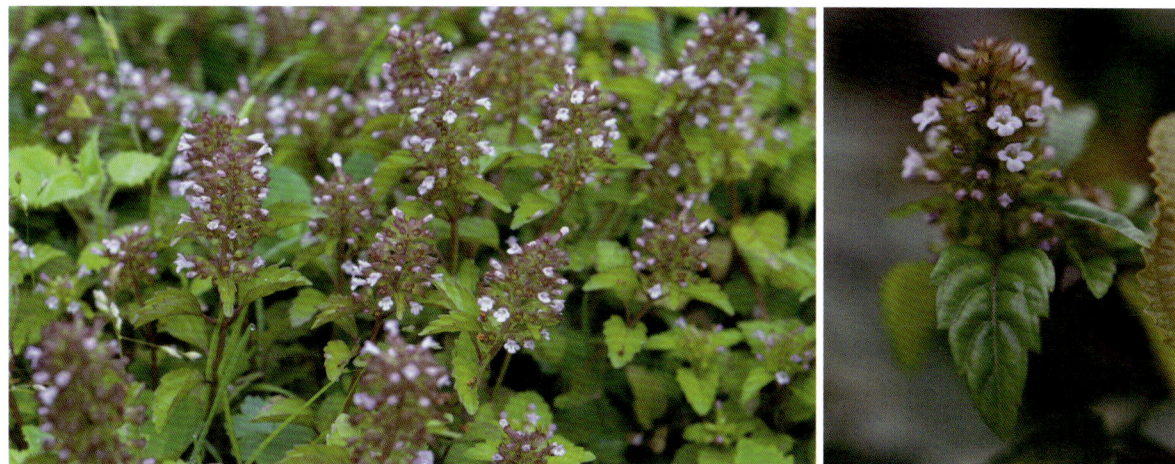

✦ 寸金草 *Clinopodium megalanthum* (Diels) C. Y. Wu et S. J. Hsuan ex H. W. Li

唇形科 Lamiaceae

多年生草本，高可达60cm。茎多数，自根茎生出。叶三角状卵圆形，长1.2～2cm，边缘为圆齿状锯齿；叶柄带紫红色，密被白色刚毛。轮伞花序多花密集；花萼圆筒状，满布微小腺点；花冠粉红色，较大，冠檐二唇形，下唇3裂，中裂片较大。小坚果倒卵形，褐色，无毛。

分布于丰家梁子、竹林坡等地。国内分布于华中、西南。

灯笼草

Clinopodium polycephalum (Vaniot) C. Y. Wu et S. J. Hsuan ex P. S. Hsu

唇形科 Lamiaceae

直立多年生草本，高0.5～1m。茎四棱形，被平展糙硬毛及腺毛。叶卵形，长2～5cm，宽1.5～3.2cm，边缘具疏圆齿状牙齿，两面被糙硬毛。轮伞花序多花，圆球状；花梗长2～5mm，密被腺柔毛；花萼圆筒形，长约6mm，萼内喉部具疏刚毛；花冠紫红色，长约8mm，外面被微柔毛，二唇形；子房无毛。小坚果卵形，长约1mm，褐色，光滑。

分布于竹林坡等地。国内分布于华南、华东、华中、华北、西南、西北。

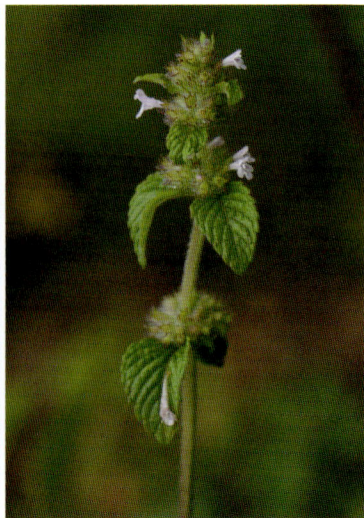

藤状火把花 *Colquhounia seguinii* Vaniot

唇形科 Lamiaceae

灌木，高约2m。茎无毛或稍被绒毛。枝密被微柔毛。叶卵状长圆形，长2.5～4cm，边缘具细锯齿，上面疏被糙伏毛，下面沿中脉及侧脉被柔毛。轮伞花序具2～6朵花；花梗长2～3mm；花萼长约5mm，密被微柔毛；花冠黄色或紫色，长约2cm，被细柔毛及腺点。小坚果三棱状卵球形。

分布于丰家梁子等地。国内分布于华南、华中、西南。

香薷 *Elsholtzia ciliata* (Thunb.) Hyl.

唇形科 Lamiaceae

一年生草本，高30～50cm。茎钝四棱形，具槽。叶卵形或椭圆状披针形，长3～9cm，边缘具锯齿。穗状花序偏向一侧，由多花的轮伞花序组成；花萼钟形；花冠淡紫色，约为花萼长的3倍，冠檐二唇形，上唇直立，下唇开展，3裂；雄蕊4枚，前对较长；花柱内藏。小坚果长圆形，长约1mm，棕黄色，光滑。

分布于丰家梁子、竹林坡等地。全国广布。

✦ 野草香 *Elsholtzia cyprianii* (Pavol.) S. Chow ex P. S. Hsu

唇形科 Lamiaceae

一年生草本，高10～100cm。枝条和茎紫红色，密被毛。叶卵形至矩圆形，长2～6.5cm，边缘具圆齿状锯齿，顶端急尖。穗状花序圆柱形，顶生，被毛，由多数密集的轮伞花序组成；花萼管状钟形；花冠玫瑰红色，下唇开展，3裂。小坚果黑褐色，长圆状椭球形。

分布于滤水崖、环行便道、金家村、牛坪子、硝厂沟等地。国内分布于华南、华东、华中、西南、西北。

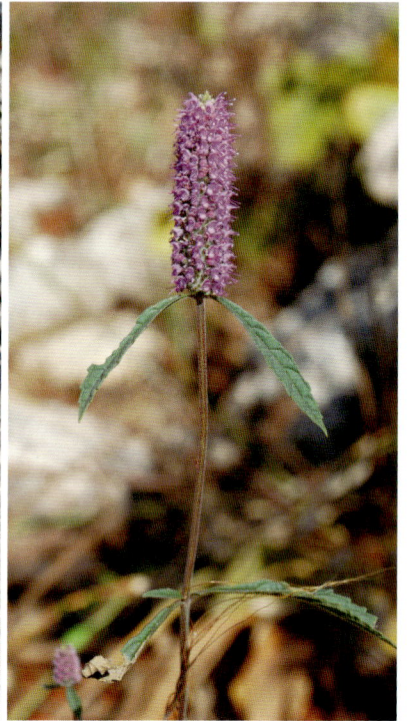

✦ 小叶石梓 *Gmelina delavayana* Dop

唇形科 Lamiaceae

灌木，高0.3～3m。小枝圆柱形，有条纹。叶对生，广卵形或卵状菱形，长1.5～2.5cm，全缘或在中部以下有1～2个粗齿。聚伞花序1～3朵组成侧生或顶生的圆锥花序式，花序顶端的叶常变为苞片状；花大，深紫色；花萼钟状，有5个齿；花冠二唇形，上唇短，全缘或2浅裂，下唇3裂；雄蕊4枚，二强。核果倒卵圆形，中果皮肉质，宿萼1/4包被果实。

分布于牛坪子、松坪子等地。国内分布于西南。

✦ 腺花香茶菜 *Isodon adenanthus* (Diels) Kudô

唇形科 Lamiaceae

多年生草本，高15～40cm。茎四棱形，密被倒向灰白色微柔毛。叶对生，菱状卵圆形或卵圆状披针形，长2.5～6.5cm，边缘中上部具整齐的圆齿。聚伞花序具3～5朵花，组成顶生总状花序；花萼常呈紫色，宽钟形；花冠蓝色、紫色、淡红色至白色，二唇形，上唇外反，具4枚圆裂，下唇内凹，冠筒基部上方浅囊状；雄蕊4枚，下倾，内藏。小坚果卵圆形，直径约1.5mm。

分布于丰家梁子、竹林坡等地。国内分布于西南。

线纹香茶菜 *Isodon lophanthoides* (Buch.-Ham. ex D. Don) H. Hara

唇形科 Lamiaceae

多年生草本，高15～100cm。茎生叶卵形、阔卵形至长圆状卵形，长1.5～8.8cm，边缘具圆齿。圆锥花序顶生及侧生，长7～20cm，由聚伞花序组成；花萼钟形；花冠白色或粉红色，具紫色斑点，冠檐二唇形，上唇极外反，下唇阔卵形，伸展。

分布于丰家梁子等地。国内分布于华南、华东、华中、西南、西北。

✦ 叶穗香茶菜 *Isodon phyllostachys* (Diels) Kudô

唇形科 Lamiaceae

灌木或半灌木，高0.9～3m。叶对生，卵形，边缘具圆齿，长1.5～5cm，两面具皱纹，被柔毛。圆锥花序穗状，聚伞花序具4～15朵花，在主茎及分枝上部组成穗状圆锥花序；花萼钟形；花冠淡黄色或白色，具紫斑，外被疏柔毛，冠檐二唇形，上唇具4枚圆裂，下唇长大，内凹；雌、雄蕊内藏。小坚果圆状卵形，栗色。

分布于丰家梁子、竹林坡、庙子、松坪子等地。国内分布于西南。

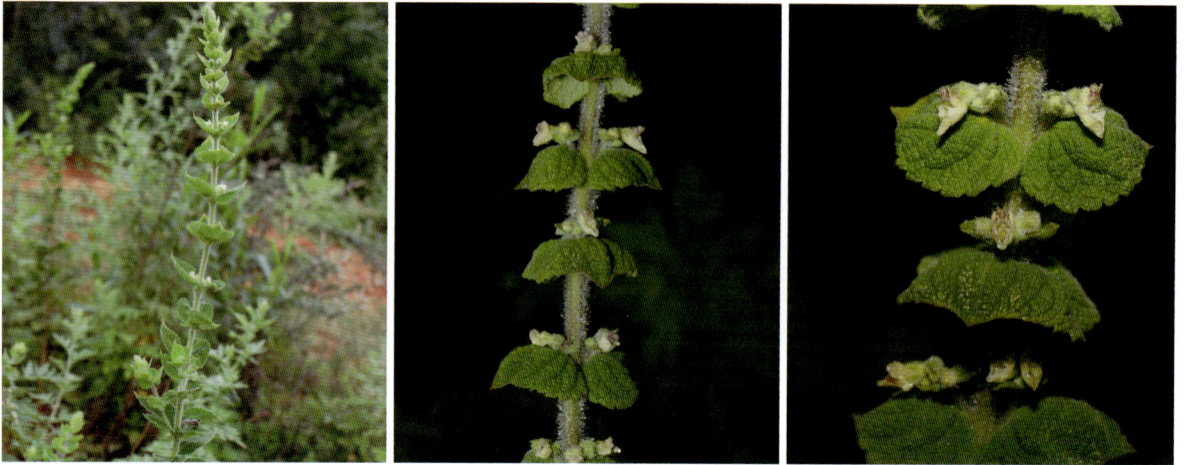

黄花香茶菜 *Isodon sculponeatus* (Vaniot) Kudô

唇形科 Lamiaceae

多年生草本，高0.5～2m。茎丛生，四棱形，被短柔毛。茎生叶对生，阔卵状心形，长3.5～19cm，边缘具圆齿或牙齿。圆锥花序由聚伞花序组成，聚伞花序具9～11朵花，通常在主茎及分枝顶端组成圆锥状，被毛；花萼花时钟形，萼齿5枚，果时囊状增大；花冠黄色，上唇内面具紫斑，下唇近圆形；雄蕊4枚，内藏。小坚果卵状三棱形，栗褐色。

分布于丰家梁子、竹林坡等地。国内分布于华南、西南、西北。

夏至草 *Lagopsis supina* (Stephan ex Willd.) Ikonn.-Gal.

唇形科 Lamiaceae

多年生草本，高15～35cm。茎四棱形，常带紫红色。叶轮廓为圆形，直径1.5～2cm，先端圆形，基部心形，3深裂，裂片有圆齿，脉掌状，三至五出。轮伞花序疏花；花萼管状钟形；花冠白色，稀粉红色，稍伸出于萼筒，冠檐二唇形，上唇直伸，下唇3浅裂；雄蕊4枚，不伸出。小坚果长卵形，褐色，有鳞秕。

分布于竹林坡等地。国内除华南外均有分布。

益母草 *Leonurus japonicus* Houtt.

唇形科 Lamiaceae

一年生或二年生草本，高可达1.2m。茎直立，钝四棱形。叶轮廓变化很大，茎下部叶轮廓卵形，掌状3裂，裂片上再分裂；茎中部叶轮廓菱形，较小，通常分裂成3枚或偶有多枚条形裂片。轮伞花序腋生，具8～15朵花；花冠粉红至淡紫红色，二唇形，上唇内凹，下唇3裂；雄蕊4枚，均延伸至上唇片之下。小坚果长圆状三棱形，光滑。

分布于竹林坡、松坪子等地。全国广布。

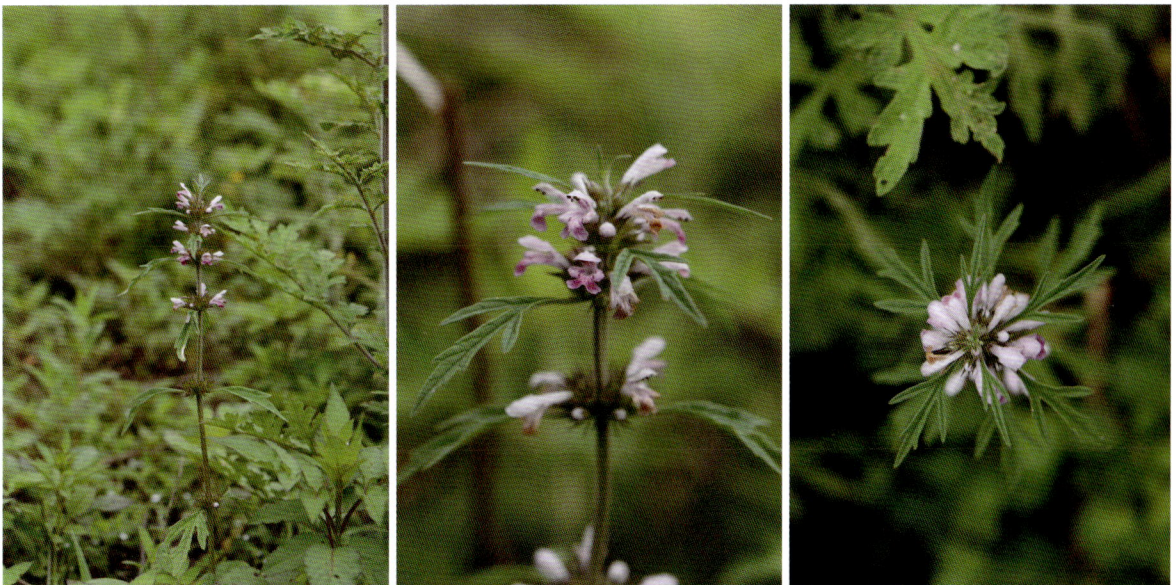

蜜蜂花 *Melissa axillaris* (Benth.) Bakh. f.

唇形科 Lamiaceae

多年生草本，高0.6～1m。茎直立，四棱形。叶卵圆形，长1.2～6cm，边缘具锯齿状圆齿，近无毛或仅沿脉被短柔毛。轮伞花序少花或多花，在茎、枝叶腋内腋生；花萼钟形，长6～8mm，外具长柔毛，内面无毛；花冠白色或淡红色，长约1cm，外被短柔毛，内面无毛，二唇形；雄蕊4枚，花药2室。小坚果卵圆形，腹面具棱。

分布于竹林坡等地。国内分布于华南、华东、华中、西南、西北。

✦ 鸡脚参 *Orthosiphon wulfenioides* (Diels) Hand.-Mazz.

唇形科 Lamiaceae

多年生草本，高10～30cm。茎常丛生，直立，钝四棱形，常带紫红色。基部生叶或有时上部有1～2对叶；叶无柄，卵形、倒卵形或舌状，长4.5～13cm，边缘具锯齿。轮伞花序具6朵花，排列成简单的总状；花萼紫红色，二唇形；花冠浅红至紫色，二唇形，上唇4裂，下唇全缘；雄蕊4枚，内藏。小坚果球形。

分布于丰家梁子、环形便道、庙子、牛坪子、松坪子等地。国内分布于华南、西南。

✦ 尖齿豆腐柴 *Premna acutata* W. W. Sm.

唇形科 Lamiaceae

灌木，高1～4m。幼枝被污黄色毡状柔毛。叶片卵形，同对叶可不同大小，长4～8cm，边缘疏生尖齿。聚伞花序在枝顶密集成头状；花萼5深裂；花冠玫瑰红色，4裂成二唇形；雄蕊4枚，几不伸出花冠外；子房顶有腺点和少数毛。核果熟时黑色，近倒卵状球形，直径2.5～4mm。

分布于庙子、牛坪子、防火步道、丰家梁子等地。国内分布于西南。

✦ 澜沧豆腐柴 *Premna mekongensis* W. W. Sm.

唇形科 Lamiaceae

小灌木，高1m左右。当年生枝黄褐色，有灰白色绒毛；老枝圆柱形，暗褐色，有皮孔。叶片纸质，边缘有齿，很少近全缘，两面被毛，背面较密。花常6～12朵在枝顶密集成头状；花萼钟状，5裂，密被柔毛，散生黄色腺点；花冠黄色或白色，喉部被白色长柔毛，4裂成二唇形，上唇圆，顶部微凹，有紫斑，外有腺点和小柔毛，下唇3裂，外面散生腺点和柔毛；二强雄蕊，花丝无毛。核果黑色，球形，无毛，顶端有腺点。

分布于丰家梁子、竹林坡等地。国内分布于西南。

迷迭香 *Rosmarinus officinalis* L.

唇形科 Lamiaceae

灌木，高达2m。叶常在枝上丛生，具极短的柄或无柄，叶片条形，先端钝，基部渐狭，全缘，向背面卷曲，革质，上面稍具光泽，近无毛，下面密被白色的星状绒毛。花近无梗，对生，少数聚集在短枝的顶端组成总状花序；苞片小，具柄；花萼卵状钟形，外面密被白色星状绒毛及腺体，内面无毛；花冠蓝紫色，外被疏短柔毛，内面无毛，冠筒稍外伸；花柱细长，远超过雄蕊，先端不相等2浅裂，裂片钻形，后裂片短。

分布于矿山迹地植被恢复区。

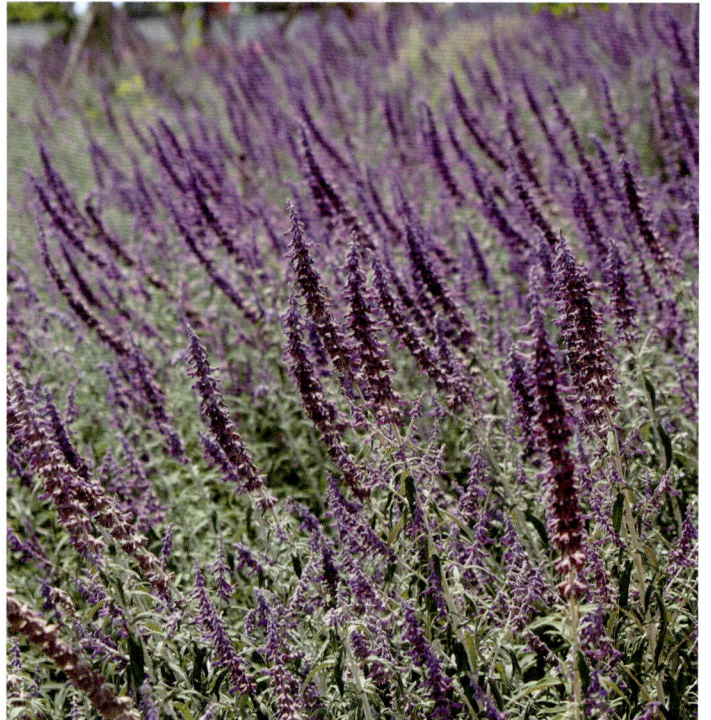

墨西哥鼠尾草 *Salvia leucantha* Cav.

唇形科 Lamiaceae

一年生或多年生草本植物，高80～160cm。全株被柔毛。茎直立，四棱形，多分枝，基部稍木质化。叶对生，披针形，叶面皱，先端渐尖，具柄，叶缘有细钝锯齿，略有香气。穗状花序，全体被蓝紫色绒毛；小花2～6朵轮生，紫红色；花冠唇形，蓝紫色；花萼钟状并与花瓣同色。

分布于矿山迹地植被恢复区。

✦云南鼠尾草 *Salvia yunnanensis* C. H. Wright

唇形科 Lamiaceae

　　多年生草本，高约30cm。茎直立，四棱形。叶常基出，稀有1～2对茎生叶；基出叶为单叶或羽状复叶，被长柔毛，单叶椭圆形，边缘具圆齿，羽状复裂叶的顶裂片最大；茎生叶披针形、狭卵圆形或狭椭圆形。轮伞花序具4～6朵花；花萼钟形，二唇形；花冠蓝紫色，冠筒喇叭形，冠檐二唇形，下唇3裂；能育雄蕊2枚，包在花冠上唇内。小坚果椭圆形，黑棕色，光滑。

　　分布于丰家梁子、牛坪子、竹林坡、松坪子等地。国内分布于西南。

✦滇黄芩 *Scutellaria amoena* C. H. Wright

唇形科 Lamiaceae

　　多年生草本，高12～35cm。茎直立，锐四棱形。叶长圆形，长1.4～3.3cm，宽0.7～1.4cm。花对生，排列成顶生总状花序；花萼常带紫色，被具腺微柔毛，盾片果时增大；花冠紫色或蓝紫色，冠檐二唇形；雄蕊4枚，二强；子房柄短，花柱细长，子房光滑。成熟小坚果卵球形，具瘤，腹面基部具一果脐。

　　分布于丰家梁子、竹林坡等地。国内分布于西南。

✦ 韧黄芩 *Scutellaria tenax* W. W. Sm.

唇形科 Lamiaceae

多年生草本，高约36cm。茎直立，四棱形。叶三角形或三角状卵形，长1.5～3cm，边缘有浅牙齿。总状花序顶生；花梗密被具腺微柔毛及短柔毛；花萼被具腺微柔毛及短柔毛，盾片果时增大；花冠蓝色，冠筒"之"字形，上唇盔状，下唇中裂片宽大；雄蕊4枚，二强。小坚果卵圆形，栗褐色，有瘤状突起。

分布于丰家梁子、竹林坡等地。国内分布于西南。

✦ 大姚黄芩 *Scutellaria teniana* Hand.-Mazz.

唇形科 Lamiaceae

多年生草本，高14～24cm。茎钝四棱形。叶近圆形、卵圆形或三角状卵圆形，长1.1～4.3cm，边缘有规则的细圆齿，两面密被常具腺的疏柔毛。花对生，排列成顶生总状花序；花萼被疏柔毛；花冠蓝紫色，冠筒短粗，冠檐二唇形；雄蕊4枚，二强，花丝扁平，在中部被小纤毛；花盘肥厚；花柱细长。

分布于丰家梁子、庙子等地。国内分布于西南。

水果蓝 *Teucrium fruticans* L.

唇形科 Lamiaceae

草本或半灌木，植株丛生，高可达1～1.8cm。小枝四棱形，全株被白色绒毛，以叶背和小枝最多。叶对生，全缘无缺刻，长卵圆形，具羽状脉。轮伞花序，于茎及短分枝上部排列成假穗状花序；花于叶腋对生；花瓣浅蓝紫色，唇形，内面无毛；雄蕊4枚，细长，前对稍长，均自花冠后方的缺弯处伸出，花药极叉开。小坚果倒卵形，无毛。

分布于矿山迹地植被恢复区。

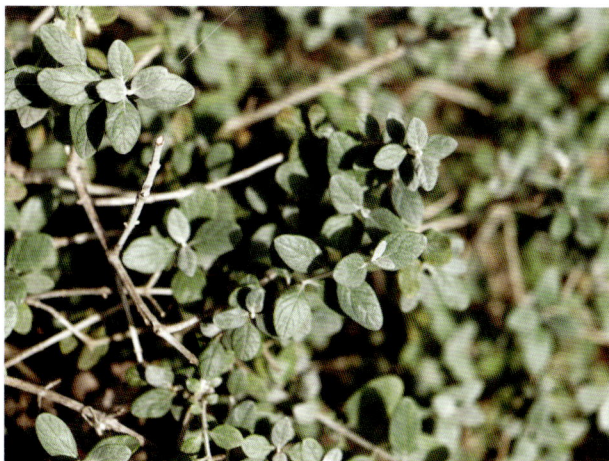

黄荆 *Vitex negundo* L.

唇形科 Lamiaceae

灌木或小乔木，高1～5m。小枝四棱形，密生灰白色绒毛。掌状复叶，小叶5枚，少有3枚；小叶披针形，全缘或每边有少数粗锯齿，背面密生灰白色绒毛。聚伞花序排成圆锥花序式，顶生；花萼钟状；花冠淡紫色，顶端5裂，二唇形。核果近球形，直径约2mm。

分布于滤水崖、环行便道、金家村、牛坪子、四二四坟地、松坪子、银厂沟、科普区等地。国内分布于华南、华东、华中、华北、西南、西北。

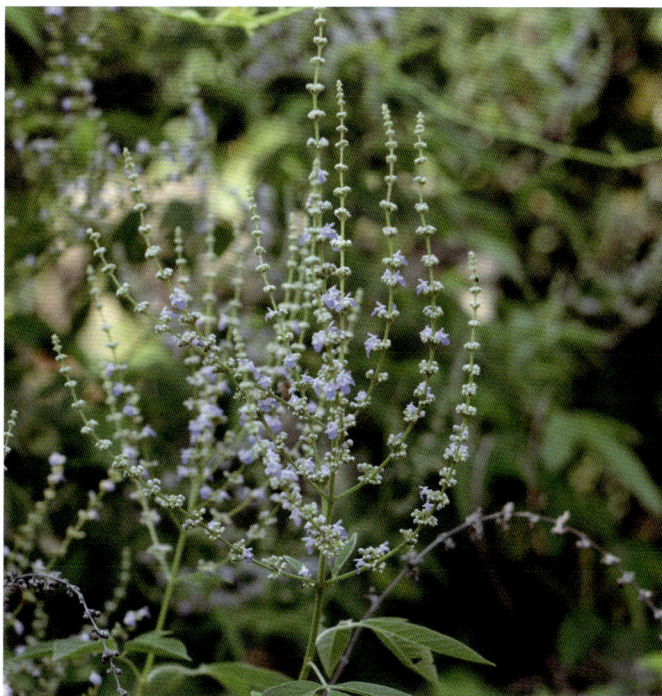

野地钟萼草 *Lindenbergia muraria* (Roxb. ex D. Don) Brühl

列当科 Orobanchaceae

一年生草本，高10~40cm。叶片卵形，长2.5~5cm，边缘除基部外具细圆锯齿，两面被疏毛。花单生于叶腋；花萼被密毛，萼筒膜质带白色；花冠黄色，内外皆被毛；子房及花柱基部皆密被长纤毛，柱头球形，无毛。蒴果卵圆形，密被毛，被包于宿萼之内，花柱常宿存。种子圆柱形，深黄色。

分布于金家村等地。国内分布于华南、华中、西南。

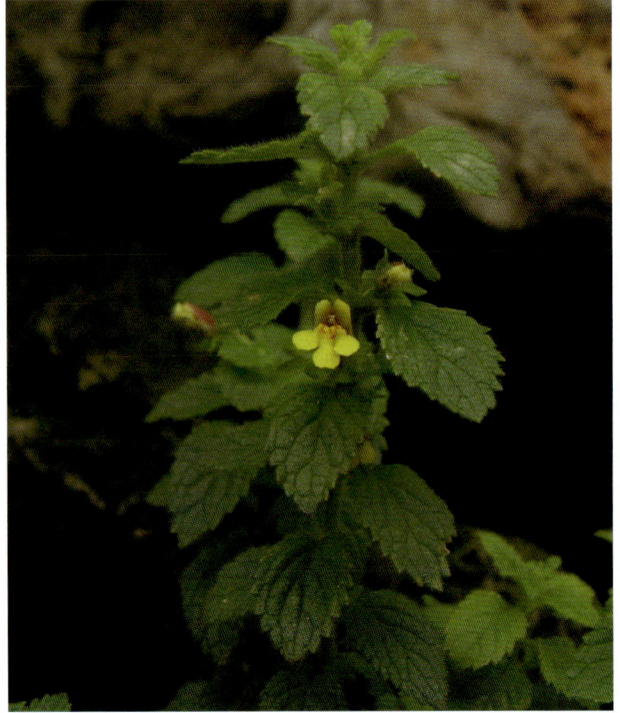

干黑马先蒿 *Pedicularis comptoniifolia* Franch. ex Maxim.

列当科 Orobanchaceae

多年生草本，干时变得很黑，高达60cm。茎坚挺，上部常有分枝。叶革质，4枚轮生，有短柄；叶片条形，长达5cm，羽裂，有具胼胝的细齿。花序总状，生于茎枝之端；苞片叶状；萼钟形而略膨大；花冠深红色至淡红色，长2cm，花冠管在萼口向前弯曲，上部渐渐扩大，盔与管的上部同一指向，下唇略长于盔，前方3浅裂；花丝着生于管的基部之上。

分布于丰家梁子等地。国内分布于西南。

✦ 西南马先蒿 *Pedicularis labordei* Vaniot ex Bonati

列当科 Orobanchaceae

　　多年生草本。茎常成丛，匍匐上升。叶互生或近对生；叶片矩圆形，长2～4.5cm，两面有毛，羽状深裂或有时全裂，裂片5～8对。花序近头状；苞片叶状；花萼长10～12mm，前方开裂约至半，有长柔毛；花冠紫红色，长2.5～3cm，盔基部直立，上部以直角向前方作膝状屈曲，下唇宽大于长，侧裂肾形，中裂宽卵形。蒴果狭卵形而斜，大部分为宿存萼所包。

　　分布于丰家梁子等地。国内分布于西南。

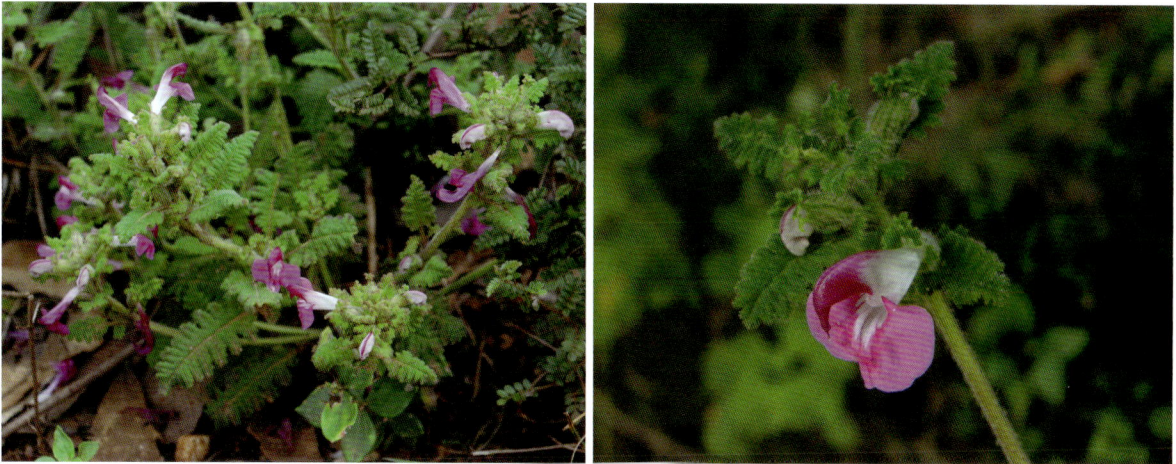

大王马先蒿 *Pedicularis rex* C. B. Clarke ex Maxim.

列当科 Orobanchaceae

　　多年生草本，高10～90cm。茎直立，有棱角和条纹。叶3～5枚而常以4枚轮生；上部叶的柄基部强烈膨大，在同轮中互相结合成斗状体；叶片羽状全裂或深裂，变异也极大，缘有锯齿。花序总状，花冠黄色，直立，在萼内微微弯曲使花前俯，盔背部有毛，下唇以锐角开展。蒴果卵圆形，先端有短喙。种子具浅蜂窝状孔纹。

　　分布于丰家梁子等地。国内分布于华中、西南。

✦ 坚挺马先蒿 *Pedicularis rigida* Franch. ex Maxim.

列当科 Orobanchaceae

多年生草本，高达60cm。茎坚挺，密被短毛。叶通常4枚轮生；叶片革质，条状长圆形至狭披针形，长可达4.5cm，羽状浅裂，有胼胝质的锯齿。花序顶生总状，花多而密；萼钟形而稍膨大；花冠紫红色，长1.8cm，管长于萼约1倍，下唇约与盔等长，3裂，盔稍向前弓曲，先端下缘有细长的小齿1对。蒴果长圆形。

分布于丰家梁子、牛坪子等地。国内分布于西南。

松蒿 *Phtheirospermum japonicum* (Thunb.) Kanitz

列当科 Orobanchaceae

一年生草本，高可达100cm。植株被多细胞腺毛。叶对生，长三角状卵形，近基部的羽状全裂，向上则为羽状深裂；小裂片边缘具重锯齿或深裂。花具短梗；萼齿5枚，叶状，羽状浅裂至深裂；花冠紫红色至淡紫红色，外面被柔毛；花丝基部疏被长柔毛。蒴果卵珠形。种子卵圆形，扁平。

分布于丰家梁子、庙子、牛坪子等地。全国广布。

✦ 圆茎翅茎草 *Pterygiella cylindrica* P. C. Tsoong

易危（VU）

列当科 Orobanchaceae

一年生草本，高25～60cm，多毛。茎常单条，实心，无棱角及翅。叶对生，全部茎出，披针状条形至条形，长2.5～3.5cm，全缘。花序总状生于茎枝顶端；萼钟状，略为二唇形，萼齿5枚；花冠黄色，二唇形，下唇3裂；雄蕊二强，内藏；柱头卵形，2裂。蒴果卵圆形，全包于宿萼内。种子极多数，黑褐色。

分布于猴子沟、环行便道、牛坪子等地。国内分布于西南。

✦ 疏毛翅茎草 *Pterygiella duclouxii* Franch.

列当科 Orobanchaceae

一年生草本，高20～55cm。全体近于无毛或疏被毛。茎多单条或2～7条丛生，实心，沿角有4条狭翅。叶全部为茎出，交互对生，条形或条状披针形，长1.5～4.5cm，全缘。总状花序生于茎枝顶端；花萼钟状，略为二唇形；花冠黄色，下唇3裂；雄蕊二强，内藏。蒴果被包于宿存的萼内，密被短硬毛。种子多数，黑色，肾形。

分布于丰家梁子、庙子等地。国内分布于西南。

✦ 翅茎草 *Pterygiella nigrescens* Oliv.

列当科 Orobanchaceae

一年生草本，高25～50cm。全体密被褐色具腺短柔毛。茎单条，实心，上部沿四角有翅。叶全部茎出，交互对生，披针形，长1.5～3cm，基部宽楔形，多少抱茎而下延为翅，边全缘。花序总状，生于茎枝顶端；萼钟形，略为二唇形；花冠黄色，上唇略作盔状，下唇3裂；雄蕊二强，内藏。蒴果短卵圆形，包于宿萼之内，花柱常宿存，密被短硬毛。种子黑色，肾形。

分布于庙子、牛坪子等地。国内分布于西南。

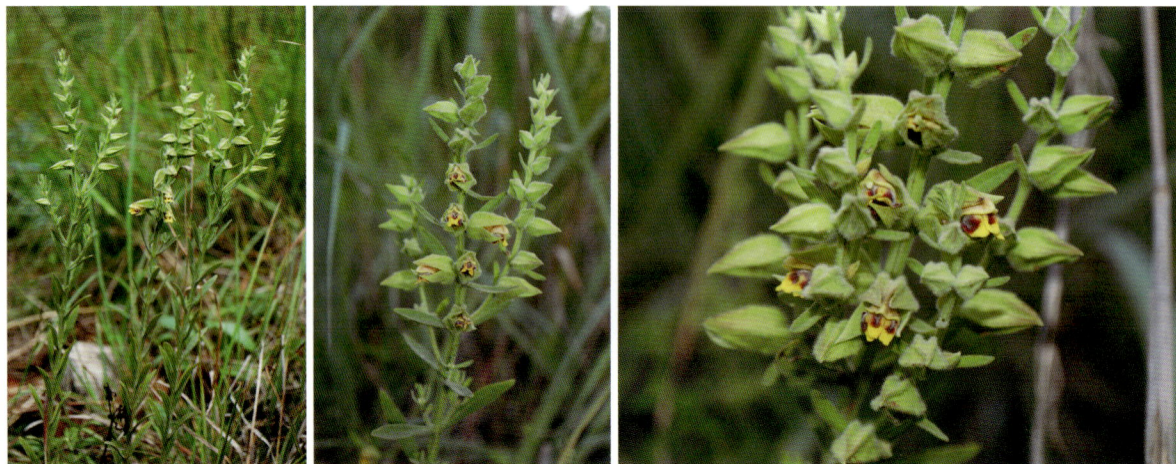

阴行草 *Siphonostegia chinensis* Benth.

列当科 Orobanchaceae

一年生草本，高30～60cm。全株密被锈色短柔毛。叶片广卵形，长0.8～5.5cm，二回羽状全裂。花对生或假对生，构成疏稀的总状花序；花冠上唇红紫色，下唇黄色，下唇顶端3裂。蒴果被包于宿萼内。种子表面有多数网眼。

分布于丰家梁子、庙子、牛坪子等地。全国广布。

大独脚金 *Striga masuria* (Buch.-Ham. ex Benth.) Benth.

列当科 Orobanchaceae

多年生草本，高30～60cm。全株被刚毛。茎几乎四棱形。叶片条形，茎中部的最长，长2～3cm。花单生，少在茎顶端集成穗状花序；花萼果期增大，具15条棱；花冠粉红色、白色或黄色，花冠筒长约2cm，上唇为下唇一半长。蒴果卵圆状，长约6mm。

分布于牛坪子等地。国内分布于华南、华东、华中、西南。

✦ 球果牧根草 *Asyneuma chinense* D. Y. Hong

桔梗科 Campanulaceae

多年生草本，高40～100cm。根胡萝卜状，肉质。茎单生，少有多枝丛生的，直立，被长硬毛。叶卵形、卵状披针形、披针形或椭圆形，长2.5～8cm，边缘具锯齿，两面多少被白色硬毛。穗状花序少花，每个总苞片腋间有花1～4朵；花萼常无毛，筒部球状，裂片稍长于花冠，开花以后常反卷；花冠紫色或鲜蓝色；花柱稍短于花冠。蒴果球状，基部平截形，有3条纵而宽的沟槽。种子卵状长圆形，稍扁，有1条棱，棕黄色。

分布于丰家梁子等地。国内分布于华南、华中、西南。

灰毛风铃草 *Campanula cana* Wall.

桔梗科 Campanulaceae

　　多年生草本。茎很多枝从一个根上发出，或茎基部木质化，从老茎下部发出很多当年生茎。叶在茎上均匀分布，叶长0.8～3cm，背面密被白色毡毛。花单生；花萼筒部密被细长硬毛，裂片狭三角形，极少有齿；花冠外多少有毛；花柱比花冠短得多，与花冠筒近等长，不伸出；花药完全离生。蒴果倒圆锥状。种子矩圆状，稍扁。

　　分布于丰家梁子等地。国内分布于西南。

西南风铃草 *Campanula pallida* Wall.

桔梗科 Campanulaceae

　　多年生草本，高可达60cm。植株通常多分枝。茎被开展的硬毛。茎下部的叶有带翅的柄，上部的无柄，椭圆形，长1～4cm。花下垂，生于主茎及分枝顶端，有时组成聚伞花序；花萼筒被粗刚毛；花冠紫色或蓝紫色或蓝色，管状钟形；花柱长不及花冠长的2/3，内藏于花冠筒内。蒴果倒圆锥状。种子矩圆状，稍扁。

　　分布于竹林坡、庙子等地。国内分布于西南。

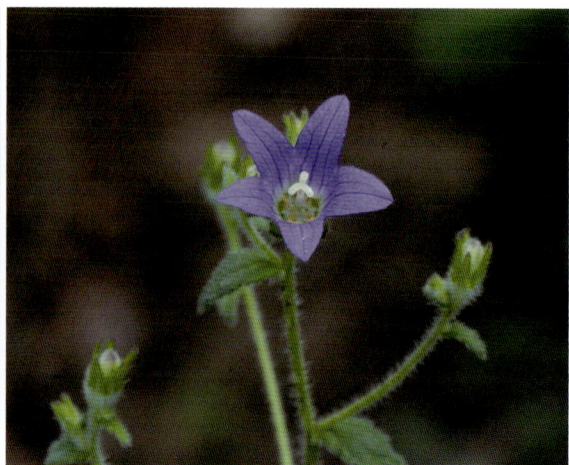

✦ 小花党参 *Codonopsis micrantha* Chipp

桔梗科 Campanulaceae

草质缠绕藤本。茎有多数瘤状茎痕。叶对生或互生，叶片卵形至阔卵形，长2～5.5cm，宽2.4～4cm，浅钝圆锯齿。花腋生；花萼仅贴生至子房中部，筒部半球形；花冠钟状，白色，表面无毛或具缘毛，5裂几近中部；子房下位。蒴果下部半扁球状，上部圆锥状并有尖喙。种子多数，卵状，微扁，具短尾，棕黄色。

分布于丰家梁子等地。国内分布于西南。

辐冠参 *Pseudocodon convolvulaceus* (Kurz) D. Y. Hong et H. Sun

桔梗科 Campanulaceae

草质缠绕藤本。根块状。叶互生或有时对生；叶片狭披针形至宽卵圆形，长2～10cm，宽0.2～10cm，全缘或具波状钝齿。花单生于枝端；花冠辐状而近于5全裂，淡蓝色或蓝紫色。蒴果上位部分短圆锥状，下位部分倒圆锥状，有10条脉棱。种子极多，长圆状，棕黄色，有光泽。

分布于丰家梁子、庙子、牛坪子、松坪子等地。国内分布于西南。

✦ 松叶辐冠参 *Pseudocodon graminifolius* (H. Lév.) D. Y. Hong

桔梗科 Campanulaceae

　　草质藤本。叶常集中于茎中下部，密集，他处几乎无叶；叶片极狭长，条形或近于针状，长可达10cm，宽不过0.5cm，边缘全缘，极少波状，无毛，纸质。花单生枝端；花冠淡蓝色或蓝紫色，5裂至基部。蒴果圆锥状。

　　分布于丰家梁子、庙子、牛坪子等地。国内分布于西南。

蓝花参 *Wahlenbergia marginata* (Thunb.) A. DC.

桔梗科 Campanulaceae

　　多年生草本，高10～40cm，植株有白色乳汁。根细胡萝卜状。叶互生，下部的匙形、倒披针形或椭圆形，上部的条状披针形或椭圆形，长1～3cm，宽2～8mm，边缘波状或全缘或具疏锯齿。花萼无毛，筒部倒卵状圆锥形；花冠钟状，蓝色，裂片倒卵状长圆形。蒴果倒圆锥状或倒卵状圆锥形，有10条不甚明显的肋。种子矩圆状，光滑。

　　分布于丰家梁子、竹林坡、防火步道入口等地。国内分布于华南、华东、华中、西南。

刺苞果 *Acanthospermum hispidum* DC.

菊科 Asteraceae

　　一年生草本，高35～50cm。茎上部及分枝被白色长柔毛。叶椭圆形或近菱形，长2～4cm，中部以上有锯齿，基部多少抱茎，两面及边缘被密刺毛。头状花顶生或腋生；总苞片2层，外层5片，内层顶端具2枚直刺，花后增厚包围瘦果；雌花1层，5～6朵，淡黄色。瘦果长圆形，压扁，藏于增厚变硬的内层总苞片中；成熟的瘦果倒卵状长三角形，周围有钩状的刺。

　　分布于金家村、硝厂沟等地。国内分布于华南、西南。

紫茎泽兰 *Ageratina adenophora* (Spreng.) R. M. King et H. Rob.

菊科 Asteraceae

　　多年生草本，高30～90cm。茎直立，茎上部的花序分枝伞房状；全部茎枝被白色或锈色短柔毛。叶对生，叶片三角状卵形或菱状卵形，长3.5～7.5cm。头状花序多数在枝端排列成复伞房状；总苞宽钟状，含40～50朵小花；花托圆锥状；管状花两性，淡紫色。瘦果长椭圆形，冠毛白色。

　　分布于苏铁自然保护区全区。国内分布于西南、华南。

藿香蓟 *Ageratum conyzoides* L.

菊科 Asteraceae

　　一年生草本，高0.5～1m。茎淡红色，上部绿色，被毛。叶对生，中部茎的叶卵形或椭圆形或菱形，长3～8cm；自中部以上茎的叶卵形或长圆形，渐小，长仅1cm。头状花序4～18个在茎顶排成通常紧密的伞房状花序；总苞钟形或半球形，总苞片2层；花冠淡紫色。瘦果黑褐色，5棱；冠毛膜片5～6个，上端渐狭成芒状。

　　分布于金家村、环行便道、银厂沟、滤水崖、松坪子、防火步道、猴子沟、竹林坡等地。国内分布于华南、华东、华中、华北、西南、西北。

宽叶兔儿风 *Ainsliaea latifolia* (D. Don) Sch. Bip.

菊科 Asteraceae

　　多年生草本。茎直立，高30～80cm，被蛛丝状绵毛。叶聚生于茎基部呈莲座状，卵形，长3～11cm，被毛；叶柄与叶片几等长，具翅。头状花序具花3朵，单朵或2～4朵聚生于叶腋内；总苞片约5层；花全部两性，花冠管状。瘦果近纺锤形，具8条粗纵棱，密被绢质长毛；冠毛棕褐色，羽毛状。

　　分布于丰家梁子、牛坪子等地。国内分布于华南、华中、西南。

✦ 腋花兔儿风 *Ainsliaea pertyoides* Franch.

菊科 Asteraceae

多年生草本。茎直立，高50～120cm，被红褐色糙伏毛或微糙硬毛。叶互生，2列，卵形或卵状披针形，长6.5～11cm，生于茎上的疏离，生于枝上的密集，边缘具齿，上面无毛，下面被长柔毛。头状花序直立或下垂，具3朵花，单生于叶腋或2～6朵聚集；总苞圆筒形，总苞片约6层；花全部两性，花冠管状，白色。瘦果近纺锤形，具8条粗的纵棱，密被绢毛；冠毛白色，羽毛状。

分布于丰家梁子、庙子等地。国内分布于西南。

细穗兔儿风 *Ainsliaea spicata* Vaniot

菊科 Asteraceae

多年生草本，高25～55cm。根颈密被污白色绒毛；茎直立，被黄褐色丛卷毛。叶聚生于茎的基部，莲座状；倒卵形，长3～10cm，边缘具齿及缘毛。头状花序具花3朵，单生或数个聚生；总苞圆筒形，总苞片约6层；花全部两性，花冠管状，5深裂。瘦果倒锥形，具10条纵棱，密被白色粗毛；冠毛黄褐色，羽毛状。

分布于丰家梁子等地。国内分布于华南、华中、西南。

✦ 云南兔儿风 *Ainsliaea yunnanensis* Franch.

菊科 Asteraceae

　　多年生草本，高20～60cm。茎直立，单一，不分枝。叶基生的密集，呈莲座状，叶片卵形、卵状披针形或披针形，长2～6cm；茎生叶与基生叶近同形。头状花序具花3朵；总苞片5～6层；花淡红色，全部两性。瘦果近纺锤形，密被白色长柔毛；冠毛黄白色，羽毛状。

　　分布于丰家梁子、庙子等地。国内分布于西南。

✦ 滇麻花头 *Archiserratula forrestii* (Iljin) L. Martins

菊科 Asteraceae

　　多年生草本，高0.5～1.5m。全部茎枝无毛，有时紫红色，被稠密的叶。叶长椭圆形、披针形、倒披针形至条形，下部叶长达10cm，中部叶长2.5～5cm，叶基部楔形，边缘细锯齿，两面无毛。头状花序多数，单生茎枝顶端；总苞片约10层；全部小花两性，花冠紫红色，长20～22mm。冠毛褐色，多层，向内层渐长；冠毛刚毛微锯齿状，分散脱落。

　　分布于环行便道、牛坪子等地。国内分布于西南。

灰苞蒿 *Artemisia roxburghiana* Besser

菊科 Asteraceae

半灌木状草本，高0.5～1.2m。茎、枝被灰白色蛛丝状柔毛。叶厚纸质，背面密被灰白色蛛丝状绒毛；下部叶卵形或长卵形，二回羽状深裂或全裂；中部叶卵形或长圆形，长6～10cm，宽4～6cm，二回羽状全裂。头状花序多数，在茎上排成开展的圆锥花序；总苞片背面被灰白色蛛丝状短绒毛。瘦果小，倒卵形或长圆形。

分布于滤水崖、猴子沟、环行便道、金家村等地。国内分布于华中、西南、西北。

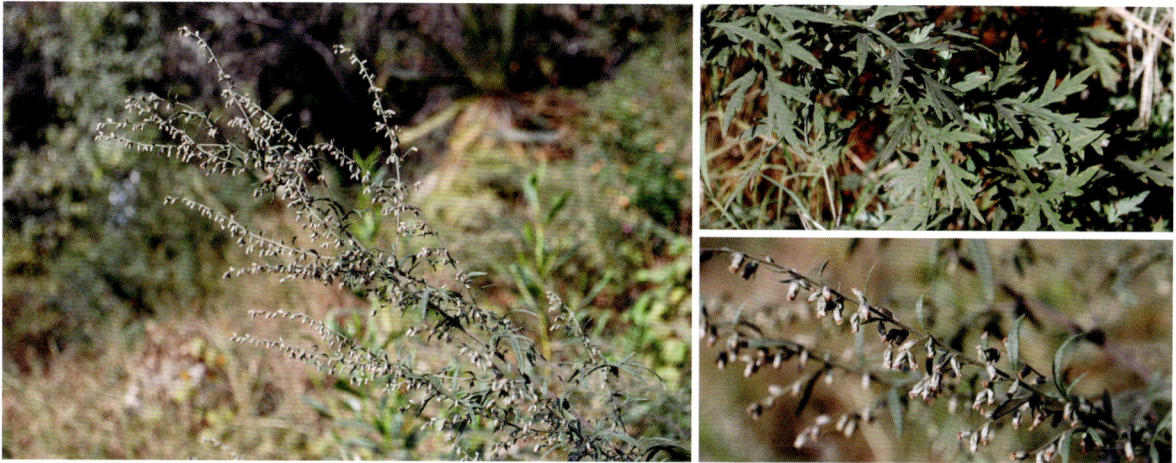

✦ 石生紫菀 *Aster oreophilus* Franch.

菊科 Asteraceae

多年生草本。茎直立或斜升，高20～60cm。莲座状叶狭匙形，长4～8cm；茎下部叶匙状或条状长圆形，长4～8cm；中部及以上条形或线状披针形；全部叶两面被短糙毛。头状花序直径2.5～3.5cm；花序梗被长密毛；总苞半球状；总苞片约3层，近等长，有时外层稍短，外层草质，被长密毛，常紫褐色，内层上部草质，被短密毛，下部厚膜质；舌状花约30个或更多，舌片蓝紫色。瘦果倒卵形，稍扁，一面有肋，被密绢毛；冠毛1层，冠毛带红色或污白色，与管状花花冠近等长，有近等长的微糙毛。

分布于丰家梁子、竹林坡等地。国内分布于西南。

婆婆针 *Bidens bipinnata* L.

菊科 Asteraceae

一年生草本。茎直立，高0.3～1.2m。叶对生，具柄，长5～14cm，二回羽状深裂，两面均被疏柔毛；叶柄长2～6cm。头状花序总苞杯形，外层苞片5～7枚；舌状花通常1～3朵，舌片黄色，先端全缘或具2～3个齿；盘花筒状，黄色。瘦果条形，具3～4条棱，具瘤状突起及小刚毛，顶端芒刺3～4枚，具倒刺毛。

分布于金家村等地。全国广布。

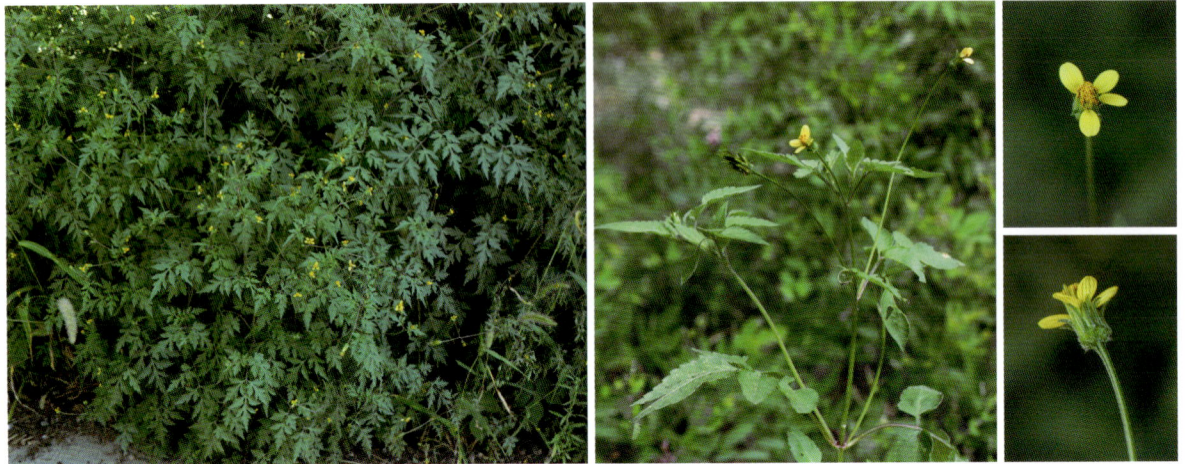

金盏银盘 *Bidens biternata* (Lour.) Merr. et Sherff

菊科 Asteraceae

一年生草本。茎直立，高30～150cm，具4棱。叶对生，长2～7cm，一回羽状复叶，小叶常分裂，两面均被柔毛，边缘有锯齿，基部楔形。头状花序外层苞片8～10枚；舌状花通常3～5朵，淡黄色，先端3齿裂，或有时无舌状花；盘花筒状，冠檐5齿裂。瘦果条形，黑色，具4棱，多少被小刚毛，顶端芒刺3～4枚，具倒刺毛。

分布于金家村等地。全国广布。

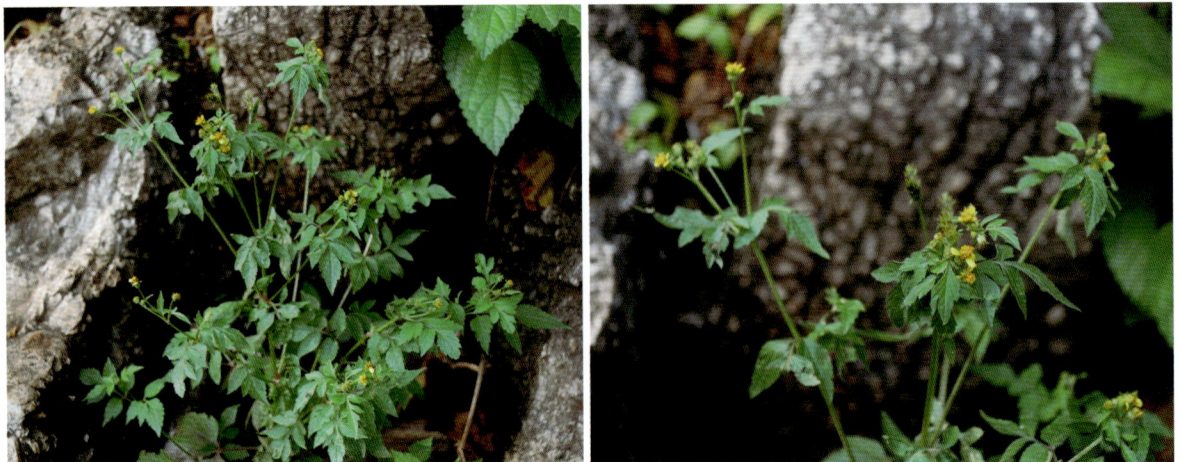

鬼针草 *Bidens pilosa* L.

菊科 Asteraceae

一年生草本，高0.3～1m。茎下部叶在开花前枯萎；中部叶具小叶3枚，很少具5～7枚小叶，边缘有锯齿；上部叶小，3裂或不分裂，条状披针形。头状花序苞片7～8枚；无舌状花；盘花筒状，冠檐5齿裂。瘦果黑色，条形，略扁，具棱，顶端芒刺3～4枚，具倒刺毛。

分布于苏铁自然保护区全区。全国广布。

烟管头草 *Carpesium cernuum* L.

菊科 Asteraceae

多年生草本，高0.5～1m。茎下部密被白色长柔毛及卷曲的短柔毛，基部及叶腋尤密，常成绵毛状，上部被疏柔毛，后渐脱落稀疏，有明显的纵条纹，多分枝。基叶于开花前枯萎；茎下部叶长椭圆形，长6～12cm，边缘具齿；上部叶渐小，近全缘。头状花序单生茎端，开花时下垂；苞片4层；雌花狭筒状，中部较宽；两性花筒状，向上增宽，冠檐5齿裂。瘦果长4～4.5mm。

分布于滮水崖、丰家梁子等地。全国广布。

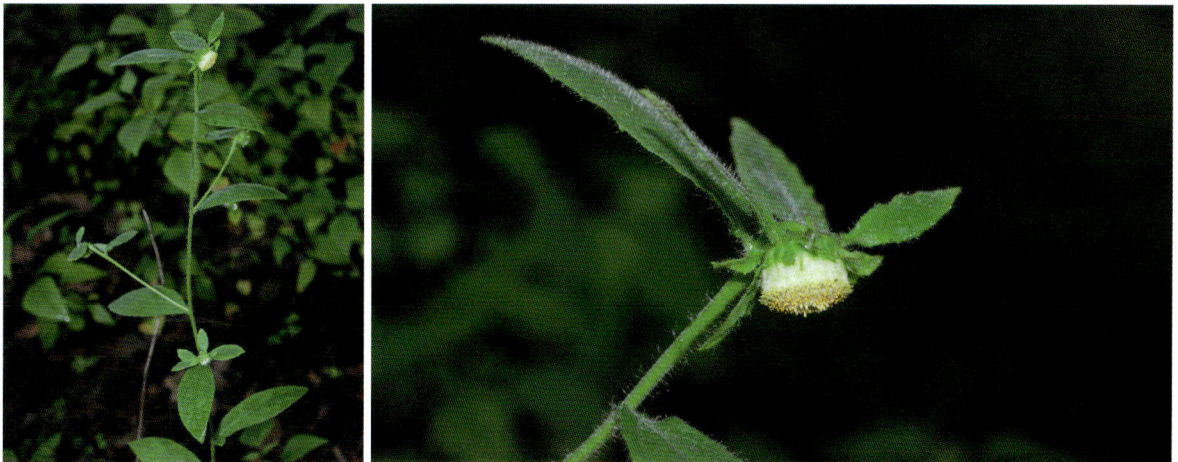

野茼蒿 *Crassocephalum crepidioides* (Benth.) S. Moore

菊科 Asteraceae

　　直立草本，高0.2～1.2m。茎有纵条棱，无毛。叶膜质，椭圆形，长7～12cm，边缘有不规则锯齿或重锯齿，或有时基部羽状裂。头状花序数个在茎端排成伞房状；总苞钟形，总苞片1层，条状披针形；小花全部管状，两性，红褐色或橙红色，檐部5齿裂。瘦果狭圆柱形，被毛；冠毛白色，绢毛状。

　　分布于金家村、滤水崖等地。国内分布于华南、华东、华中、西南、西北。

夜香牛 *Cyanthillium cinereum* (L.) H. Rob.

菊科 Asteraceae

　　一年生或多年生草本，高20～100cm。茎直立，具条纹，被灰色贴伏柔毛，具腺。下部和中部叶具柄，卵形，长3～6.5cm，边缘有具小尖的疏锯齿；上部叶条形或狭长圆状披针形。头状花序在茎枝端排列成伞房状圆锥花序，具19～23朵花；总苞钟形，总苞片4层；花淡红紫色，花冠管状，具腺。瘦果圆柱形，被密短毛和腺点；冠毛白色，2层，外层多数而短，内层近等长，糙毛状。

　　分布于金家村等地。国内分布于华南、华东、华中、西南。

鱼眼草 *Dichrocephala integrifolia* (L. f.) Kuntze

菊科 Asteraceae

　　一年生草本，高12～50cm。叶卵形、椭圆形或披针形，中部茎叶长3～12cm，大头羽裂，侧裂片1～2对，顶裂片大。头状花序小，球形，在枝端排列成伞房状花序或伞房状圆锥花序；外围雌花多层，紫色；中央两性花黄绿色，少数，顶端4～5个齿。瘦果倒披针形，压扁；无冠毛，或两性花瘦果顶端有1～2个细毛状冠毛。

　　分布于丰家梁子等地。国内分布于华南、华东、华中、西南、西北。

羊耳菊 *Duhaldea cappa* (Buch.-Ham. ex D. Don) Pruski et Anderb.

菊科 Asteraceae

　　亚灌木，高0.7～2m。根状茎粗壮，多分枝；茎被绒毛。叶长圆形或长圆状披针形，中部叶长10～16cm，边缘有小尖头状细齿，上面被基部疣状的密糙毛，下面被白色绢状厚绒毛。头状花序倒卵圆形，多数密集于茎和枝端成聚伞圆锥花序；边缘的小花舌片短小，有3～4枚裂片；中央的小花管状。瘦果长圆柱形，被白色长绢毛；冠毛污白色，具20余个糙毛。

　　分布于牛坪子、银厂沟等地。国内分布于华南、华东、西南。

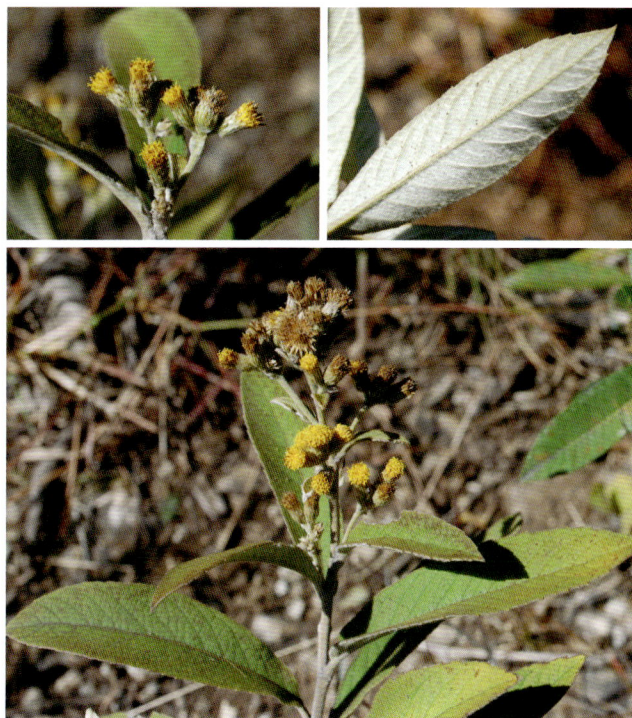

鳢肠 *Eclipta prostrata* (L.) L.

菊科 Asteraceae

　　一年生草本，高15～60cm。茎直立，斜升或平卧，被糙毛。叶长圆状披针形或披针形，长3～10cm，边缘有细锯齿或有时仅波状，两面被密硬糙毛。头状花序有长2～4cm的花序梗；总苞片5～6个排成2层；外围的雌花2层，舌状，白色；中央的两性花多数，花冠管状，白色。瘦果暗褐色，雌花的瘦果三棱形，两性花的瘦果扁四棱形，顶端截形，具1～3个细齿，表面有小瘤状突起，无毛。

　　分布于金家村、矿山迹地植被恢复区。全国广布。

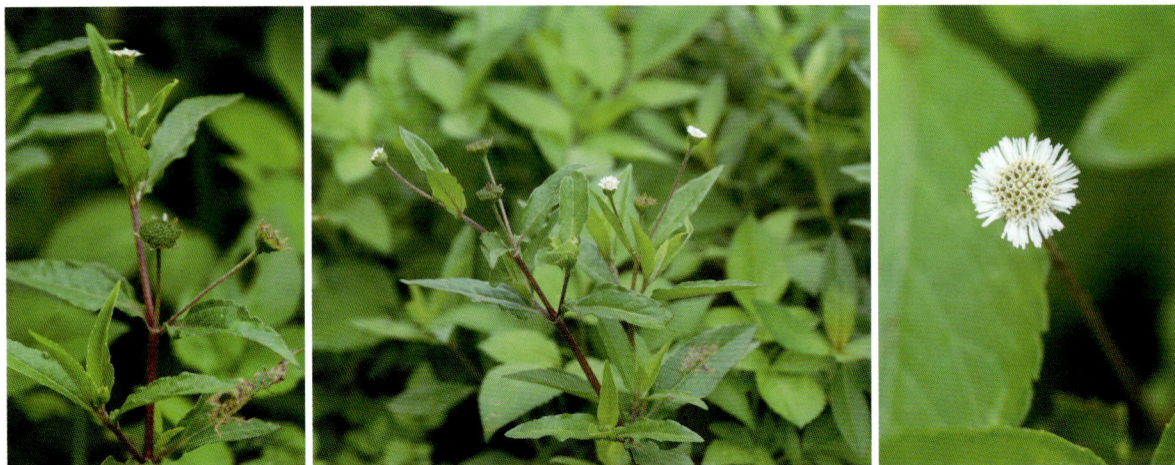

一点红 *Emilia sonchifolia* (L.) DC.

菊科 Asteraceae

　　一年生草本，高10～50cm。叶质较厚，卵形，长5～10cm，大头羽状分裂，侧生裂片通常1对，叶基部箭状抱茎。头状花序在开花前下垂，花后直立，通常2～5个，在枝端排列成疏伞房状；总苞片1层；小花全为两性，管状，粉红色或紫色。瘦果圆柱形，具5棱；冠毛丰富，白色，细软。

　　分布于金家村、矿山迹地植被恢复区。全国广布。

香丝草 *Erigeron bonariensis* L.

菊科 Asteraceae

　　一年或二年生草本，高20～50cm。叶密集，基部叶花期常枯萎，下部叶倒披针形或长圆状披针形，长3～5cm，中部和上部叶狭披针形。头状花序多数，在茎端排列成总状或总状圆锥花序；雌花多层，白色，花冠细管状；两性花淡黄色，花冠管状，具5齿裂。瘦果条状披针形，压扁，被疏短毛；冠毛1层，淡红褐色。

　　分布于银厂沟、松坪子、矿山迹地植被恢复区。国内除东北外广布。

小蓬草 *Erigeron canadensis* L.

菊科 Asteraceae

　　一年生草本，高0.5～1.5cm。叶密集，基部叶花期常枯萎，下部叶倒披针形，长6～10cm，边缘具疏锯齿或全缘，中部和上部叶较小，条形或条状披针形。头状花序多数，小，排列成顶生多分枝的大圆锥花序；雌花多数，舌状，白色；两性花淡黄色，花冠管状，上端具4或5个齿裂。瘦果条状披针形，被贴微毛；冠毛污白色，1层，糙毛状。

　　分布于竹林坡、松坪子、防火步道等地。全国广布。

✦ 熊胆草 *Eschenbachia blinii* (H. Lév.) Brouillet

菊科 Asteraceae

一年生草本，高40～100cm。全株被白色开展的长毛和密腺毛。叶密集，羽状深裂，裂片通常4～6对，两面被长毛和密腺毛。头状花序在茎端排成狭而短的圆锥状花序；花黄色，外围的雌花极多数，中央约有40朵两性花，花冠管状。瘦果长圆形，扁压，两面被微毛；冠毛1层，污白色，糙毛状。

分布于丰家梁子、牛坪子等地。国内分布于西南。

白酒草 *Eschenbachia japonica* (Thunb.) J. Kost.

菊科 Asteraceae

一年或二年生草本，高30～65cm；全株被白色长柔毛或短糙毛。叶通常密集于茎下部，下部和中部的叶匙状倒卵形，稀倒披针形，下部叶长3～13cm，边缘有齿。头状花序小，极多数，通常在枝端密集成球状或伞房状；花黄色，外围的雌花极多数，中央的两性花少数。瘦果长圆形；冠毛淡红色。

分布于丰家梁子、牛坪子、竹林坡等地。国内南方广布。

✦ 木里白酒草 *Eschenbachia muliensis* (Y. L. Chen) Brouillet

菊科 Asteraceae

多年生草本。基部叶莲座状，倒披针形或匙形，顶端钝或稍尖，基部楔状且渐狭成具翅的细柄，上部边缘常有具小尖的疏细齿，稀近全缘；下部叶条形或条状倒披针形，无柄或近无柄，不抱茎，边缘具疏细齿；上部叶渐小，条形，全缘或仅上部边缘具1~2个不明显的细齿；全部叶边缘被糙短毛，两面近无毛。头状花序在茎端排列成伞房状花序，稀单生；总苞半球形，总苞片约3层；花托半球形，中央稍凸起，具边缘多少齿状的窝孔；花全部结实，外围的雌花极多数，花冠丝状，顶端被疏微毛，短于花柱的1/2；中央的两性花，花冠管状，淡黄色，檐部狭钟状，裂片卵形。瘦果长圆形，疏被贴伏短毛和腺点；冠毛污白色，糙毛状。

分布于丰家梁子、民族地等地。国内分布于西南。

劲直白酒草 *Eschenbachia stricta* (Willd.) Raizada

菊科 Asteraceae

一年生草本。全株被灰白色糙毛状短柔毛。叶密集，匙状倒卵形，边缘具粗齿，稀全缘。头状花序极多数，在枝端排成紧密复伞房状；花黄色。瘦果长圆形，冠毛淡红色。

分布于环行便道、牛坪子、竹林坡等地。国内分布于华南、西南。

佩兰 *Eupatorium fortunei* Turcz.

菊科 Asteraceae

多年生草本，高0.4～1m。茎直立，绿色或紫红色。中部茎叶较大，3全裂，上部的茎叶常不分裂，或全部茎叶不裂；全部茎叶两面光滑，无毛无腺点，边缘有粗齿或不规则的细齿。头状花序多数，在茎顶及枝端排成复伞房状，含小花5朵；总苞钟状；苞片紫红色；花白色或带微红色。瘦果黑褐色，长椭圆形，5棱；冠毛白色。

分布于丰家梁子等地。国内分布于华南、华东、华中、西南、西北。

梳黄菊 *Euryops pectinatus* (L.) Cass.

菊科 Asteraceae

一年生或多年生草本，高30～50cm，具分枝。叶片长椭圆形，羽状分裂，裂片披针形，全缘，绿色。头状花序，舌状花及管状花均为金黄色。瘦果。

分布于矿山迹地植被恢复区。

大吴风草 *Farfugium japonicum* (L.) Kitam.

菊科 Asteraceae

多年生葶状草本。叶全部基生，莲座状，有长柄，基部短鞘，抱茎，鞘内被密毛，叶片肾形，长9～13cm，先端圆，全缘或有小齿或掌状浅裂，基部弯缺宽，两面幼时被灰白色柔毛，后无毛。头状花序辐射状，排成伞房状花序；花序梗被毛；花苞钟形或陀螺形；舌状花黄色。瘦果圆柱形，有纵肋，被成行短毛。

分布于矿山迹地植被恢复区。

牛膝菊 *Galinsoga parviflora* Cav.

菊科 Asteraceae

一年生草本，高20～50cm。叶对生，卵形，长3～6cm，边缘有锯齿。头状花序总苞片1～2层，约5个；舌状花4～5朵，白色，顶端3齿裂；管状花黄色。瘦果三棱或中央的瘦果4～5棱，黑色；舌状花冠毛毛状，脱落；管状花冠毛膜片状，白色，披针形，边缘流苏状。

分布于滤水崖、猴子沟、环行便道、金家村、竹林坡等地。国内分布于华东、西南。

粗毛牛膝菊 *Galinsoga quadriradiata* Ruiz et Pav.

菊科 Asteraceae

　　一年生草本。茎枝被开展稠密的长柔毛。叶对生，边缘有粗锯齿或犬齿。头状花序在茎顶端成疏松的伞房花序，有长花梗；雌花1层，4～5朵，舌状，白色；盘花两性，黄色，全部结实；总苞宽钟状或半球形，苞片1～2层，约5枚，膜质或薄草质；花药基部箭形，有小耳。瘦果有棱，倒卵圆状三角形，通常背腹压扁，被微毛；冠毛膜片状，长圆形，流苏状，顶端芒尖或钝。

　　分布于松坪子、澎水崖等地。全国广布。

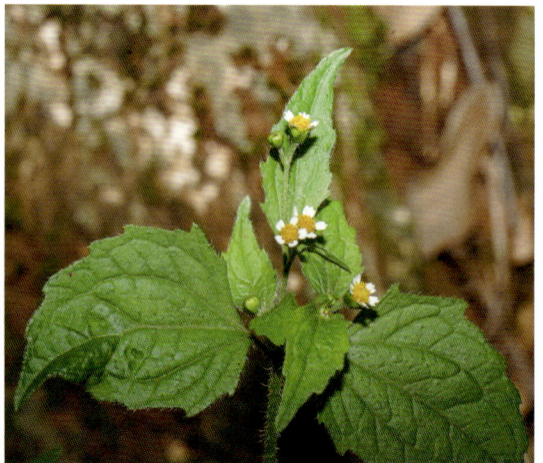

兔耳一支箭 *Gerbera piloselloides* (L.) Cass.

菊科 Asteraceae

　　多年生草本，高20～40cm。叶基生，莲座状，倒卵形、倒卵状长圆形或长圆形，长6～16cm，全缘，下面密被白色蛛丝状绵毛。头状花序单生于茎顶；外围雌花2层；外层花冠舌状，舌片上面白色，背面微红色；内层雌花花冠管状二唇形；中央两性花多数，二唇形。瘦果纺锤形，具6条纵棱；冠毛橙红色或淡褐色，宿存，基部联合成环。

　　分布于澎水崖、环行便道、金家村、庙子、牛坪子、硝厂沟、竹林坡、丰家梁子、松坪子等地。国内分布于华南、华东、华中、西南。

菊三七 *Gynura japonica* (Thunb.) Juel

菊科 Asteraceae

多年生草本，高0.6～1.5m。基部叶在花期常枯萎；基部和下部叶较小，中部叶大，叶片椭圆形，长10～30cm，宽8～15cm，羽状深裂。头状花序多数，在枝端排成伞房状；总苞片1层；小花50～100朵，花冠黄色或橙黄色。瘦果圆柱形，棕褐色，具10条肋，肋间被微毛；冠毛丰富，白色，易脱落。

分布于牛坪子、竹林坡、滤水崖等地。国内除东北外广布。

狗头七 *Gynura pseudochina* (L.) DC.

菊科 Asteraceae

多年生草本，高20～50cm。根肉质，圆球形或有时分枝。叶常密集于茎基部，莲座状；叶片倒卵形、匙形或椭圆形，长5～18cm，羽状浅裂，稀具齿。头状花序1～5个，排列成伞房状；总苞片1层；小花黄色至橙红色。瘦果圆柱形，具10条肋；冠毛多数，白色。

分布于滤水崖、丰家梁子、庙子、牛坪子、环行便道、竹林坡等地。国内分布于华南、西南。

山蟛蜞菊 *Indocypraea montana* (Blume) Orchard

菊科 Asteraceae

多年生草本。茎被糙毛或老时脱毛。叶片卵形或卵状披针形，长5～9cm，边缘有齿；叶柄1～2cm。头状花序通常单生于叶腋和茎顶；总苞钟形，总苞片2层；舌状花1层，黄色，舌片顶端2～3齿裂；管状花向上端渐扩大，檐部5裂。瘦果倒卵状三棱形，略扁，红褐色；冠毛2～3个。

分布于丰家梁子、竹林坡、环行便道、矿山迹地植被恢复区。国内分布于华南、西南。

中华苦荬菜 *Ixeris chinensis* (Thunb.) Nakai

菊科 Asteraceae

多年生草本，高5～47cm，植株无小刺，有白色乳汁。根状茎极短缩。基生叶长椭圆形、倒披针形、条形、舌形；茎生叶2～4枚，不裂，全缘，基部扩大，耳状抱茎；全部叶两面无毛。头状花序通常在茎枝顶端排成伞房花序；总苞圆柱状，外层及最外层宽卵形，内层长椭圆状倒披针形；舌状小花黄色，干时带红色。瘦果褐色，长椭圆形，有10条高起的钝肋，肋上有上指的小刺毛，顶端急尖成细喙，喙细丝状；冠毛白色，微糙，长5mm。

分布于松坪子、丰家梁子等地。全国广布。

菊状千里光 *Jacobaea analoga* (DC.) Veldkamp

菊科 Asteraceae

　　多年生草本，高40～80cm。茎单生，直立，被疏蛛丝状毛。基生叶卵状椭圆形、卵状披针形或倒披针形，具齿，侧裂片1～4对；中部茎生叶长圆形或倒披针状长圆形，大头羽状浅裂，侧裂片5～8对。头状花序多数，排列成顶生伞房状；舌状花10～13朵，舌片黄色；管状花多数，花冠黄色。瘦果圆柱形；冠毛污白色。

　　分布于牛坪子等地。国内分布于华中、西南。

银叶菊 *Jacobaea maritima* (L.) Pelser et Meijden

菊科 Asteraceae

　　多年生常绿草本，高50～80cm。植株多分枝，被白色绒毛，茎灰白色。叶椭圆状披针形，全缘，上部叶片一至二回羽状分裂，两面被银白色柔毛。头状花序集成伞房花序；舌状花小，金黄色，管状花褐黄色。

　　分布于矿山迹地植被恢复区。

翼齿六棱菊 *Laggera crispata* (Vahl) Hepper et J. R. I. Wood

菊科 Asteraceae

多年生草本，高达1m。中部叶长圆形，长5.5～10cm，基部沿茎下延成茎翅；上部叶小，长圆形，边缘锯齿较小。头状花序多数，在茎枝顶端排成总状或近伞房状圆锥花序；花序梗密被腺状短柔毛；总苞近钟形，总苞片约6层；雌花多数，花冠丝状；两性花花冠管状。瘦果圆柱形，有棱，疏被白色长柔毛；冠毛白色，长约6mm。

分布于猴子沟、环形便道、金家村、牛坪子、四二四坟地、硝厂沟、丰家梁子、庙子等地。国内分布于华南、华中、西南。

戟叶火绒草 *Leontopodium dedekensi* (Bureau et Franch.) Beauverd

菊科 Asteraceae

多年生草本，高10～80cm。全株被蛛丝状绵毛。叶宽或狭条形，长1～4cm，边缘波状。头状花序5～30个密集；总苞片约3层；小花异形，雌雄异株；雄花花冠漏斗状；雌花花冠丝状。瘦果有乳头状突起或短粗毛；冠毛白色。

分布于丰家梁子、竹林坡等地。国内分布于西南、西北。

毛香火绒草 *Leontopodium stracheyi* (Hook. f.) C. B. Clarke ex Hemsl.

菊科 Asteraceae

多年生草本，高12～60cm。叶卵状披针形或卵状条形，长2～5cm，宽0.4～1.2cm，基部近心形而抱茎，下面被灰白色绒毛而脉上有腺毛。苞叶多数，两面被绒毛；头状花序直径4～5mm；总苞被长柔毛。瘦果有乳突或短粗毛；冠毛基部褐色。

分布于丰家梁子、竹林坡等地。国内分布于西南、西北。

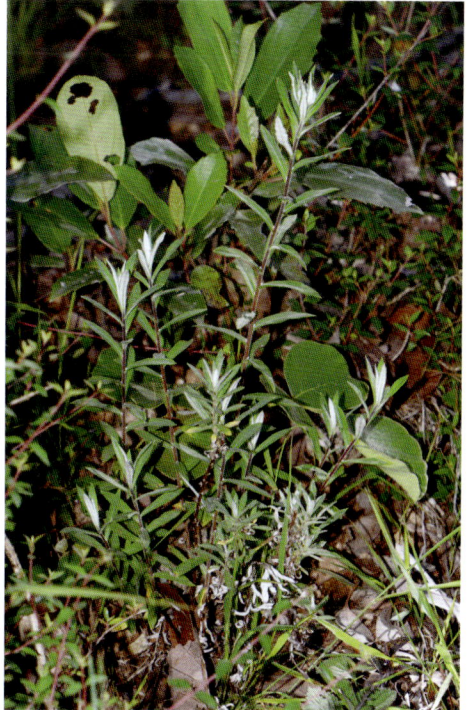

✦ 舟叶橐吾 *Ligularia cymbulifera* (W. W. Sm.) Hand.-Mazz.

菊科 Asteraceae

多年生草本，高50～120cm。茎直立，具多数明显纵棱，被白色蛛丝状柔毛。叶片椭圆形、卵状长圆形，长15～60cm，边缘有细锯齿，两面被白色蛛丝状柔毛。大型复伞房状花序具多数分枝；头状花序多数；舌状花黄色，舌片条形；管状花深黄色。瘦果狭长圆形，黑灰色，光滑，有纵肋；冠毛白色，长约6mm。

分布于庙子等地。国内分布于西南。

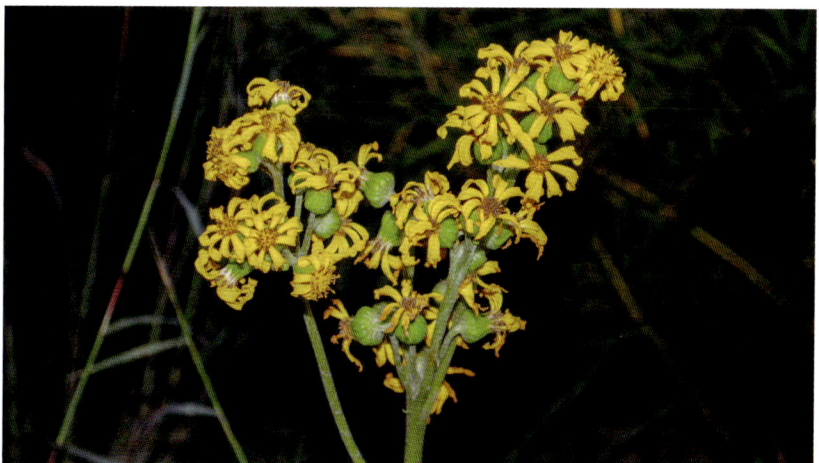

黏冠草 *Myriactis wightii* DC.

菊科 Asteraceae

一年生草本，高20～90cm。茎直立，通常自中上部分枝。叶互生，叶片宽卵形、卵形或长卵形，长5～8cm，两面被柔毛，边缘有锯齿。头状花序在茎枝顶端排成伞房状；总苞片2层；外围舌状雌花约2层，舌片条形，顶端2裂；中央两性花管状，顶端5齿裂。瘦果倒披针形，顶端有短喙，喙顶有黏质分泌物。

分布于澎水崖、丰家梁子等地。国内分布于西南。

✦ 栌菊木 *Nouelia insignis* Franch.

菊科 Asteraceae

灌木或小乔木，高3～4m。枝粗壮，常扭转，幼时有条纹，上部厚被绒毛。叶片长圆形，长8～19cm，边全缘或有小齿。头状花序单生，无梗；总苞钟形，总苞片约7层；花全部两性，白色；缘花花冠二唇形，外唇舌状，顶端具3伞齿或3裂，内唇2裂且条形；盘花花冠管状或不明显二唇形，檐部5裂。瘦果圆柱形，有纵棱，被倒伏的绢毛；冠毛1层。

分布于苏铁自然保护区全区。国内分布于西南。

银胶菊 *Parthenium hysterophorus* L.

菊科 Asteraceae

一年生草本，高0.6～1m。茎直立，具条纹，被短柔毛。下部和中部叶二回羽状深裂，卵形或椭圆形；羽片3～4对，卵状，常具齿。头状花序多数，在茎枝顶端排成伞房状；总苞片2层，各5片；舌状花1层，5朵，白色，舌片顶端2裂；管状花多数，4浅裂，雄蕊4枚。瘦果倒卵形；冠毛2个，鳞片状，顶端截平或有时具细齿。

分布于环形便道、金家村、科普区、银厂沟等地。国内分布于华南、西南。

毛连菜 *Picris hieracioides* L.

菊科 Asteraceae

二年生草本，高16～120cm。茎直立，被钩状硬毛。基生叶花期枯萎；下部茎生叶长椭圆形或宽披针形，长8～34cm，边缘全缘或有锯齿；中部和上部茎叶披针形或条形，全缘。头状花序较多数，在茎顶端排成伞房状；总苞圆柱状钟形，总苞片3层；舌状小花黄色。瘦果纺锤形，有纵肋；冠毛白色，羽毛状。

分布于丰家梁子等地。国内分布于华东、华中、华北、西南、西北、东北。

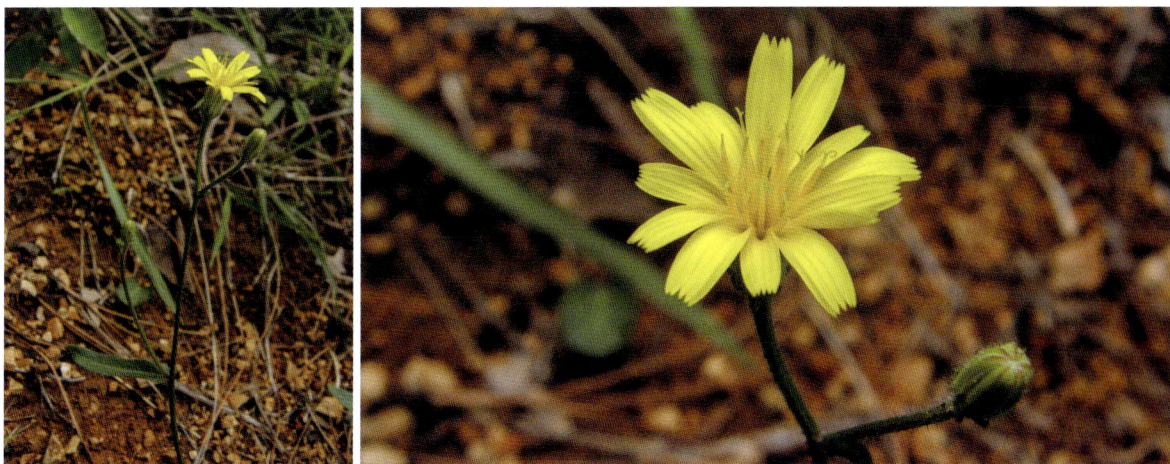

鼠曲草 *Pseudognaphalium affine* (D. Don) Anderb.

菊科 Asteraceae

　　一年生草本，高10～40cm。茎被白色厚棉毛。叶无柄，匙状倒披针形或倒卵状匙形，长5～7cm，两面被白色棉毛。头状花序在枝顶密集成伞房花序；花黄色至淡黄色；总苞片2～3层；雌花多数，3齿裂；两性花较少，管状。瘦果倒卵形或倒卵状圆柱形；冠毛粗糙，污白色，易脱落。

　　分布于丰家梁子、竹林坡、松坪子等地。国内分布于华南、华东、华中、西南、西北。

✦ 延翅风毛菊 *Saussurea pteridophylla* Hand.-Mazz.

菊科 Asteraceae

　　多年生草本。茎直立，高60～70cm。基生叶及茎生叶披针形，长10～16cm，羽状深裂。圆锥花序疏松；花梗细，被多节毛和蛛丝毛；头状花序有5～10朵小花；总苞狭钟状，总苞片6层；小花红色，长1cm，细管部长3mm。瘦果倒锥形，无毛。冠毛2层，褐色，不等长，糙毛状，内层羽毛状，长7mm。

　　分布于丰家梁子等地。国内分布于西南。

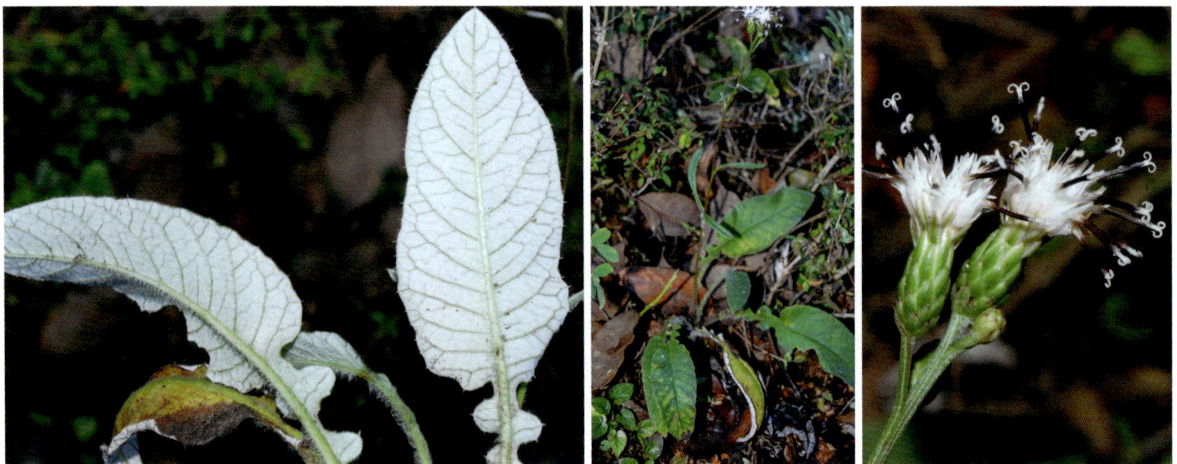

✦ 糙叶千里光 *Senecio asperifolius* Franch.

菊科 Asteraceae

多年生草本，高50～90cm。茎被蛛丝状毛，后变无毛。基部和下部叶在花期枯萎；中部叶较密集，叶片条状披针形，长5～10cm，宽3～10mm，上面具疏糙毛或无毛，下面及边缘具短硬毛或糙毛。头状花序具舌状花，数个至多数，排成较狭而伸长的顶生和上部腋生圆锥状聚伞花序；总苞钟状或陀螺状，长7～9mm；舌状花12～13朵，舌片黄色，矩圆形；筒状花多数。瘦果圆柱形，被柔毛；冠毛白色，长约5mm。

分布于牛坪子、竹林坡等地。国内分布于西南。

毛梗豨莶 *Sigesbeckia glabrescens* (Makino) Makino

菊科 Asteraceae

一年生草本，高30～80cm。基部叶花期枯萎；中部叶卵圆形、三角状卵圆形或卵状披针形，长2.5～11cm，边缘有规则的齿。头状花序多数，在枝端排列成圆锥状；总苞片2层，背面密被紫褐色头状有柄的腺毛；两性花花冠上部钟形，顶端4～5齿裂。瘦果倒卵形，4棱，有灰褐色环状突起。

分布于丰家梁子等地。国内分布于华南、华东、华中、西南、东北。

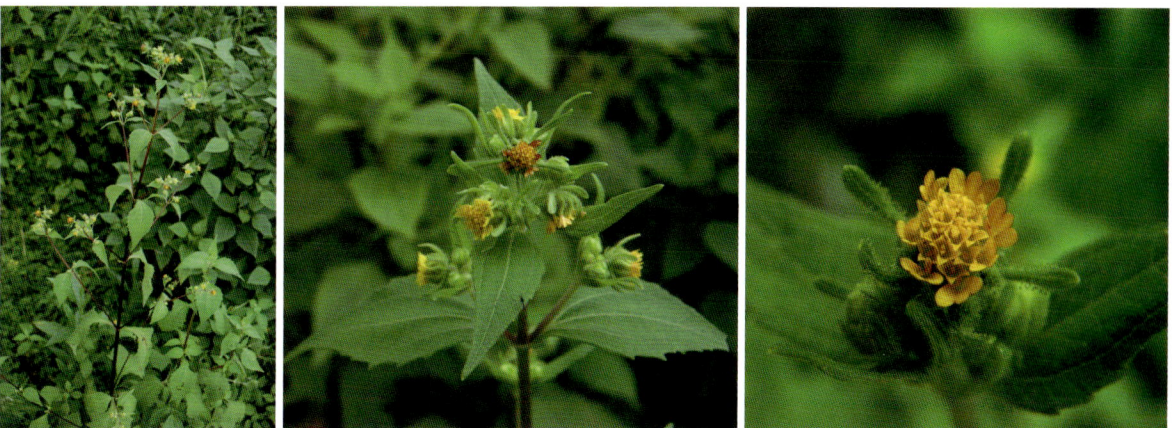

豨莶 *Sigesbeckia orientalis* L.

菊科 Asteraceae

一年生草本。茎直立，高0.3～1m，上部的分枝常成复二歧状；全部分枝被灰白色短柔毛。基部叶花期枯萎；中部叶三角状卵圆形或卵状披针形，长4～10cm，下延成具翼的柄，边缘有规则的浅裂或粗齿。头状花序排列成具叶的圆锥花序；花梗密生短柔毛；总苞片2层；花黄色，两性管状花上部钟状，上端有4～5枚卵圆形裂片。瘦果倒卵圆形，具4棱。

分布于竹林坡等地。国内分布于华南、华东、华中、西南、西北。

腺梗豨莶 *Sigesbeckia pubescens* (Makino) Makino

菊科 Asteraceae

一年生草本，高0.3～1.1m。茎直立。基部叶卵状披针形，花期枯萎；中部叶卵圆形或卵形，长3.5～12cm，边缘具粗齿；上部叶渐小，披针形或卵状披针形。头状花序多数排列成圆锥状；花梗密生紫褐色头状具柄腺毛和长柔毛；总苞片背面密生紫褐色头状具柄腺毛；舌状花舌片先端2～3齿裂。瘦果倒卵圆形，4棱，顶端有灰褐色环状突起。

分布于滤水崖、金家村等地。全国广布。

续断菊 *Sonchus asper* (L.) Hill

菊科 Asteraceae

一年生草本。茎直立，高20～50cm，光滑无毛或上部及花梗被头状具柄的腺毛。基生叶与茎生叶同形；中下部茎生叶长椭圆形、倒卵形、匙状或匙状椭圆形，基部渐狭成短或较长的翼柄，柄基耳状抱茎或基部无柄，耳状抱茎；上部茎生叶披针形，不裂，基部扩大，圆耳状抱茎；全部叶及裂片与抱茎的圆耳边缘有尖齿刺，无毛。头状花序在茎枝顶排成伞房花序；总苞宽钟状；总苞片覆瓦状排列。瘦果倒披针状，褐色，压扁，两面各有3条细纵肋，肋间无横皱纹；冠毛白色，柔软，彼此纠缠，基部连合成环。

分布于科普区等地。国内分布于华南、华东、华中、西南、西北。

苦苣菜 *Sonchus oleraceus* L.

菊科 Asteraceae

一年生或二年生草本。茎直立，光滑无毛，高40～150cm，有纵条棱或条纹。中下部茎生叶羽状深裂或大头状羽状深裂，椭圆形，长3～12cm。头状花序；总苞宽钟状，花后常下垂，总苞片3～4层，覆瓦状排列，向内层渐长；全部苞片顶端长急尖，外面无毛或有腺毛；舌状小花多数，黄色。瘦果褐色，每面各有3条细脉，5条细纵肋，肋间有横皱纹，顶端狭，无喙；冠毛白色，单毛状，彼此纠缠。

分布于矿山迹地植被恢复区。全国广布。

苣荬菜 *Sonchus wightianus* DC.

菊科 Asteraceae

　　多年生草本，高0.3～1.5m。基生叶多数，羽状或倒向羽状裂，侧裂片2～5对；全部叶裂片边缘有小锯齿或无锯齿而有小尖头。头状花序在茎顶排成伞房状；花序分枝与花序梗被稠密的头状具柄的腺毛；总苞片3层；舌状小花多数，黄色。瘦果稍压扁，长椭圆形，每面有5条细肋，肋间有横皱纹；冠毛白色。

　　分布于环形便道、丰家梁子、竹林坡等地。国内分布于华南、华东、华中、西南、西北。

蟛蜞菊 *Sphagneticola calendulacea* (L.) Pruski

菊科 Asteraceae

　　多年生草本。茎匍匐，上部近直立。叶无柄，椭圆形或条形，长3～7cm，两面疏被贴生的短糙毛。头状花序少数，单生于枝顶或叶腋内；总苞钟形，长于托片；托片折叠成线形，有时具三浅裂；舌状花1层，黄色，顶端2～3深裂；管状花较多，黄色，花冠近钟形，向上渐扩大，檐部五裂，裂片卵形，钝。瘦果倒卵形，多疣状突起，顶端稍收缩，舌状花的瘦果具3边，边缘增厚；无冠毛，而有具细齿的冠毛环。

　　分布于矿山迹地植被恢复区。

✦ 斑鸠菊 *Strobocalyx esculenta* (Hemsl.) H. Rob. et al.

菊科 Asteraceae

灌木或小乔木，高1～6m。枝圆柱形，多少具棱。叶具柄，长圆状披针形或披针形，长10～23cm，边缘具有小尖的细齿。头状花序多数，在枝端或上部叶腋排列成圆锥花序，具5～6朵小花；总苞片约4层；花淡红紫色，花冠管状，具腺。瘦果淡黄褐色，近圆柱状，稍具棱；冠毛污白色，2层，外层短，内层糙毛状。

分布于庙子、牛坪子、银厂沟等地。国内分布于华南、西南。

✦ 昆明合耳菊 *Synotis cavaleriei* (H. Lév.) C. Jeffrey et Y. L. Chen

菊科 Asteraceae

多年生近无茎草本。叶基生，近莲座状，倒卵形，长4～20cm，边缘具浅波状齿或近全缘。花茎单生或数个，葶状，无叶，被黄褐色蛛丝状绒毛，高5～42cm；头状花序排成复伞房状；苞片6～8片；舌状花8朵，舌片黄色；管状花约20朵，花冠黄色。瘦果圆柱形；冠毛白色，长7～7.5mm。

分布于滮水崖、丰家梁子、庙子等地。国内分布于西南。

万寿菊 *Tagetes erecta* L.

菊科 Asteraceae

一年生草本，高50～150cm。茎直立，粗壮，具纵细条棱，分枝向上平展。叶羽状分裂，长5～10cm，裂片长椭圆形或披针形，边缘具锐齿，上部叶裂片的齿端有长细芒，沿叶缘有少数腺体。头状花序单生；花序梗顶端棒状膨大；总苞杯状，顶端具齿尖；舌状花黄色或暗橙色，舌片倒卵形，基部收缩成长爪，顶端微弯缺；管状花花冠黄色，顶端5齿裂。瘦果条形，基部缩小，黑色或褐色，被短微毛；冠毛有1～2个长芒和2～3个短而钝的鳞片。

分布于猴子沟、环行便道、金家村、牛坪子、竹林坡、丰家梁子、滤水崖等地。

羽芒菊 *Tridax procumbens* L.

菊科 Asteraceae

多年生铺地草本。中部叶片披针形或卵状披针形，长4～8cm，边缘有不规则齿，近基部常浅裂，两面被糙伏毛。头状花序少数，单生于茎顶；总苞片2～3层；雌花1层，舌状，顶端2～3浅裂；两性花多数，管状。瘦果陀螺形、倒圆锥形或稀圆柱状，被毛；冠毛上部污白色，下部黄褐色，羽毛状。

分布于猴子沟、金家村、环行便道、松坪子、银厂沟、防火步道等地。国内分布于华南、华东、西南。

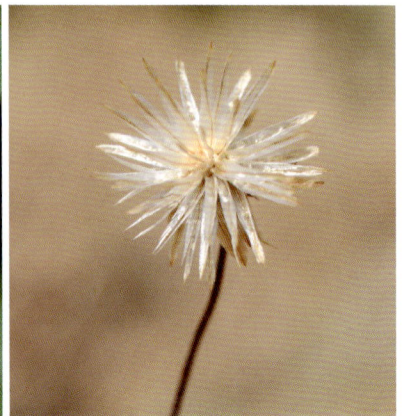

苍耳 *Xanthium strumarium* L.

菊科 Asteraceae

一年生草本，高20～90cm。茎被灰白色糙伏毛。叶三角状卵形或心形，长4～9cm，近全缘，或有3～5不明显浅裂。雄性的头状花序球形，有多数的雄花；雌性的头状花序椭圆形，外层总苞片小，内层总苞片结合成囊状，在瘦果成熟时变坚硬，外面有具钩状的刺。瘦果2个，倒卵形。

分布于滤水崖、丰家梁子等地。全国广布。

多花百日菊 *Zinnia peruviana* (L.) L.

菊科 Asteraceae

一年生草本。茎直立，有二歧状分枝，被粗糙毛或长柔毛。叶披针形或狭卵状披针形，长2.5～6cm，基部圆形半抱茎。头状花序生枝端，排列成伞房状；花序梗膨大中空圆柱状；总苞片多层；舌状花黄色、紫红色或红色；管状花黄色。雌花瘦果狭楔形，极扁，具3棱；管状花瘦果长圆状楔形，有1～2枚芒刺。

分布于苏铁自然保护区全区。国内分布于华中、华北、西南、西北。

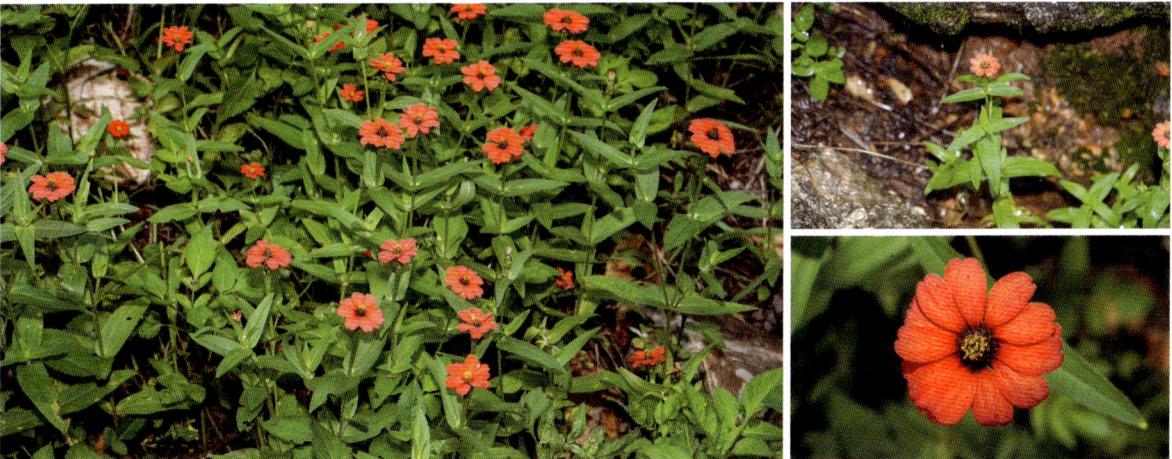

✦ 密花荚蒾 *Viburnum congestum* Rehder

荚蒾科 Viburnaceae

　　常绿灌木，高达5m。幼枝、芽、叶下面、叶柄和花序均被由灰白色簇状毛组成的绒毛。叶对生，革质，椭圆形，长2~6cm，全缘。聚伞花序小而密；花芳香，生于第一至第二级辐射枝上，无柄；萼筒筒状；花冠白色，钟状漏斗形，直径约6mm。果实圆形；核甚扁，有2条浅背沟和3条腹沟。

　　分布于竹林坡、松坪子、环形便道、丰家梁子、防火步道、庙子等地。国内分布于西南、西北。

水红木 *Viburnum cylindricum* Buch.-Ham. ex D. Don

荚蒾科 Viburnaceae

　　常绿灌木至小乔木，高达8m。枝带红色或灰褐色，散生皮孔。叶对生；椭圆形至卵状长圆形，长8~16cm，全缘或中上部疏生浅齿。聚伞花序顶圆形；萼筒卵圆形或倒圆锥形，萼齿极小而不显著；花冠白色或有红晕，钟状；雄蕊高出花冠，花药紫色。果实红色后变蓝黑色，卵圆形；核卵圆形，扁，有1条浅腹沟和2条浅背沟。

　　分布于丰家梁子等地。国内分布于华南、华中、西南、西北。

欧洲荚蒾 *Viburnum opulus* L.

荚蒾科 Viburnaceae

落叶灌木，高1.5～4m。当年生小枝有棱，无毛，有凸起皮孔；二年生小枝近圆柱形；老枝和茎干暗灰色，常纵裂。叶对生，常3裂，掌状三出脉，无毛，裂片具粗牙齿；小枝上部叶椭圆形或矩圆状披针形，不裂，疏生波状牙齿，或3浅裂，裂片近全缘；叶柄粗，无毛，有2～4枚或更多长盘形腺体；钻形托叶2枚。复伞形聚伞花序总花梗粗，无毛；大多周围有大型不孕花，白色，有长梗；萼筒倒圆锥形，萼齿三角形，均无毛；花冠白色，辐状，裂片近圆形，筒内被长柔毛。果实红色，近圆形，核扁。

分布于矿山迹地植被恢复区。

✦ 蓪梗花 *Abelia uniflora* R. Br.

忍冬科 Caprifoliaceae

落叶灌木。茎多分枝。叶对生或有时3枚轮生，卵形、狭卵形或披针形，长1～2.5cm，近全缘或具2～3对不明显的浅圆齿，两面疏被硬毛；叶柄短。具1～2朵花的聚伞花序生于侧枝上部叶腋；萼筒被短柔毛；花冠粉红色至浅紫色，外被短柔毛及腺毛，基部具浅囊；雄蕊4枚，二强，花丝疏被柔毛。果实被短柔毛，冠以2枚略增大的宿存萼片。

分布于丰家梁子等地。国内分布于华南、华东、华中、西南、西北。

川续断 *Dipsacus asper* Wall. ex DC.

忍冬科 Caprifoliaceae

多年生草本，高达2m。茎直立，分枝，具4～8条棱，棱上疏生下弯粗短的硬刺。基生叶莲座状，长15～25cm；茎生叶在茎之中下部为羽状深裂，长11cm，边缘具疏粗锯齿，侧裂片2～4对。头状花序球形；总苞片5～7枚，叶状，被硬毛；花萼具4条肋，盘形；花冠淡黄色或白色，漏斗形；雄蕊4枚，外露。瘦果倒卵状柱形。

分布于丰家梁子、牛坪子、松坪子、竹林坡等地。国内分布于华南、华中、西南。

细毡毛忍冬 *Lonicera similis* Hemsl.

忍冬科 Caprifoliaceae

落叶藤本。幼枝、叶柄和总花梗均被淡黄褐色、开展的长糙毛和短柔毛。叶对生，纸质，叶片卵形、卵状矩圆形或披针形，长3～10cm。双花单生于叶腋或少数集生枝端成总状花序；萼筒椭圆形，无毛；花冠先白色后变淡黄色，唇形，筒细；雄蕊与花冠几等高，花丝无毛；花柱稍超出花冠，无毛。果实蓝黑色，卵圆形。种子褐色，稍扁，卵圆形，两面中部各有1条棱。

分布于丰家梁子等地。国内分布于华南、华东、华中、华北、西南、西北。

✦ 云南忍冬 *Lonicera yunnanensis* Franch.

忍冬科 Caprifoliaceae

藤本。叶纸质，矩圆形至条状矩圆形，长4～9cm，基部钝至圆形而下延于短柄，与对生叶柄常微相连。花序下的1～2对叶连合成盘状；花芳香，轮生，无柄，1轮至数轮集合成具短总梗的头状花序；萼齿短；花冠白色或黄色，外面无毛，唇形，筒中部以下一侧稍肿大；雄蕊和花柱均伸出，无毛。果实成熟时由红色变为黑色。

分布于丰家梁子等地。国内分布于西南。

长序缬草 *Valeriana hardwickei* Wall.

忍冬科 Caprifoliaceae

多年生草本，高0.6～1.5m。基生叶多为3～7羽状全裂或浅裂，稀有不分裂而为心形全叶的；茎生叶与基生叶相似，上部叶渐小。圆锥状聚伞花序顶生或腋生，花后开展；花小，白色，花冠漏斗状扩张；雌雄蕊常与花冠等长或稍伸出。瘦果宽卵形至卵形，长2～3mm。

分布于丰家梁子等地。国内分布于华南、华东、华中、西南。

✦ 云南羽叶参 *Aralia delavayi* J. Wen

五加科 Araliaceae

常绿灌木。叶有5枚小叶；叶柄长4～12cm，无毛；小叶片纸质，阔卵形，两面均无毛，边缘有锯齿，侧脉约6对，和网脉在两面均明显，小叶片无柄。圆锥花序顶生，长15～20cm，无毛，约有10个伞形花序；伞形花序有花多数；总花梗长约2cm；花梗长8～10mm；萼无毛，边缘有5个圆形小齿；花瓣5枚；雄蕊5枚。果实扁球形，直径约4mm，有5条棱。

分布于滮水崖等地。国内分布于西南。

✦ 蕨叶藁本 *Conioselinum pteridophyllum* (Franch.) Lavrova

伞形科 Apiaceae

多年生草本，高30～80cm。茎直立，中空。叶片轮廓卵形，二至三回羽状全裂，羽片5～7对，小羽片3～5对，末回羽片扇形，不规则齿状浅裂。复伞形花序顶生或侧生；总苞片8～10枚；花瓣白色，先端具内折小舌片。分生果背腹扁压，椭圆形，背棱显著突起，侧棱扩大成翅；每棱槽内油管3枚，合生面油管6枚。

分布于金家村、牛坪子等地。国内分布于西南、西北。

✦ 环根芹 *Cyclorhiza waltonii* (H. Wolff) M. L. Sheh et R. H. Shan

伞形科 Apiaceae

　　多年生草本，高0.2～1m。根圆柱形，二年以上的老根从上至下有相当密集的环纹突起。茎单一，圆柱形，空管状。基生叶数枚，具柄；叶片轮廓三角状卵形，长8～20cm，宽5～18cm，四回羽状全裂。复伞形花序顶生或侧生，无总苞片；伞辐4～14，不等长，无小总苞片；每小伞形花序有花10～20朵；花瓣黄色；萼齿显著，狭三角形。分生果卵形或椭圆形，长约4cm，5条果棱均粗大；棱槽内油管1枚，合生面油管2枚。

　　分布于环行便道等地。国内分布于西南。

变豆菜 *Sanicula chinensis* Bunge

伞形科 Apiaceae

　　多年生草本，高达1m。茎粗壮，无毛。基生叶近圆肾形或圆心形，常3～5裂，中裂片倒卵形，基部近楔形，侧裂片深裂，稀不裂，裂片有不规则锯齿，叶柄长7～30cm；茎生叶有柄或近无柄。花序二至三回叉式分枝；总苞片叶状，常3深裂；伞形花序有花6～10枚，雄花3～7枚，两性花3～4枚；萼齿果熟时喙状；花瓣白色或绿白色，先端内凹；花柱与萼齿几等长。果圆卵形，顶端萼齿成喙状突出，皮刺直立。

　　分布于竹林坡等地。全国广布。

✦ 亮蛇床 *Selinum cryptotaenium* H. Boissieu

易危（VU）

伞形科 Apiaceae

多年生草本，高60～80cm。茎直立，圆柱形，中空。茎中部的叶宽三角状卵形，长8～10cm，二至三回羽裂。复伞形花序顶生或侧生，直径8～10cm，果期直径达20cm；花序梗长10～20cm；总苞片2～3片，密生糙毛，早落；伞辐12～28，长5～7cm；萼齿钻形。分生果圆卵形或长圆形，长约4mm，径3.5～4mm，背棱突起成狭翅，背棱槽油管1枚，侧棱槽油管3枚，合生面油管4枚。

分布于丰家梁子等地。国内分布于西南。

窃衣 *Torilis scabra* (Thunb.) DC.

伞形科 Apiaceae

一年或多年生草本，高达90cm。茎有纵条纹及刺毛。基生叶和茎生叶均有叶柄；叶片卵形，一至二回羽状分裂，小叶狭披针形至卵形，长2～15cm，宽2～8cm。复伞形花序顶生或腋生；总苞片通常无；伞辐2～4，长1～5cm，粗壮，有纵棱及向上紧贴的粗毛；花瓣白色、紫红色或蓝紫色。果实长圆形，长4～7mm，宽2～3mm，有具钩的皮刺。

分布于丰家梁子等地。国内分布于华南、华东、华中、西南、西北。

参考资料

参考文献

杨志松, 杨永琼, 杨永, 2014. 四川攀枝花苏铁国家级自然保护区综合科学考察报告. 北京: 中国林业出版社.

杨永, 莫旭, 刘冰, 2011. 金沙江河谷四川攀枝花苏铁国家级自然保护区彩色植物图志. 北京: 高等教育出版社.

The Angiosperm Phylogeny Group, 2016. An update of the Angiosperm Phylogeny Group classification for the orders and families of flowering plants: APG IV. Botanical Journal of the Linnean Societys, 181: 1–20.

The Pteridophyte Phylogeny Group, 2016. A community–derived classification for extant lycophytes and ferns. Journal of Systematics and Evolution, 54: 563–603.

WU Z Y, RAVEN P R, 1994–2010. Flora of China. Beijing: Science Press & St. Louis: Missouri Botanical Garden Press.

YANG Y, FERGUSON D K, LIU B, et al., 2022. Recent advances on phylogenomics of gymnosperms and a new classification. Plant Diversity, 44: 340–350.

参考网站

植物科学数据中心 (https://www.plantplus.cn/cn)

中国植物物种名录 2024 版 (https://www.cvh.ac.cn/species/taxon_tree.php)

eFloras (http://www.efloras.org)

Taxonomic Name Resolution Service (TNRS, https://tnrs.biendata.org/)

中文名索引

学名索引